高新纺织材料研究与应用丛书

海洋源生物活性纤维

秦益民　编著

U0286355

中国纺织出版社有限公司 | 国家一级出版社
全国百佳图书出版单位

内 容 提 要

本书在介绍生物活性纤维的发展历史、基本性能、制备方法的基础上，介绍了海洋生物科技领域的最新研究进展以及海洋源生物材料在功能纤维领域的应用，全面阐述了海藻酸、卡拉胶、琼胶、甲壳素、壳聚糖、胶原蛋白等海洋源生物高分子的结构和性能，介绍了海藻酸盐纤维、甲壳素纤维、壳聚糖纤维、海丝纤维、胶原蛋白纤维等海洋源生物活性纤维的发展历史、制备方法、生物活性及其在医疗、卫生、美容等功能纺织材料领域中的应用。

本书可供纺织材料、高分子材料、医疗卫生、日用化学品、生物技术等相关行业从事生产、科研、产品开发的工程技术人员阅读与参考。

图书在版编目（CIP）数据

海洋源生物活性纤维/秦益民编著. --北京：中国纺织出版社有限公司, 2019.8
（高新纺织材料研究与应用丛书）
ISBN 978-7-5180-6392-5

Ⅰ．①海… Ⅱ．①秦… Ⅲ．①海洋生物-生物质-功能性纤维-研究 Ⅳ．①TQ342

中国版本图书馆 CIP 数据核字（2019）第 156087 号

责任编辑：范雨昕　　责任校对：王花妮
责任印制：何　建

中国纺织出版社有限公司出版发行
地址：北京市朝阳区百子湾东里 A407 号楼　邮政编码：100124
销售电话：010—67004422　传真：010—87155801
http://www.c-textilep.com
E-mail：faxing@ c-textilep.com
中国纺织出版社天猫旗舰店
官方微博 http://weibo.com/2119887771
三河市延风印装有限公司印刷　各地新华书店经销
2019 年 8 月第 1 版第 1 次印刷
开本：710×1000　1/16　印张：14.75
字数：252 千字　定价：128.00 元

前　　言

　　海洋蕴藏着数量巨大、种类繁多的生物质资源，是开发利用生物活性物质和制品的重要资源宝库。海洋源生物材料具有亲水性强、生物相容性好、可生物降解等多种特性，在生物医用材料、卫生护理制品、美容化妆品等领域有广泛应用。从鱼、虾、蟹、贝、藻等海洋生物中提取的胶原蛋白、甲壳素、壳聚糖、海藻酸等海洋源生物高分子具有优良的生物活性和理化特性，以其为原料通过先进加工技术制备的纤维材料具有亲肤、保湿、抑菌、止血、促进伤口愈合等性能，在伤口护理、止血材料、卫生护理用品、面膜制品等医疗、卫生、美容领域有很高的应用价值，是功能纤维材料的一个重要发展方向。

　　在伤口护理领域，随着人口老龄化问题的日益突出和由此带来的压疮、溃疡等慢性伤口的增加，全球医用敷料市场需求持续增长，由 2007 年的 112.91 亿美元增加到 2015 年的 180.58 亿美元，年均复合增长率 6%。以海藻酸盐纤维、壳聚糖纤维为原料制备的高端敷料可为老年压疮患者及皮肤溃疡、烧伤、外科和手术伤口患者、糖尿病患者提供有效的创面护理，减少痛苦、防止伤口感染、提高愈合效果、改善健康护理水平。

　　在卫生护理领域，通过海洋源生物活性纤维的创新应用可为婴儿尿布、成人失禁产品、妇女卫生用品等领域提供优质产品，造福人类健康。海洋源生物高分子的亲水、亲肤特性尤其适用于卫生材料的开发，除了以壳聚糖、海藻酸盐为原料加工制备的纯天然海洋源生物活性纤维，海洋源生物高分子也可以通过与传统纤维材料的复合、共混、涂层等技术有效改善其性能。用壳聚糖对纺织纤维进行后整理可以使传统纤维材料负载一层具有生物活性的壳聚糖薄膜，起到抑菌、促进伤口愈合等功效。把海藻酸氧化后得到的氧化海藻酸中的醛基有很强的化学反应活性，与真丝、羊毛、棉花等纤维反应后可以在传统纤维材料表面负载一层有很强亲水性的海藻酸钠，赋予纺织材料优良的表面活性，在卫生护理用品中有很高的应用价值。

　　美容纺织材料是一类具有护肤、美容功效的产业用纺织材料，通过纤维自身的生物活性及负载的功能因子起到润肤、美白、提神、香化、舒缓、激活、防紫外、紧肤、减肥等功效。随着生活水平的提高以及消费者对健康和美丽的追求不断加强，以功能性面膜为代表的美容纺织材料近年来展现出巨大的发展潜力。海藻酸盐纤维、壳聚糖纤维、胶原蛋白纤维等海洋源生物活性纤维及其非织造布材料具有优良的亲肤性和生物相容性,在美容纺织材料领域有重要的市场前景。

我国是全球最大的海洋水产养殖国之一,丰富的鱼、虾、蟹、贝、藻资源为海洋源生物活性纤维的开发提供了重要的资源保障。与此同时,通过提取、纯化、改性、材料加工技术的创新应用,海水养殖业产生的各种海洋源生物质可以在制备纤维材料的过程中有效提升附加值,通过其独特的功能特性在医疗、卫生、美容等领域满足人们美好生活的需求,造福人类健康。

本书是作者在多年从事壳聚糖、海藻酸盐等海洋源生物活性纤维研究开发的基础上,结合海洋生物科技和产业用纺织材料领域的最新进展,对以海藻酸盐、壳聚糖、胶原蛋白为代表的海洋源生物高分子及其纤维制品的制备、产品性能和应用做出系统总结,为开发海洋源生物新材料和新产品提供一个信息平台,将有助于提升我国海洋源纤维材料及制品的技术水平,提升我国海洋源生物活性纤维及下游制品的经济效益和国际竞争力,满足医疗、卫生、美容等领域对高质量海洋源生物活性纤维的需求,在此过程中提升我国蓝色海洋产业水平,促进海洋生物养殖、加工、高值化应用链条的健康发展。

青岛明月海藻集团海藻活性物质国家重点实验室刘洪武、李可昌、王发合、刘健、李双鹏、胡贤志、邓云龙、尚宪明、郝玉娜以及嘉兴学院朱长俊、陈洁、蔡丽玲、冯德明参与本书部分内容的研究工作,在此表示感谢。

本书适合高分子材料、纺织材料、医疗卫生、日用化学品、生物技术等相关行业从事生产、科研、产品开发、营销的工程技术人员使用,也可供大专院校相关专业的师生阅读、参考。

由于作者学识有限,而海洋源生物活性纤维涉及的学科广泛,内容深邃,故疏漏之处在所难免,敬请读者批评指正。

作者

2019 年 3 月 30 日

目　　录

第1章 生物活性纤维概论

1.1 引言

纤维是纺织材料的基本组成单元，是人们日常生活不可缺少的重要参与者。作为一种在服装、家纺、医疗、卫生、美容、日化、体育、汽车、建筑、军工、航空、航天等众多领域有广泛应用的材料，纤维及其衍生制品具有巨大的市场应用和发展潜力，尤其是与现代纺织业相结合、以先进技术为基础的各种新型纤维正突破传统纤维的局限，依据人们对纺织材料功能特性要求的不断发展，已经拓展到很多全新的应用领域，为纤维材料悠久的发展历史增添了新的技术和市场元素。

根据来源、制备方法和功能特性的历史演变，纤维材料的发展有以下几个重要阶段：

1.1.1 天然纤维

从人类社会的早期一直到工业革命时代，麻、羊毛、棉花、真丝等天然纤维一直是纺织工业的主要原料，其中麻纤维是人类最早用来做衣着用品的纺织原料，蚕丝是继麻纤维之后的主要纺织用纤维。人类早在5000多年前就开始利用蚕茧缫丝，我国是世界上最早掌握栽桑、养蚕、缫丝、织绸技术的国家之一，大约在4700年前就已经利用蚕丝制作丝线、编织丝带、加工简单的丝织品。

1.1.2 化学纤维

以黏胶纤维的产业化为标志，锦纶、涤纶、腈纶、维纶、丙纶等化学纤维的成功开发为纺织材料的发展起到重要的推动作用。在化学纤维的发展历史上，最早研制成功的是美国发明家爱迪生于1880年制备的碳纤维。1887年，法国科学家德贝尼戈取得了以硝酸纤维素为原料制备人造纤维的专利权，并于1891年建立了全球第一家人造丝厂。1884年，英国的克罗斯（Cross）和贝文（Bevan）申请了第一个醋酯纤维的生产专利。1890年，法国的德佩西发明了铜氨法制备人造丝的生产工艺,并于 1891 年开始工业化生产。1891 年,英国的 Cross、Bevan 和比德尔(Beadle)发明了黏胶纤维的生产工艺,并于 1904 年开始工业化生产。1924 年,德国科学家成功研制了聚乙烯醇纤维,并于 1930 年代开始工业化生产。1939 年,日本的樱田一郎等开发出了聚乙烯醇的热处理和缩醛化方法,使维纶成为耐热水性良好的纤维,并于 1940 年投入工业化生产。1937 年,美国杜邦公司的 Carothers 以己二胺和己二酸为原料经过缩合反应制成聚六甲基己二酰胺,并于 1937 年织制成第一双尼龙丝袜,1938 年取得专利权后以"Nylon"为商品名在 1939 年实现聚酰胺纤维的工业化生产。1941 年,英国科学家 Whinfield 和 Dickson 以对苯二甲酸和己二醇为原料在实验室成功研制成功了聚酯纤维,这种以特丽纶(Terylene)命名的合成纤维于 1950 年首次开始工业化生产,1953 年美国开始以达可纶(Dacron)为商品名进行大规模生产。1941 年和 1942 年美国杜邦公司和德国拜耳公司分别发现了二甲基甲酰胺溶剂,并成功研制聚丙烯腈纤维,1950 年,美国杜邦公司首先进行工业化生产,1954 年,联邦德国拜耳公司用丙烯酸甲酯与丙烯腈的共聚物为原料制得纤维,通过改进性能提高纤维的实用性,促进了聚丙烯腈纤维的发展。1955 年,意大利开始聚丙烯纤维的工业化生产。1958 年,美国杜邦公司发明了聚氨酯纤维。

1.1.3　差别化纤维

差别化纤维是在化学纤维的基础上发展起来的一类具有与普通常规纤维性能不同的化学纤维,其中纤维的结构、形态通过化学、物理等加工手段发生改变,获得一种或多种功能特性,其主要品种包括:

(1)异形纤维。用异形喷丝孔纺制三角形、五角形、三叶形、多叶形、哑铃形、椭圆形、L 形、藕形以及圆中空和异形中空等多种非圆形横断面的纤维。

(2)超细纤维。又称微纤维、细旦纤维、极细纤维,是单纤维线密度小于 0.44dtex 的纤维,线密度在 0.44~1.1dtex 之间的纤维称为细特纤维。

(3)易染纤维。又称差别化可染纤维,其易染性是指可用不同类型的染料染色,并且染色条件温和、色谱齐全、色泽均匀及坚牢度好。

(4)阻燃纤维。具有阻燃、隔热和抗熔滴的效果,能满足民用、工业及军事领域规定的燃烧试验标准。

(5)高吸水吸湿纤维。在水中浸渍和离心脱水后仍能保持 15% 以上水分的称为高吸水纤维,在标准温湿度条件下吸收气相水分后回潮率在 6% 以上的称为高吸湿纤维。

(6)抗起球纤维。用其制成的织物受到摩擦时不易出现纤维端伸出布面、形成绒毛或小球状凸起的纤维。

（7）抗静电纤维。是指在标准状态下体积电阻率小于 $10^{10}\Omega\cdot cm$ 或静电荷逸散半衰期小于 60s 的纤维。

（8）自卷曲纤维。又称三维立体卷曲纤维，具有三维立体、持久稳定、弹性好等特点，其蓬松性、覆盖性能好。

（9）高收缩纤维。是一种热处理后长度收缩的纤维，其中沸水收缩率 20% 左右的为一般收缩纤维，沸水收缩率为 35%～45% 的为高收缩纤维。

（10）有色纤维。是在纤维生产过程中掺入适当颜料或染料直接制成的带有颜色的纤维。

1.1.4　功能性纤维

功能性纤维是指具有某种特殊功能的纤维材料，其中化学功能包括光降解性、光交联性、消异味、催化活性等；电学功能包括抗静电、导电、电磁波屏蔽、光电性以及信息记忆性等；热学功能包括耐高温、绝热、阻燃、热敏、蓄热以及耐低温性等；光学功能包括光导、光折射、光干涉、耐光耐候、偏光以及光吸收性等；物理形态功能包括异形截面形状、超微细和表面微细加工性等；分离功能包括中空分离、微孔分离和反渗透性等；吸附交换功能包括离子交换、高吸水、选择吸附性等；医疗保健功能包括防护性、抗菌性、生物适应性等；生物功能包括人工透析、生物吸收和生物相容性等。

目前已经成功开发的功能性纤维有高导湿纤维、高吸水纤维、导汗透湿纤维、阻燃纤维、防熔滴纤维、光控变色纤维、电控变色纤维、温控变色纤维、抗菌防臭纤维、防螨虫纤维、防紫外线纤维、红外辐射纤维、有机导电纤维等。

1.1.5　高功能纤维

高功能纤维是指在功能纤维基础上发展起来的具有超强的传递光、电以及吸附、超滤、透析、反渗透、离子交换等特殊功能的纤维，还包括提供舒适性、保健性、安全性等特殊功能以及适合在特殊条件下应用的纤维。高功能纤维包括如下几种：

（1）分离功能纤维。如膜分离用中空纤维、过滤介质用纤维、吸附分离用纤维。

（2）传导功能纤维。如导光纤维、导电纤维。

（3）耐热纤维。如耐高温纤维、防燃纤维。

（4）屏蔽纤维。如电磁波屏蔽、中子吸收、噪声隔绝。

（5）其他高功能纤维。如发光纤维、超导纤维、变色纤维、抗菌纤维等。

1.1.6 智能纤维

智能纤维是指能感知机械、热、化学、光、湿度、电磁等外界环境或内部状态发生的变化并做出响应的纤维。纳米技术、微胶囊技术、电子信息技术等领域的先进技术手段与纤维技术的结合使智能纤维的开发和应用得到迅速发展，并催生出一系列新型智能纺织品在医疗、卫生、保健、美容等领域的应用。典型的智能纤维包括：

（1）相变纤维，是一种相变材料技术与纤维制造技术结合后开发的，能够自动感知环境温度变化后智能调节温度的纤维材料，其中包含的相变物质通过固—液或固—固可逆转化使纤维具有双向温度调节和适应性，当环境温度高于某一阈值时，材料相变吸热而具有制冷效果；当环境温度低于某一阈值时，材料相变放热而具有保温效果，以此控制纤维周围的温度。

（2）形状记忆纤维，是在一定的应力、温度等条件下发生塑性形变后，在特定条件刺激下能恢复初始形状的纤维，其原始形状可设计成直线形、波浪形、螺旋形或其他形状，目前主要有形状记忆合金纤维、形状记忆聚合物纤维和经整理剂加工的形状记忆功能纤维三大类。

（3）智能凝胶纤维，是能随温度、pH、光、压力、电等外界刺激发生体积或形态改变的凝胶纤维，根据刺激条件的不同可分为 pH 响应性凝胶纤维、温敏纤维、光敏纤维和电敏纤维等，其中以 pH 响应性凝胶纤维较为常见。

（4）光导纤维，是一种可将光能封闭在纤维中并使其以波导方式进行传输的光学复合纤维，也称为智能光纤，由纤芯和包层两部分组成，具有优异的传输性能，可随时提供描述系统状态的准确信息。光导纤维直径细、柔韧性好、易加工，同时兼具信息感知和传输的双重功能，被人们公认为首选的传感材料，近年来广泛用于制作各类传感器，在智能服装、安全性服装等新型服装中应用时可实现对外界环境温度、压力、位移等状况以及人体的体温、心跳、血压、呼吸等生理指标监控。

（5）电子智能纤维，是基于电子技术，融合传感、通信和人工智能等高科技手段开发出的一类新型纤维材料，主要有抗静电纤维、导电纤维等，其中导电纤维能通过电子传导和电晕放电消除静电，可用于消除静电、吸收电磁波以及探测和传输电信号。

1.1.7 生物质纤维

生物质纤维可分为生物质原生纤维、生物质再生纤维、生物质合成纤维三大类，包括以棉、毛、麻、丝为代表的原生纤维，竹浆纤维、麻浆纤维、蛋白纤维、海藻纤维、甲壳素纤维、溶剂法纤维素纤维等再生纤维以及聚对苯二甲酸-1,3-丙二醇酯（PTT）、聚乳酸（PLA）、聚羟基脂肪酸酯（PHA）等生物质合成纤维。目前生物质纤维泛指具有可再生特性、以生物质为原料加工制成的纤维材料，其中可利用的生物质资源包括竹秆浆粕、黄麻秆芯浆粕、大麻秆芯浆粕、甘蔗渣浆粕、玉米秆纤维素浆粕等农作物废弃资源，大豆蛋白、乳酪蛋白、废毛蛋白、皮革碎屑胶原蛋白、蚕蛹蛋白、废蚕丝蛋白等天然蛋白质废弃物，牦牛绒、兔毛、北极狐的细毛、乌苏里貉的细毛、水貂的细毛、鸡毛、鸭毛、鹅毛等废弃物中提取的天然纤维和人工饲养毛皮动物褪毛下来的毛绒等。生物质纤维也包括以各种新型生物源材料制备的纤维，如慈竹或青竹等脱胶制成的竹原纤维、木棉纤维、牛角瓜纤维、栗蚕丝、以海藻提取物为原料制备的海藻酸盐纤维、以虾蟹壳提取的甲壳素或壳聚糖为原料制备的甲壳素和壳聚糖纤维、利用基因技术制备的天然彩色桑蚕丝、荧光桑蚕丝、蜘蛛丝等。

1.1.8　生物活性纤维

生物活性纤维是指与人体接触和互动过程中通过化学、物理、生物等作用机理对人体生物功能产生积极作用的纤维。随着科技的进步、社会的发展、人们物质文化水平的日益提高，纺织品的健康、安全、卫生、舒适性要求日益提高，拉动了生物技术、材料技术在新纤维研发和生产中的应用，其中负载生物活性成分的纤维材料在服装、家纺、美容、医疗卫生等领域呈现出极大的需求空间和持久的发展潜力，为现代纺织业的可持续发展提供了新动力。

图 1-1 总结了纤维材料的发展历程。

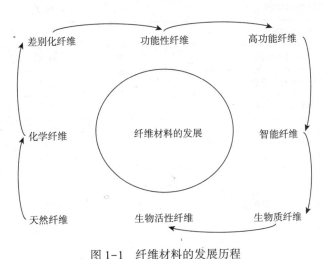

图 1-1　纤维材料的发展历程

1.2 纤维材料概论

纤维是一类细而长的物质,纺织用纤维的直径一般在几微米到上百微米,长度与直径的比一般在 10^3 以上。以往,纤维主要用于制备纱线后织造成纺织品,也可直接加工成非织造材料。近年来,纤维材料被广泛应用于服装、家纺等传统纺织品之外的领域,作为产业用纺织材料在工业、农业、航空、渔业、医疗、卫生、美容等众多领域发挥重要作用,其优异的强度、柔性、生物活性、可加工性等物理、化学和生理特性在国民经济的各个领域均有重要的应用价值。表 1-1 为 2016 年应用于产业用纺织品领域的纤维用量。

表 1-1　2016 年应用于产业用纺织品各领域的纤维用量

用途	加工量(万 t)
医疗与卫生用纺织品	144.70
过滤与分离用纺织品	120.95
土工用纺织品	93.23
建筑用纺织品	70.12
交通工具用纺织品	76.19
安全与防护用纺织品	36.86
结构增强用纺织品	126.48
农业用纺织品	77.58
包装用纺织品	99.93
文体与休闲用纺织品	40.02
篷帆类纺织品	241.84
合成革用纺织品	111.46
隔离与绝缘用纺织品	44.86
线绳缆带类纺织品	72.91
工业用毡毯类纺织品	46.79
其他	46.36
合计	1450.28

数据来源:中国产业用纺织品行业协会

应用于传统纺织品和产业用纺织品的纤维种类繁多,目前一般根据其来源可分为天然纤维和化学纤维,其中天然纤维包括植物纤维、动物纤维和矿物纤维,化学纤维包括再生纤维和合成纤维,涉及纤维素类、蛋白质类、聚酯类、聚酰胺类、聚烯烃类等多种类的纤维品种。根据长度和细度,纤维可分为棉型(38~51mm)、毛型(64~114mm)、丝型(长丝)等品种;根据其截面形态可分为普通圆形、中空、异形纤维以及环状或皮芯纤维。根据卷曲度,纤维可分为高卷曲、低卷曲、异卷曲、无卷曲等规格。图 1-2 为纺织纤维的主要种类。

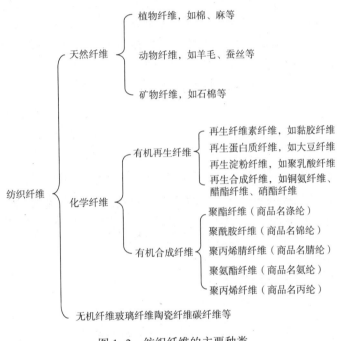

图 1-2　纺织纤维的主要种类

1.2.1　天然纤维

(1)植物源纤维,取自植物种子、茎、韧皮、叶或果实,主要组成物质为纤维素,其中种子纤维包括棉花;韧皮纤维包括苎麻、亚麻、大麻、黄麻、红麻、罗布麻、苘麻等;叶纤维包括剑麻、蕉麻、菠萝叶纤维、香蕉茎纤维等;果实纤维包括木棉、椰子纤维等;另外还有以竹子为原料制备的竹纤维。

(2)动物源纤维,取自动物的毛发或分泌液,主要组成物质为蛋白质,其中毛纤维包括绵羊毛、山羊毛、骆驼毛、驼羊毛、兔毛、牦牛毛、马海毛、羽绒、野生骆马毛、变性羊毛、细化羊毛等;丝纤维包括桑蚕丝、柞蚕丝、蓖麻蚕丝、木薯蚕丝、天蚕丝、樗蚕丝、柳蚕丝、蜘蛛丝等。

(3)矿物源纤维,取自纤维状结构的矿物岩石,包括以二氧化硅、氧化铝、氧化铁、氧化镁为主要成分的各类石棉,如温石棉、青石棉、蛇纹石棉等。

1.2.2 化学纤维

化学纤维是用天然或合成高聚物以及无机物为原料,经过人工加工制成的纤维状物体,其最主要的特征是在人工条件下完成溶液或熔体→纺丝→纤维成型的过程。化学纤维可分为再生纤维和合成纤维两大类。

(1)再生纤维是以天然高聚物为原料制成浆液后通过纺丝工艺加工而成的纤维,主要包括:再生纤维素纤维、再生蛋白质纤维、再生淀粉纤维、再生合成纤维。

(2)合成纤维是以石油、煤、天然气及农副产品为原料制成单体后经化学合成得到高聚物,然后通过纺丝工艺制备的纤维,其主要品种包括涤纶、锦纶、腈纶、丙纶、维纶、氯纶等。

1.2.3 无机纤维

无机化合物也可以通过纺丝工艺制备成纤维,其主要原料为天然无机物和含碳化合物,经过化学纤维生产工艺或直接炭化制成,主要品种包括:玻璃纤维、金属纤维、陶瓷纤维、碳纤维。

1.3 常用纺织纤维简介

1.3.1 棉

(1)棉纤维的组成与特征。棉纤维长于棉籽上,在增长期生长变长后于加厚期沉积变厚至成熟。作为一种单细胞物质,棉纤维为多层状带中腔结构,稍端尖而封闭、中段较粗、尾端稍细而敞口,呈扁平带状,有天然的扭转,称"转曲"。棉纤维的截面常态为腰圆形、中腔呈干瘪状。

(2)棉的分类。按棉纤维的成熟度,即纤维胞壁增厚的程度,可分为成熟棉、未成熟棉、完全未成熟纤维(死纤维)和过成熟棉及完全成熟棉。按棉纤维的色泽可分为白棉、黄棉和灰棉。按初加工方法可分为锯齿棉和皮辊棉。棉纤维的其他变化品种和近亲有彩色棉、转基因棉、木棉等,其中彩色棉是天然生长的非白色棉花,目前已经培植出棕、绿、红、黄、蓝、紫、灰等多个色泽品系,但色调偏深、暗。转基因棉是借助转基因技术得到的棉花新品种,是将转基因、分子标记等生物技术应用于棉花育种和生产后得到的棉纤维,目的在于提高棉花的产量、质量和抗病虫害能力。

1.3.2　麻

(1)苎麻。苎麻是原产中国的麻纤维,称为"中国草",也称白苎、绿苎、线麻和紫麻,为多年生宿根植物。苎麻的单纤维较长,可纺成纱线。

(2)亚麻。亚麻也称鸦麻、胡麻,可分为纤用、油用、纤油两用三大类,均为一年生草本植物,我国主要产地在黑龙江。

(3)黄麻与红麻。黄麻为一年生草本植物,生长于亚热带和热带。黄麻纤维的单根短,吸湿后表面仍保持干燥,但吸湿膨胀大并放热。红麻又称槿麻或洋麻,其习性及生长与黄麻十分相近。红麻的单细胞纤维也很短,截面为多角形或近椭圆形、中腔较大。黄麻和红麻纤维的种植与生长容易且高产,但纤维的柔软化和细化是其质量、经济价值提升的关键。

(4)大麻。大麻又称火麻、汉麻,其单纤维表面粗糙,有纵向缝隙和孔洞及横向枝节,无天然转曲。大麻纤维的横截面有三角形、长圆形、腰圆形等多种形态,且形状不规则,其单纤维的细度和长度与亚麻相当。

(5)罗布麻。罗布麻又称野麻、茶叶花,是一种野生植物纤维,适宜在盐碱、沙漠等恶劣环境中生长,其纤维较短、粗。

1.3.3　叶纤维

(1)剑麻。剑麻纤维取自剑麻叶,剑麻主要在热带地区种植。
(2)焦麻。焦麻是多年生热带草本植物,主要为菲律宾的马尼拉麻。

1.3.4　竹纤维

竹纤维是通过机械方法粉碎、分离后配以物理、化学方法剔除竹子中的木质素、竹粉、果胶等物质后制取的纤维,是一种原生纤维物质。竹纤维本身是纤维素类物质,可制成竹浆粕后制造黏胶类纤维,这样得到的浆粕与棉浆、木浆等是一样的,可通过湿法纺丝制备与黏胶纤维相似的再生竹纤维。

1.3.5　绵羊毛

纺织用毛纤维的主要品种是绵羊毛,通常称为羊毛或毛纤维。

(1)构成与特征。羊毛为角蛋白物质,分为存在于无序和基质部分的高硫角蛋白以及存在于原纤有序结构中的低硫角蛋白。羊毛纤维的截面为圆形或椭圆形,从外向内分为鳞片层、皮质层和髓质层。

(2)基本分类。按细度和长度,绵羊毛可分为超细毛、细毛(直径 18~27μm,长度<12cm)、半细毛(直径 25~37μm,长度<15cm)、粗毛(直径 20~70μm,为异质毛)和长毛(直径>36μm,长度 15~30cm);按羊种品系可分为改良毛与土种毛两大类;按羊毛质地均匀性分为同质毛和异质毛;按羊毛的颜色可分为本色毛和彩色毛。

1.3.6 特种动物纤维

(1)山羊绒。山羊绒又称"开司米"或克什米尔(Cashmere),是山羊的绒毛,通过抓、梳获得,也称抓毛。山羊绒的颜色有白、紫、青色,我国以紫色较多。山羊绒无髓质,其强伸性、弹性都优于相同细度的绵羊毛。

(2)马海毛。马海毛(Mohair)是土耳其安哥拉山羊毛的音译商品名称,目前南非、土耳其和美国是马海毛的三大产地,全球年产量约 3 万 t。马海毛的细度为10~90μm、长度为 12~26cm,具有直、长、有丝光等特征。

(3)兔毛。用于纺织的兔毛主要有普通兔毛和安哥拉兔毛,其中安哥拉兔毛为长毛兔毛。兔毛有直径为 5~30μm 的绒毛(约占 90%)和直径为 30~100μm 的粗毛(约占 10%)两大类,其中绒毛的平均直径为 11.5~15.9μm。绒毛与粗毛都有发达的髓腔,具有多腔多节结构,其密度小、吸湿性好,但强度低。兔毛纤维细软、表面光滑、少卷曲、光泽强,但鳞片厚度较低、纹路倾斜、表面存在类滑石粉状物质,故其摩擦系数小、抱合力差、易落毛、纺纱性能差,其制品蓬松、轻质。

(4)骆驼绒。骆驼绒是从骆驼身上自然脱落或梳绒采集获得的纤维材料。骆驼身上的外层毛粗而坚韧,称为骆驼毛。外层粗毛之下有细短柔软的绒毛,称为骆驼绒。

(5)绵羊绒。绵羊绒是土种粗绵羊毛(包括裘用绵羊)异质毛被中的底层绒毛。

(6)牦牛绒与牦牛毛。牦牛绒与牦牛毛大多是黑色、褐色,少量白色。从牦牛剪下来的毛被中有粗毛和绒毛,其中的绒毛有很高的纺用价值。牦牛绒由鳞片层和皮质层组成,髓质层极少。牦牛绒鳞片呈环状,边缘整齐,紧贴于毛干上,有无规则卷曲,缩绒性与抱合力较小。牦牛绒的平均直径约 20μm、平均长度 30~40mm,其断裂强力约 4.4cN,高于山羊绒、驼绒、兔毛。

(7)羊驼毛。羊驼毛强力较高、断裂伸长率大、加工中断头率低。与羊毛相比,羊驼毛的长度较长,为 15~40cm;细度偏粗,为 20~30μm,不适合纺高支纱。羊驼毛表面的鳞片贴伏、鳞片边缘光滑、卷曲少、卷曲率低,其顺、逆鳞片摩擦系数较羊毛小,富有光泽和丝光感,抱合力小,防毡缩性较羊毛好。

1.3.7　丝纤维

（1）桑蚕丝。桑蚕又称家蚕,由桑蚕茧缫得的丝称为桑蚕丝。桑蚕茧由外向内分为茧衣、茧层和蛹衬三部分,其中茧层可用作丝织原料,因茧衣与蛹衬细而脆弱,只能做绢纺原料。一根蚕丝由两根平行的单丝(丝素)和外包丝胶构成,其单丝截面呈三角形。

（2）柞蚕丝。柞蚕在国外称中国柞蚕,生长在野外的柞树(即栎树)上。从柞蚕茧缫制的丝称柞蚕丝,其平均细度为 6.16dtex(5.6 旦),比桑蚕丝粗。柞蚕茧的春茧为淡黄褐色、秋茧为黄褐色,外层较内层颜色深。柞蚕丝的横截面呈锐三角形。

（3）蜘蛛丝。蜘蛛与蚕一样属于节肢动物,是八条腿的蛛形纲成虫。蜘蛛丝呈金黄色、透明,横截面呈圆形,平均直径约为 6.9μm,大约是蚕丝的一半,是一种典型的超细、高性能天然纤维。

1.3.8　再生纤维素纤维

再生纤维素纤维是较早实现商业化生产的化学纤维,包括以下几个主要品种:

（1）普通黏胶纤维。是以树林、棉短绒等来源的天然纤维素为原料,经碱化、老化、磺化等工序制成可溶性纤维素黄原酸酯,溶于稀碱溶液制成黏胶后经湿法纺丝制成的纤维。

（2）高湿模量黏胶纤维,主要有中国命名为富强纤维、日本命名为波里诺西克(Polynosic)的再生纤维素纤维。

（3）Lyocell 纤维,是以 N-甲基吗啉-N-氧化物(NMMO)为溶剂,用干湿法纺丝技术制备的再生纤维素纤维。

（4）铜氨纤维,是棉浆粕溶解在氢氧化铜或碱性铜盐的浓铜氨溶液后制成铜氨纤维素纺丝溶液,在水或稀碱溶液的凝固浴中通过湿法纺丝制成的纤维。

（5）醋酯纤维,是以纤维素浆粕为原料,利用醋酸酐与羟基的反应生成纤维素乙酸酯后经过干法或湿法纺丝制成的纤维。

1.3.9　再生蛋白质纤维

用于制备再生蛋白质纤维的蛋白质有酪素奶制品蛋白、牛奶蛋白、蚕蛹蛋白、大豆蛋白、花生蛋白、明胶等。再生蛋白质可制成膜、粉末等材料,在制备纤维的过程中存在相对分子质量偏低、分子不易伸直取向排列、纤维的强度低、耐热性差等问题,加上再生蛋白质的原料成本高,此类纤维的竞争力不强。

1.3.10 普通合成纤维

普通合成纤维主要指传统的六大纶纤维,即涤纶、锦纶、腈纶、丙纶、维纶和氯纶。

(1)涤纶。涤纶是聚酯纤维在中国的商品名,是以对苯二甲酸或对苯二甲酸二甲酯与乙二醇进行缩聚生成的聚对苯二甲酸乙二醇酯为原料制得的合成纤维中最大类属之一,其产量居所有化学纤维之首。通过熔体纺丝制备的涤纶具有一系列优良的性能,如断裂强度和弹性模量高、回弹性适中、热定形性能优异、耐热性高、耐光性好等。

(2)锦纶。锦纶是聚酰胺纤维在中国的商品名。聚酰胺是以酰胺键(—CONH—)与若干亚甲基连接而成的线型结构高聚物,最早由美国杜邦公司在1935年首次合成(锦纶66),并于1938年开始工业化生产。同年,德国化学家P. Schlack研制成了锦纶6,并于1941年实现工业化生产。锦纶具有一系列优良性能,其耐磨性居纺织纤维之冠,断裂强度高、伸展大、回弹性和耐疲劳性优良,吸湿性在合成纤维中仅次于维纶、染色性好。

(3)腈纶。腈纶是聚丙烯腈纤维在中国的商品名,是由85%以上的丙烯腈作为第一单体与第二、第三单体共聚得到的高聚物为原料制备的合成纤维,1953年美国杜邦公司最先实现腈纶的商品化。腈纶具有许多优良性能,如手感柔软、弹性好,有"合成羊毛"之称。腈纶的耐日光和耐气候性优异、染色性好,较多应用于针织面料和毛衫。

(4)丙纶。丙纶是等规聚丙烯纤维在中国的商品名,1955年研制成功,1957年在意大利开始工业化生产。丙纶的品种较多,有长丝、短纤维、膜裂纤维、鬃丝、扁丝等,其质地特别轻,密度仅为0.91g/cm³。丙纶的强度较高,具有较好的耐化学腐蚀性,但耐热性、耐光性、染色性较差。

(5)维纶。维纶又称维尼纶,是聚乙烯醇纤维在中国的商品名。未经处理的聚乙烯醇纤维溶于水,通过缩醛化处理可提高其耐热水性,因此狭义的维纶专指经缩甲醛处理后的聚乙烯醇缩甲醛纤维。维纶在1940年开始工业化生产,其吸湿性相对较好,曾有"合成棉花"之称。维纶的化学稳定性好,耐腐蚀和耐光性好、耐碱性能强,长期放在海水或土壤中均难以降解,但维纶的耐热水性能较差、弹性较差、染色性能也较差、颜色暗淡,易于起毛、起球。

(6)氯纶。氯纶是聚氯乙烯纤维在中国的商品名。聚氯乙烯于1931年研制成功,1946年在德国开始纤维的工业化生产。氯纶的强度与棉相接近,耐磨性、保暖性、耐日光性比棉、毛好。氯纶抗无机化学试剂的稳定性好、耐强酸强碱、耐腐蚀性能强、隔音性好,但对有机溶剂的稳定性和染色性能比较差。

1.4 功能性纤维

功能性纤维是能满足特殊使用要求和用途的纤维,即纤维通过其特殊的理化结构产生使用过程中需要的各种独特的物理和化学性质,不仅可以被动响应和作用,甚至可以主动响应和记忆,后者也称为智能纤维。

1.4.1 抗静电和导电纤维

抗静电纤维主要指通过提高表面的吸湿性改善导电性的纤维。导电纤维包括金属纤维、金属镀层纤维以及炭粉、金属的氧化、硫化、碘化物掺杂纤维,其他还有络合物导电纤维、导电性树脂涂层与复合纤维、导电高聚物纤维等。

1.4.2 蓄热纤维和远红外纤维

根据所用陶瓷粉的种类,蓄热纤维的蓄热保温机理有两种,一种是将阳光转换为远红外线,相应的纤维被称为蓄热纤维;另一种是在接近体温的低温下辐射远红外线,相应的纤维被称为远红外纤维。

1.4.3 防紫外线纤维

通过纤维表面的涂层、接枝,或在纤维中掺入防紫外或紫外高吸收性物质,可制得防紫外线纤维。

1.4.4 阻燃纤维

通过提高纤维材料的热稳定性、改变其热分解产物、阻隔和稀释氧气、吸收或降低燃烧热等途径可以制备具有阻燃功能的纤维。

1.4.5 光导纤维

光导纤维,简称光纤,是将各种信号转变成光信号进行传递的载体,是当今通信中最具发展前景的材料之一。

1.4.6 弹性纤维

弹性纤维是具有 400% ~ 700% 的断裂伸长率、接近 100% 的弹性恢复能力、初始模量很低的纤维,分为橡胶弹性纤维和聚氨酯弹性纤维,其中橡胶弹性纤维由橡胶乳液纺丝或橡胶膜切割制成,只有单丝,有极好的弹性恢复能力。聚氨酯弹性纤维是由聚氨基甲酸酯为主要成分的一种嵌段共聚物制成的纤维,在我国简称氨纶。

1.4.7 抗菌防臭纤维

抗菌防臭纤维是指具有杀菌、抑菌作用的纤维,包括两大类,其中一类是本身带有抗菌、抑菌作用的纤维,如大麻、罗布麻、壳聚糖纤维、金属纤维等;另一类是借助螯合技术、纳米技术、粉末添加技术等,将抗菌剂在化纤纺丝或改性时添加到纤维中制成的纤维。

1.4.8 变色纤维

变色纤维是指在光、热作用下颜色发生变化的纤维。在不同光波、光强作用下,颜色发生变化的纤维称为光敏变色纤维;在不同温度作用下呈不同颜色的纤维称为热敏变色纤维。

1.4.9 香味纤维

香味纤维是在纤维中添加香料,可散发出香味的一类纤维。

1.4.10 相变纤维

相变纤维是含有相变物质,能起到蓄热降温、放热调节作用的纤维,也称空调纤维。

1.4.11 亲水性纤维

亲水性纤维是通过提高分子结构的亲水能力,通过亲水性组分的共混纺丝以及通过接枝聚合、后加工、改变纤维物理结构等途径制备的纤维。

1.4.12 成胶性纤维

成胶性纤维是一类遇水湿润后形成纤维状水凝胶的功能纤维材料,其纤维结构富含亲水性基团,能把大量水分吸收进入纤维的结构,在具有很高吸湿性的同时又具有很好的保湿性能,应用于伤口护理时可为创面提供湿润的愈合环境,应用于面膜制品可延长保湿时间。把棉花、黏胶纤维、壳聚糖纤维等含有羟基、氨基等活性基团的纤维与氯乙酸进行羧甲基化改性处理后,可以在纤维结构中引入亲水性的羧甲基钠基团,得到的羧甲基纤维素和羧甲基壳聚糖纤维具有优良的成胶性能,可以在吸收伤口渗出液后形成一个湿润但不潮湿的环境,有效促进伤口愈合。图 1-3 所示为羧甲基纤维素钠纤维吸湿成胶前后的效果图。

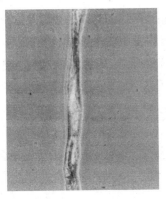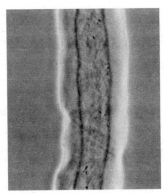

(a)干燥　　　　　　　　　(b)吸水后成胶

图 1-3　羧甲基纤维素钠纤维吸湿成胶前后的效果图

1.4.13　纳米纤维

基于天然和合成高分子的纳米纤维、纳米管、纳米棒等新材料有特殊的应用价值,可以负载顺磁性粒子、抗菌药物、酶等生物活性材料,应用于防护性服装、药物缓释、组织工程、再生医学等领域。

1.4.14　中空纤维

以醋酸纤维素和铜氨人造丝为原料制备的中空纤维在医疗卫生领域有很高的应用价值,可用于体液过滤、生物反应器、人造器官等领域。聚砜、聚酰胺、聚丙烯腈等合成高分子制备的中空纤维也有很高的使用价值,在经含磷脂的高分子改性后可以有效改善其与血液的相容性,降低其对蛋白质的吸附和血小板的黏附。用磷脂类高分子与纤维素共混后制备的中空纤维膜具有很好的透气性、血液相容性和细胞相容性,在血液净化和肝脏辅助生物反应器中起重要作用。

1.4.15　高性能纤维

高性能纤维主要指高强、高模、耐高温和耐化学作用的纤维,是具有高承载能力和高耐久性的功能纤维,主要包括芳纶、聚四氟乙烯纤维、聚醚酰亚胺纤维、碳纤维、高性能玻璃纤维、陶瓷纤维(碳化硅、氧化铝等)、高性能金属纤维等。

（1）对位和间位芳纶。PPTA 纤维又名芳纶 1414,因其分子结构酰胺基团在苯环对位(1,4)位,故称对位芳纶。于 1965 年发明,最早由美国杜邦公司以商品名 Kevlar® 生产销售。PMTA 纤维又名芳纶 1313,因其分子结构中酰胺基团位于苯环的间位,故又称间位芳纶,由杜邦公司以商品名 Nomex® 生产销售。两种纤维的原料为芳香族聚酰胺,具有很高的强度、模量以及阻燃性能。

（2）PBO 纤维。PBO 是聚对亚苯丙二噁唑,简称聚苯并噁唑。PBO 纤维具有极高的耐燃性,热稳定性相比芳纶更高,还具有非常好的抗蠕变、耐化学和耐磨性能,强度在 4~7GPa,模量在 180~360GPa,有很好的耐压缩破坏性能,不会出现无机纤维的脆性破坏。

（3）PEEK 纤维。聚醚醚酮(PEEK)是半结晶的芳香族热塑性聚合物。

（4）聚四氟乙烯纤维。聚四氟乙烯纤维是已知最为稳定的耐化学作用和耐热的纤维材料之一。

（5）碳纤维。碳纤维是纤维化学组成中碳元素占总质量 90% 以上的纤维。碳纤维的生产始于 1960 年代末,主要以黏胶纤维为原料,经预氧化、炭化、石墨化制成黏胶基碳纤维。在没有氧气存在的情况下,碳纤维能够耐受 3000℃ 的高温,是其他任何纤维无法承受的。除了耐高温,碳纤维对一般的酸、碱有良好的耐腐蚀作用,目前主要用于制作航空、航天、国防军工、体育器材及各种产业用增强复合材料。

1.5　生物活性纤维

1.5.1　生物活性纤维的基本概念

生物活性是指通过物理、化学、生物等因素引发生物体中细胞、组织、器官、系统等正常机理发生变化的能力,其中物理因素包括静电、微波、纳米特性等物理刺激,化学因素包括水化、离子交换、催化等引起的化学反应,生物因素包括酶活性、细胞活性、组织活性、系统活性等引导的生物诱变。

作为一种功能材料,纤维可以负载很多种具有生物活性的化合物,如糖类、脂类、蛋白质多肽类、甾醇类、生物碱、苷类、挥发油、金属离子等。这些负载在纤维结构中的活性成分在与人体皮肤组织及机体作用后引发生物效应,产生特殊的保健、美容、养生功效。表 1-2 总结了生物活性纤维与人体之间各种类型的相互作用。

表 1-2　生物活性纤维与人体之间的相互作用

作用层次	作用机理和功效
皮肤表面	与油脂、细菌、病毒、真菌之间的互动
上皮组织	与蛋白质结合、渗透细胞、活化细胞
真皮组织	与结缔组织、成纤细胞、生长因子和细胞因子互动
皮下组织	活性成分吸收进入肝、脾、骨髓、肾、尿液
人体组织	促进血液循环、刺激组织生长、增强免疫力

生物活性物质与纤维材料结合后产生的生物活性使纺织品的性能和功效得到本质性变化,在医疗、卫生、保健、美容等领域产生重要的应用价值,其制品已广泛应用于伤口护理、人工器官、妇幼卫生材料、美容化妆品、保健品、整形外科等众多领域,对医疗卫生技术的进步和健康产业的发展起重要作用。

1.5.2　生物活性纤维中的活性成分

人体是各种化合物组成的一个复杂生物体,拥有大量无机、有机、生物质成分,其与外部环境之间的互动是人体健康的关键因素。除了食品、保健品等口服途径,皮肤是人体与外界互动的一个重要界面。对人体皮肤产生互动作用的物质种类繁多,包括天然产物中提取和人工合成的各种化合物。目前被确认具有生物活性的物质主要有活性多糖、多不饱和脂肪酸、磷脂及其他复合脂质、氨基酸、肽与蛋白质、维生素类、矿物元素、酶类(超氧化物歧化酶、谷胱甘肽过氧化物酶等)和非酶类(维生素 E、维生素 C、β-胡萝卜素等)自由基清除剂、醇、酮、醛与酸类、磁性化合物、金属离子等,可分为无机和有机化合物、动物和植物提取物以及源于海洋生物的海洋活性物质,其中无机化合物包括纳米锌颗粒、氧化铁、氧化锌、氧化钛、氧化铜、炭黑等具有防紫外线、抗菌、去异味功能的化合物;有机化合物包括乙二醇、草酸、氨基葡萄糖等具有润肤、活化皮肤特性的功能材料。

在动物提取物中,从鲨鱼肝脏中提取的角鲨烯是一种天然抗氧化剂,可以使皮肤滋润、滑腻、充满弹性,与维生素 E、透明质酸等联合使用后可以有效渗透皮肤、防止皮肤老化、减轻色斑。蜂胶、丝胶、胶原等动物提取物也具有良好的美容功效。在植物提取物中,芦荟提取液含有 200 多种活性成分,包括 75 种营养成分、20 种矿物质、18 种氨基酸及 12 种维生素。葡萄酒中提取的白藜芦醇具有抗氧化性,能抑制甘油三酯的合成,防止皮肤老化、保护心血管。各种水果提取液可以为纺织材料提供愉悦的香味,如柠檬中的柠檬醛、玫瑰中的己酸烯丙酯、苹果中的苯胺素、菠萝中的肉桂醛、樱桃中的胡椒醛等。薰衣草油、百里香、鼠尾草油、薄荷油、桉叶油、洋甘菊油等植物精油具有润肤、提神等功能。从茉莉、玫瑰、菊花、月季花等鲜花中提取的精油同样具有优良的美容护肤功效。

作为一种脂溶性维生素，维生素 E 在生物活性纤维中具有特殊的应用价值，是最主要的抗氧化剂之一。维生素 E 溶于脂肪、乙醇等有机溶剂，不溶于水，对热、酸稳定，因此具有较好的加工性能。作为一种抗氧化剂，维生素 E 能使细胞外基质保持健康状态，起到良好的护肤作用。

1.5.3 生物活性纤维的种类

如图 1-4 所示，生物活性纤维是一类负载生物活性成分的纤维材料。根据其来源和加工制备过程，可以分为天然和人造两大类。

（1）天然生物活性纤维。天然生物活性纤维的活性主要来源于组成纤维的天然高分子材料。在真丝、羊毛、棉纤维、麻、竹等主要的天然纤维中，真丝含有乙氨酸、丙氨酸、丝氨酸等 18 种氨基酸，在与皮肤接触过程中可增强细胞活力、加速血液循环、软化血管，起到延缓皮肤衰老、防止动脉硬化和静脉曲张等功效。罗布麻纤维富含黄酮类化合物、槲皮素、氨基酸等多种药物成分，可通过体表作用于人体，具有降血压、降血脂、平喘、清火、强心、利尿等功效，对高血压、冠心病、气管炎等病症有一定功效。以竹子为原料加工的竹纤维富含大量对人体有益的微量元素，具有特殊的保暖、保健功能，可激发产生负氧离子，使人体倍感清新、舒适，具有多功能医疗保健特性。

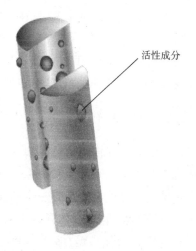

活性成分

图 1-4　生物活性纤维的典型结构

（2）人造生物活性纤维。根据原料来源和制备工艺，人造生物活性纤维可以分为再生和改性两大类。

①再生生物活性纤维。是一类以天然生物活性高分子为原料加工制备而成的纤维材料，其中甲壳素、壳聚糖和海藻酸盐纤维是代表性产品。以蚕丝中的丝朊和丝胶为原料加工制备的再生蛋白质纤维对皮肤有良好的亲和力，具有与真丝相似的透湿性、保湿性、抗氧化性，能抵御日光等对肌肤的侵蚀，防止皮肤起皱老化。

②改性生物活性纤维。是应用化学、物理、生物等技术使纤维结构发生改变后获取的一种生物活性纤维。其生物活性基团可通过共混纺丝、吸附、涂层等物理改性技术或通过对纤维进行化学改性获取。

1.5.4　生物活性纤维的制备方法

（1）共混法制备生物活性纤维。在纤维的纺丝成型过程中，生物活性物质可以通过互溶、互熔或以超细粉体的形式分散在纤维中。例如，把丝胶与聚乙烯醇共混后制成的纤维在具有良好物理性能的同时，具有优异的保健功效。Ma 等把磺胺与海藻酸钠混合后制备纺丝溶液，通过湿法纺丝制备的含磺胺海藻酸盐纤维在缓释磺胺的过程中具有优良的广谱抗菌性能。Bazhban 等把环糊精与壳聚糖反应后在壳聚糖分子链上负载环糊精，并与聚乙烯醇在水溶液中混合，通过静电纺丝制备的共混纤维可以负载药物，起到缓释药物的作用。Song 等把胰蛋白酶与聚乳酸混合后通过静电纺丝制备含有胰蛋白酶的聚乳酸纤维，并用戊二醛交联使胰蛋白酶更好地与聚乳酸结合。研究显示，该纤维能把与其接触的明胶降解成氨基酸，在美容化妆材料中有很好的应用价值。

（2）吸附法制备生物活性纤维。利用纤维材料无定形区的多孔特性可以使纤维吸附活性物质后产生各种生物活性。Kostic 等用银离子处理大麻纤维后得到的负载银离子的纤维对大肠埃希菌、金黄色葡萄球菌、白色念珠菌均有良好的抑制作用。Hong 等用具有抗氧化、抗肿瘤、抑菌性能的酚酸、没食子酸、对羟基苯甲酸等植物提取物处理棉纤维，使其对金黄色葡萄球菌和肺炎克雷伯氏菌有良好的抑制作用。

（3）涂层法制备生物活性纤维。在纤维表面覆盖一层具有生物活性的化合物是制备生物活性纤维的一个重要途径。

Smiechowicz 等以硝酸银为原料，采用还原剂在纤维素纤维上形成颗粒直径小、颗粒聚集少的纳米银。Montazer 等以硫酸铜为原料、葡萄糖为还原剂在棉纤维上形成 Cu_2O 颗粒，处理后得到的纤维对甲基蓝的降解有很强的光催化作用，同时对金黄色葡萄球菌和大肠杆菌有很强的抗菌作用。Ristic 等和 Fras-Zemljic 等采用壳聚糖溶液和纳米粉体在纤维素纤维表面形成一层壳聚糖表皮层，产生良好的抗菌作用。

（4）反应法制备生物活性纤维。通过化学反应改变纤维结构后使其负载生物活性成分是制备生物活性纤维的另一个重要途径。Peila 等和 Cravotto 等分别用 β-环糊精处理棉纤维和黏胶纤维，利用环糊精负载薄荷醇、积雪草、银杏叶等植物提取物，其负载的环糊精在释放出活性成分后，可通过再吸附法为纤维补充活性成分。

通过与棉纤维、黏胶纤维、真丝、羊毛等纤维中高活性基团的反应可以在纤维上负载多种生物活性物质。例如，Pejic 等用高碘酸钠使棉纤维氧化成多醛结构，然后吸附水溶液中的胰岛素后得到胰岛素含量约为 55mg/g 的改性棉纤维,该纤维以每 24h 释放 1.3~1.6mg 的胰岛素的速度,可持续释放 20 天。Nikolic 等以氧化黏胶纤维为原料制备负载胰蛋白酶的纤维。Nadiger & Shukla 用芦荟提取液处理真丝纤维,采用丁烷四羧作为交联剂,发现负载 15%芦荟的真丝纤维具有优良的抗菌性能。Nogueira 等通过共价键交联在棉纤维上负载 L-半胱氨酸,制备的改性纤维对肺炎克雷伯菌和金黄色葡萄球菌的抑菌率分别为 89%和 83%。Fu 等采用蛋白酶、转谷氨酰胺酶、酪氨酸酶、漆酶等酶处理羊毛和真丝纤维后有效提高了纤维的生物活性及其在美容化妆领域中的应用价值。

1.5.5 生物活性纤维的性能和应用

通过负载种类繁多的活性基团,生物活性纤维可以拥有抗菌、止血、抗辐射、抗过敏、抗病毒、抗氧化、抗紫外线辐射、抑制基质金属蛋白酶活性、抗衰老、除臭、抗疲劳等多种与人体健康密切相关的特殊功能,其丰富、高效的生物活性在医用纺织品、保健纺织品、化妆品、卫生材料、日化制品等领域有重要的应用价值。

(1)具有物理功效的生物活性纤维。纤维的物理功效包括其发射远红外线、导电、电磁波屏蔽等功能。目前远红外纤维是应用较广的一种功能纤维,通过陶瓷粉发射的远红外线可促进血液循环和人体新陈代谢,具有增强免疫力、保暖、抗菌、防臭、消毒、消炎、消肿等作用。麦饭石纤维含有麦饭石中提取的多种微量元素,在吸收体内热量的过程中产生人体能吸收的远红外线,可激活人体细胞、改善和促进血液循环、预防和治疗皮肤疾病。镀有银、锌、铜等金属的纤维材料可消除电磁波、病菌、静电等带来的不适感觉,抑制人体汗水中细菌繁殖,对紫外线、红外线和人体放射的辐射热量有很好的反射性,有冬暖夏凉的功效。含有活性炭的纤维是一种有源远红外加热材料,具有理疗保健作用,可促进血液循环、加快皮肤新陈代谢、减缓类风湿关节炎疼痛、加快伤口愈合。负载稀土合金磁钢的磁性纤维具有增强人体血液中离子活性、净化血液、扩张血管、加速血液循环、改善细胞新陈代谢等作用,对高血压、冠心病、神经衰弱、关节炎、颈和腰痛疾病等患者有辅助医疗保健作用。

(2)具有化学功效的生物活性纤维。纤维材料通过其负载的羧酸、酯、胺等化学基团可以与人体产生水化、离子交换、吸附等化学活性,例如,海藻酸盐纤维通过羧酸基团的离子交换特性,在与体液接触后具有独特的成胶性能,其与体液中金属离子的交换性能对吸湿、保湿、抗菌、促愈、止血、排毒、美白等生物活性起重要作用,在功能性医用敷料、功能性面膜材料、妇幼卫生用品、成人失禁产品等领域有很高的应用价值。负载氧化酶的纤维能消除产生臭味的硫化氢和氨,对日常生活中氨(刺激性气味)、胺类(腐烂鱼味)、甲基硫醇(腐烂大蒜味)、硫化氢(臭鸡蛋味)、乙醛(刺激性气味)和惰性粪臭类(粪臭味)等大多数异味有除臭功效,适用于床上用品、保健用品和医疗卫生用品的生产。

(3)具有生物功效的生物活性纤维。利用纤维材料负载的活性基团也可以产生特殊的生物功效,例如,将局部麻醉药吸附到纤维材料或采用熔融纺丝直接将局麻药引入纤维中可以制备具有麻醉功能的医用纤维。在纤维中加入具有永久自发电极的纳米材料后可以使纤维产生空气负离子、发射生物波、释放人体所需的微量元素,具有良好的保健理疗、热效应和排湿透气功能,可以使人体皮下组织血流量增加,有效改善人体微循环、提高组织供氧、改善新陈代谢、增强免疫力。以核酸、蛋白质、纤维素、多糖等天然生物高分子为原料制备的纤维材料,与蚕丝、蜘蛛丝、胶原纤维等一样具有优良的力学性能、生物相容性及生物活性,以这类纤维制备的生物纤维面膜能抑制酪氨酸酶的活性,防止皮肤色素沉淀与形成色斑、雀斑现象,并且能清除含氧自由基、促进皮肤新陈代谢、更新老化角质,使皮肤白皙、光滑、舒适、无皱纹,在功能性面膜领域有重要的应用价值。

1.5.6　生物活性纤维的发展趋势

作为纺织材料的基本组成单元,纺织纤维是各种服装面料与人体直接接触的界面,在皮肤和人体健康中起关键作用。在纤维上负载各种活性成分并利用纤维表面的亲水特性、形态特征、结晶区非结晶区分布促进活性成分的可控释放及其与人体组织的互动是生物活性纤维研发和应用领域的一个重要方向。纳米技术、静电纺丝等先进加工技术的发展也为改性生物活性纤维的制备提供了更多的技术手段。铜、锌、银等对人体健康起重要作用的金属和金属离子在与纤维材料结合后可以起到抗菌、抗炎、美容、促进血液循环等保健功效,已经被越来越多地应用于功能纤维的制备。各种动植物提取物负载在纤维上可以有效改善纤维的亲肤特性,通过与人体生物质的互动产生滋润皮肤、缓解疲劳、美白、养颜等一系列生物活性功效。

纤维材料的种类繁多、应用广泛,其中生物活性纤维通过其负载的各种活性基团对人体产生美容、保健与医疗功效,是一类重要的纺织材料。随着人们生活水平的日益提高,内衣、工作服、运动服、家用纺织品、医用纺织品等纺织材料的亲肤特征及生态功效变得尤为重要。通过新材料的应用和对传统纤维的改性提高纤维的生物活性是现代纤维制品发展的一个重要方向,尤其是海洋源生物材料在纤维技术中的应用将为生物活性纤维的开发和应用提供一个广阔的发展空间。

参考文献

［1］ABAD M J,BEDOYA L M,BERMEJO P.Natural marine anti-inflammatory products［J］.Mini.Rev.Med.Chem.,2008,8(8):740-754.

［2］AGBOH O C,QIN Y.Chitin and chitosan fibers［J］.Polymers for Advanced Technologies,1997(8):355-365.

［3］ALONSO C,MARTI M,MARTINEZ V,et al.Antioxidant cosmetotextiles:skin assessment［J］.Eur J Pharm Biopharm,2013,84(1):192-199.

［4］BARBA C,MENDEZ S,RODDICK-LANZILOTTA A,et al.Cosmetic effective-ness of topically applied hydrolyzed keratin peptides and lipids derived from wool［J］.Skin Res Technol,2008,14(2):243-248.

［5］BAZHBAN M,NOURI M,MOKHTARI J.Electrospinning of cyclodextrin func-tionalized chitosan/PVA nanofibers［J］.Chinese Journal of Polymer Science,2013,31(10):1343-1351.

［6］BURKATOVSKAYA M,TEGOS G P,SWIETLIK E,et al.Use of chitosan band-age to prevent fatal infections developing from highly contaminated wounds in mice［J］.Biomaterials,2006,27(22):4157-4164.

［7］CRAVOTTO G,BELTRAMO L,SAPINO S,et al.A new cyclodextrin-grafted viscose loaded with aescin formulations for a cosmeto-textile approach to chronic venous insufficiency［J］.J Mater Sci:Mater Med,2011(22):2387-2395.

［8］DEITCH E A,MARINO A A,GILLESPIE T E,et al.Silver-nylon:a new anti-microbial agent［J］.Antimicrob Agents Chemother.,1983,23(3):356-359.

［9］DOAKHAN S,MONTAZER M,RASHIDI A,et al.Influence of sericin TiO_2 nanocomposite on cotton fabric:part 1.Enhanced antibacterial effect［J］.Carbohydr Polym,2013,94(2):737-748.

［10］FERREIRA P,ALVES P,COIMBRA P,et al.Improving polymeric surfaces for biomedical applications［J］.J.Coat.Technol.Res,2015,12(3):463-475.

［11］FRAS-ZEMLJIC L,KOSALEC I,MUNDA M,et al.Antimicrobial efficiency e-valuation by monitoring potassium efflux for cellulose fibres functionalised by chitosan［J］.Cellulose,2015(22):1933-1942.

［12］FU J,SU J,WANG P,et al.Enzymatic processing of protein-based fibers［J］.Appl Microbiol Biotechnol,2015(99):10387-10397.

［13］HONG K H. Preparation and properties of multifunctional cotton fabrics treated by phenolic acids ［J］.Cellulose,2014(21):2111-2117.

［14］KASIRI M B,SAFAPOUR S.Natural dyes and antimicrobials for green treatment of textiles ［J］.Environ Chem Lett,2014(12):1-13.

［15］KOSTIC M M,MILANOVIC J Z,BALJAK M V,et al.Preparation and characterization of silver-loaded hemp fibers with antimicrobial activity ［J］.Fibers and Polymers,2014,15(1):57-64.

［16］LEE J C,HOU M F,HUANG H W,et al.Marine algal natural products with anti-oxidative, anti-inflammatory, and anti-cancer properties ［J］.Cancer Cell Int, 2013,13(1):55.

［17］MA C,LIU L,HUA W,et al.Fabrication and characterization of absorbent and antibacterial alginate fibers loaded with sulfanilamide ［J］.Fibers and Polymers,2015,16(6):1255-1261.

［18］MANNA J,BEGUM G,KUMAR K P,et al.Enabling antibacterial coating via bioinspired mineralization of nanostructured ZnO on fabrics ［J］.ACS Appl Mater Interfaces,2013,5(10):4457-4463.

［19］MONTAZER M,DASTJERDI M,AZDALOO M,et al.Simultaneous synthesis and fabrication of nano Cu_2O on cellulosic fabric using copper sulfate and glucose in alkali media producing safe bio- and photoactive textiles without color change ［J］.Cellulose,2015(22):4049-4064.

［20］NGO D H,KIM S K.Sulfated polysaccharides as bioactive agents from marine algae ［J］.Int J Biol Macromol,2013(62):70-75.

［21］NIKOLIC T,MILANOVIC J,KRAMAR A,et al.Preparation of cellulosic fibers with biological activity by immobilization of trypsin on periodate oxidized viscose fibers ［J］.Cellulose,2014(21):1369-1380.

［22］NOGUEIRA F,VAZ J,MOURO C,et al.Covalent modification of cellulosic-based textiles:A new strategy to obtain antimicrobial properties ［J］.Biotechnology and Bioprocess Engineering,2014(19):526-533.

［23］PEILA R,MIGLIAVACCA G,AIMONE F,et al.A comparison of analytical methods for the quantification of a reactive b-cyclodextrin fixed onto cotton yarns ［J］.Cellulose,2012(19):1097-1105.

［24］PEJIC B,BARALIC A M,KOJIC Z,et al.Oxidized cotton as a substrate for the preparation of hormone-active fibers:characterization,efficiency and biocompatibility

［J］.Fibers and Polymers,2015,16(5):997-1004.

［25］QIN Y.The gel swelling properties of alginate fibers and their application in wound management ［J］.Polymers for Advanced Technologies,2008,19(1):6-14.

［26］QIN Y.Medical Textile Materials ［M］.Cambridge:Woodhead Publishing, 2016.

［27］QIN Y.Gel swelling properties of alginate fibers ［J］.Journal of Applied Polymer Science,2004,91(3):1641-1645.

［28］RISTIC T,HRIBERNIK S,FRAS-ZEMLJIC L.Electrokinetic properties of fibres functionalised by chitosan and chitosan nanoparticles ［J］.Cellulose,2015(22): 3811-3823.

［29］RIVERO P J,URRUTIA A,GOICOECHEA J,et al.Nanomaterials for functional textiles and fibers ［J］.Nanoscale Research Letters,2015(10):501-522.

［30］ROSZAK J,STEPNIK M,NOCUN M,et al.A strategy for in vitro safety testing of nano titania modified textile products ［J］.J Hazard Mater,2013(15):256-257.

［31］SHARAF S,HIGAZY A,HEBEISH A.Propolis induced antibacterial activity and other technical properties of cotton textiles ［J］.Int J Biol Macromol,2013(59): 408-416.

［32］SMIECHOWICZ E,KULPINSKI P,NIEKRASZEWICZ B,et al.Cellulose fibers modified with silver nanoparticles ［J］.Cellulose,2011(18):975-985.

［33］SONG X,WEI L,CHEN A,et al.Poly(L-lactide) nanofibers containing trypsin for gelatin digestion ［J］.Fibers and Polymers,2015,16(4):867-874.

［34］SUKSOMBOON N,POOLSUP N,SINPRASERT S.Effects of vitamin E supplementation on glycaemic control in type 2 diabetes ［J］.J Clin Pharm Ther,2011,36 (1):53-63.

［35］SUN X,BRANFORD-WHITE C,YU Z,et al.Development of universal pH sensors based on textiles ［J］.J Sol-Gel Sci Technol,2015(74):641-649.

［36］YU M,WANG Z,LIU H,et al.Laundering durability of photo catalyzed self-cleaning cotton fabric with TiO$_2$ nanoparticles covalently immobilized ［J］.ACS Appl Mater Interfaces,2013,5(9):3697-3703.

［37］ZHANG Y,LIM C T,RAMAKRISHNA S,et al.Recent development of polymer nanofibers for biomedical and biotechnological applications ［J］.Materials Science:Materials in Medicine,2005(16):933-946.

［38］白亚琴,孟家光.新型医疗保健织物的开发［J］.针织工业,2006(6):

49-54.

　　[39]刘志皋. 食品营养学[M].北京:中国轻工业出版社,2013.

　　[40]梁列峰,翁杰,卢娟,等.蚕丝蛋白的生物活性研究[J].丝绸,2009(12):22-33.

　　[41]梁列峰,刘涛,陈雪娇.生物活性纤维成形机理及技术的研究[J].产业用纺织品,2009,27(6):3-7.

　　[42]董静.甲壳胺敷料促进创面愈合的临床观察[J].中华医院感染学杂志,2011,21(5):918-919.

　　[43]骆强,孙玉山.医用海藻纤维的研究[J].非织造布,2011,19(1):30-32.

　　[44]刘涛,梁列峰,高素华.以聚乙烯醇为载体引入丝胶共混成纤的研究[J].四川丝绸,2007(1):15-17.

　　[45]叶建州,白兴荣,马伟光,等.丝胶及其水解物的生物活性和药理作用研究进展[J].云南中医学院学报,2005,28(1):64-67.

　　[46]赵铁侠,邹黎明,魏平远.具有麻醉功能的医用纤维材料的结构性能表征[J].合成纤维,2005,34(5):20-23.

　　[47]郭春花.生物质纤维是未来发展方向[J].纺织服装周刊,2010(25):30-31.

　　[48]郭春花.生物产业带动化纤业老树开新花[J].纺织服装周刊,2010(23):30-31.

　　[49]沈新元. 生物质与生物医用纤维[C].杭州:全国高分子材料工程技术高级学术研讨会论文集,2010.

　　[50]蒋士成.生物质新纤维工程化、产业化发展及战略思考[C].银川:中国工程院第 122 场中国工程科技论坛"生物质纤维产业化发展战略研讨会"报告集,2010:1-20.

　　[51]秦益民,刘洪武,李可昌,等.海藻酸[M].北京:中国轻工业出版社,2008:27-39.

　　[52]秦益民,张德蒙,邓云龙,等.浅谈美容用纺织材料[J].产业用纺织品,2017,35(9):1-7.

　　[53]秦益民.生物活性纤维的研发现状和发展趋势[J].纺织学报,2017,38(03):174-180.

　　[54]秦益民.海藻酸盐纤维的生物活性和应用功效[J].纺织学报,2018,39(4):175-180.

　　[55]秦益民,李可昌,邓云龙,等.先进技术在医用纺织材料中的应用[J].产业

用纺织品,2015,33(5):1-6.

[56]秦益民,莫岚,朱长俊,等.棉纤维的功能化及其改性技术研究进展[J].纺织学报,2015,36(5):153-157.

[57]秦益民.成胶纤维在功能性医用敷料中的应用[J].纺织学报,2014,35(6):163-168.

[58]秦益民.医用纺织材料的研发策略[J].纺织学报,2014,35(2):89-92.

第2章 生物活性纤维的成型及功能化改性技术

2.1 引言

在纺织材料领域,纤维是连接高分子材料与纺织品的一个重要环节。通过溶液纺丝、熔融纺丝、静电纺丝等技术的应用,高分子材料被加工成纤维,其中高分子的理化特性决定了纤维的生物相容性、生物可降解性、吸湿性、抗菌性等一系列物理、化学、生物特性。例如,甲壳素、壳聚糖、海藻酸等天然高分子及其改性产物具有良好的生物相容性、亲水性、生物可降解性等特性,适用于制备高吸湿、亲肤、护肤类医用纤维,而聚乙烯、聚丙烯、聚酯、聚酰胺、聚氨酯等合成高分子材料具有优良的力学性能,在防护、过滤、隔离等应用领域具有更好的应用价值(图2-1)。

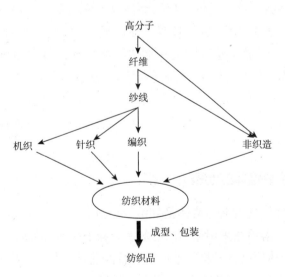

图2-1 纺织材料的结构框架示意图

根据成纤高分子的基本性能,纤维材料的功能特性可以通过化学、物理、生物等改性技术的应用得到有效提高和延伸,在强化其性能的同时拓宽其应用。例如,壳聚糖是一种具有聚阳离子特性的天然高分子,其抑菌、促愈等性能在功能性医用敷料领域有很高的应用价值。用氯乙酸、环氧乙烷、环氧丙烷等对壳聚糖进行化学改性后制备的羧甲基、羟乙基、羟丙基壳聚糖等改性产物是壳聚糖的水溶性衍生物,在与海藻酸钠共混后可以制备具有很高吸湿性能的共混纤维材料,有效提高医用敷料的吸湿、保湿性能。合成高分子的结构和性能可以通过控制聚合过程中的单体组成加以控制和调节,例如,在羟基乙酸和乳酸的共聚过程中,通过单体比例的调节可以有效控制共聚产物的亲水性、疏水性、熔融温度、生物降解速度等综合性能,在此基础上根据临床使用需要开发适合皮肤移植、手术缝合线等用途的共聚物。

生物活性纤维的各种活性受其化学和物理结构的影响。纤维成型前的高分子改性、成型过程中的共混改性和成型后的表面处理是纤维材料功能化改性过程中常用的技术手段,可以通过改变纤维的化学结构、物理组成和表面特性有效改善其综合性能。

2.2　纤维材料的功能化制备技术

从生产的角度看,化学纤维是以天然高分子或人工合成高分子为原料,经过纺丝原液的制备、挤出成型、后处理等工序制成的,其中主要的工艺步骤包括用溶剂溶解高分子后形成纺丝溶液或在加热下使高分子材料熔融后形成熔体,然后经过过滤、计量、喷丝板挤出、凝固、牵伸、水洗、干燥、卷曲等过程制成纤维。湿法纺丝通过高分子的溶解—凝固之间的转变、熔融纺丝通过高分子的熔融—冷却形成纤维材料。化学纤维的制造方法模仿了蚕吐丝的过程,包括以下三个部分。

2.2.1　纺丝溶液或熔体的制备

将固态高聚物转变成液态流体是纤维成型过程的第一步,包括溶液法和熔融法两个基本方法。溶液法采用适当的溶剂使高分子材料溶解后形成黏稠的纺丝溶液,熔融法通过加热使高分子材料形成熔体后再进行纺丝。一般来说,对于分解温度高于熔点的高聚物,可直接将聚合物熔化成熔体后制备具有纺丝性能的流体,分解温度低于熔点或加热后不熔融的高聚物,则须用溶剂溶解,或首先将聚合物通过改性制成可溶性中间体后再溶解成纺丝液。

2.2.2　挤出和成型

如图 2-2 所示,在化学纤维的成型过程中,纺丝溶液或熔体在喷丝孔挤出后形成丝条,通过冷却或凝固形成初生丝条,其中溶液纺丝法的纺丝液是溶解在溶剂中的高聚物溶液,初生丝的固化成型有湿法和干法两种方法。在湿法纺丝过程中,从喷丝孔中挤出的高分子溶液与凝固剂接触后在溶液中固化。在干法纺丝过程中,高分子溶液离开喷丝孔后进入预热的空气层,通过溶剂的挥发形成纤维。在熔融纺丝过程中,高分子熔体挤出喷丝孔后在空气中冷却后固化成初生纤维。

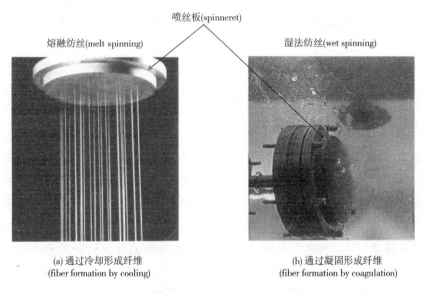

喷丝板(spinneret)

熔融纺丝(melt spinning)　　　　　湿法纺丝(wet spinning)

(a) 通过冷却形成纤维　　　　　　　(b) 通过凝固形成纤维
(fiber formation by cooling)　　　　(fiber formation by coagulation)

图 2-2　纤维成型的两种基本方法

静电纺丝是近年来迅速发展的一种纤维生产技术,可以通过溶剂的挥发制备具有纳米尺寸的纤维材料,其中以水为溶剂可以制备聚氧化乙烯、聚乙烯醇等水溶性纤维,以有机溶剂溶解聚乳酸、聚酰胺等成纤高分子后可以制备超细纤维材料。经过多年发展,静电纺丝技术在新纤维的开发和制备工艺的改进方面都取得了很大的进展,例如,共静电纺丝工艺可以把两组纺丝液通过同心环形喷嘴挤出成型,并通过喷丝孔的设计把一种高分子包埋在另一种高分子中形成复合纤维。由于成型速度快,两种高分子在干燥成纤维前尚未混合,处在核心部位的高分子可以负载药物等活性成分,而外层高分子起到缓控释放的作用。

2.2.3　后处理

在挤出成型过程中得到的初生丝的强度低、伸长大、沸水收缩率大，一般不能直接用于纺织加工，还需经过一系列后处理进一步改善纤维的理化性能。化学纤维生产过程中的后处理主要有牵伸、热定型、上油、卷曲、切断等工序，长丝产品还需要进行加捻和络筒。

通过湿法、干法、熔融、静电纺丝等化学纤维制备技术可以把各种类型的高分子材料加工成具有一定强度和延伸性的纤维材料，并通过纺织工艺加工成纺织品，应用于服用、家纺及产业用的各个领域。在此过程中，通过新技术的应用以及对加工条件的有效控制可以制备具有特殊结构、理化性能和力学特性的纤维材料，使其拥有应用过程中所需的细度、形态结构、纯度、无菌性、吸湿性、蓬松性、舒适性等特性。

2.3　纤维的功能化改性技术

近年来，随着传统纺织产业的日益成熟，纺织行业的研发重点逐渐向高附加值、高技术含量的领域转移，其中生物活性纤维及其下游制品是一个具有广阔发展前景的领域，在医疗、卫生、美容等与人类健康密切相关的产品中有特殊的应用价值。例如，传统的棉纤维与具有生物活性的小分子反应后，可以在其纤维素结构上嫁接具有特殊生物功效的化合物，使棉纤维获得特殊的性能后应用于生物医学领域。棉纤维上的羟基经过氧化、醚化等传统的化学反应后可以获得止血、高吸湿等性能，在与酶、肽、多糖、脂类物质反应后可以在纤维表面产生催化活性，经过进一步改性处理后得到抗菌、去杂、除臭、促愈等一系列生物活性。

纤维材料的功能化改性有很长的发展历史，主要有物理改性、化学改性、生物改性等改性技术。

2.3.1　物理改性技术

物理改性是指采用改变纤维高分子材料的物理结构的方法使纤维性质发生变化的方法，如采用高能射线（γ 射线、β 射线）、强紫外辐射、低温等离子体等对纤维进行表面蚀刻、活化、接枝、交联、涂覆等改性处理。

物理改性可以在纤维的成型过程及后处理过程中实现，其中前者涉及聚合和纺丝条件的变化以改变纤维的物理结构和构造，如通过喷丝孔形状的变化制备异形纤维。后整理是一种常用的物理改性技术,在制备生物活性纤维过程中有特殊的应用价值,可以在纤维表面负载活性成分后赋予纤维特殊的使用功效。例如,为了在棉纤维表面负载锌、铜、银等对人体有益的微量金属元素,Athauda 等用 ZnO 处理棉纤维后在纤维上形成晶核,然后使 ZnO 继续结晶,在棉纤维上负载 ZnO 纳米棒和纳米针。Fahmy 等用后整理浴在纤维上负载银及氧化钛纳米颗粒,提高其抗菌和抗紫外性能。Arain 等通过浸轧工艺在棉纤维上负载壳聚糖和 $AgCl/TiO_2$ 组成的复合物,起到抗菌和防紫外作用。Dastjerdi 等采用可交联的聚硅氧烷作为载体,用涂层工艺在纺织面料上负载 Ag/TiO_2 纳米颗粒。把棉、黏胶等纤维素纤维制品用等离子体处理后再用醋酸锌、醋酸铜、氯化铝、氯氧化锆等无机盐处理,可以在纤维表面负载一层具有生物活性的微量金属离子。

银是一种具有优良抗菌功效和生物活性的金属,可以通过多种方法与化学纤维结合。把纳米银粉分散在高分子溶液或熔融物中,可以通过溶液纺丝或熔融纺丝制备含银纤维,其中银粉以点状分布在纤维中。纳米银也可以在后处理过程中浸入棉纤维中,以极细微的点状分布在纤维的表层。Smith & Nephew 公司供应的 Acticoat 含银医用敷料采用气相沉积方法在敷料的表面形成一层金属银。美国 Noble Fiber Technologies 公司开发的 X-Static 镀银纤维是一种表面镀有金属银的锦纶,结合了锦纶优良的理化性能和银对人体毒性低、导电率高、抗菌性能优异的特性,具有抗菌消炎、促进血液循环、调节体温、强力除臭、抗静电、医疗保健、防辐射、电磁屏蔽等普通纤维不具备的性能,近年来在功能纺织品中得到越来越广泛的应用。X-Static 镀银纤维采用溶液镀银方法将纯银附着于纤维表面,形成一层很薄但连续的银层。由于纯银需直接接触皮肤才能发挥抗菌除臭功效,表面镀银的 X-Static 纤维与其他含少量且不连续的点状分布的含银纤维相比有更好的使用功效。

在纤维表面镀银的基本工艺流程为:

原丝→除油→水洗→烘干→粗化→水洗→烘干→氧化还原→

水洗→烘干→上油→定型→卷绕→镀银纤维

其中除油剂可以是丙酮或无水乙醇,粗化液可以是硫酸、铬酸、磷酸。银可以通过氧化还原的方法在纤维表面沉积,其中氧化还原液包括硝酸银、氨水和还原剂,氨水起到提高硝酸银溶液稳定性的作用。镀银前首先用 NaOH 水溶液粗化纤维表面,用去离子水水洗后再用盐基胶体钯进行活化、敏化,然后经去离子水彻底清洗后,置于镀银液中进行化学镀银。镀银液的浓度组成为:10～14g/L 硝酸银、10%氨水、13g/L NaOH、5%无水乙醇。还原液为:10g/L 葡萄糖。镀银液温度控制在 20～30℃,施镀时间 1h。研究结果显示,由于银的密度比初始纤维高,镀银后纤

维的密度从 $1.36g/cm^3$ 提高到 $1.57g/cm^3$，其他物理性能基本没有变化。

Cupron 铜基抗菌纤维是美国卡普诺公司开发的一种新型抗菌纤维，有两种制备方法，一种是在棉纤维上镀上氧化铜，另一种是在聚酯、聚丙烯、聚乙烯、聚氨酯、聚酰胺等纤维中通过共混纺丝加入氧化铜，其中氧化铜含量约为3%。图2-3 显示了 Cupron 铜基抗菌纤维的表面结构，分散在纤维中的氧化铜颗粒对细菌、病毒、真菌有良好的抑制作用。由于铜能刺激肌肤中胶原蛋白的再生长，含铜纤维在与皮肤接触后能促进皮肤的新陈代谢，使健康皮肤更加光滑、受损皮肤更快愈合，在功能性医用敷料、美容纺织材料、抗菌纺织品等领域有很高的应用价值。

图2-3　Cupron 铜基抗菌纤维的表面结构

2.3.2　化学改性技术

化学改性是指通过改变纤维原有的化学结构达到改变其性能的方法，包括共聚、接枝、交联、溶蚀以及纤维与各种化合物的反应。以纤维素纤维为例，其结构中的每个葡萄糖环上含有三个羟基，其中 C_6 位上的是伯羟基、C_2 和 C_3 位上的是仲羟基。在与氧化剂反应后，C_6 上的伯羟基可以被氧化成醛基后进一步氧化成羧基，其主链结构无实质性变化。C_2 和 C_3 上的仲羟基可以在葡萄糖环不破裂的情况下氧化成一个酮基或两个酮基，也可以在开环后氧化成醛基和羧基。氧化后得到的含羧基的氧化纤维素是一种具有良好生物相容性、生物可降解性、无毒性的纤维素衍生物。由于氧化反应破坏了纤维素有序的超分子结构，同时使羟基转化成亲水性更强的羧基，氧化纤维素比纤维素具有更好的吸湿及生物可降解性，具有优良的止血功能，可以加工成生物可降解的止血材料。

目前以黏胶纤维为原料制备的氧化再生纤维素纤维是临床用止血材料的一个

主要品种。为了避免纤维强度的下降,生产过程中需要对 C_6 位上的伯羟基进行选择性氧化。2,2,6,6-四甲基哌啶氧化物(TEMPO)是一种具有弱氧化性的哌啶类氮氧自由基,在含 TEMPO 的共氧化剂体系中,氧化反应对伯羟基有选择性,而对仲羟基无作用。用含 TEMPO 的共氧化剂处理棉纤维、黏胶纤维等纤维素纤维,可以在 C_6 位上的羟基转化为羧基的同时保持纤维素分子链的高分子结构,当反应在织物上进行时可以直接制备具有止血作用的氧化纤维素止血纱布。研究显示,当羧基含量占 16%～24% 时,氧化纤维素的 pH 约为 3.1,具有良好的生物相容性、生物可吸收性及止血功能。

美国 Johnson & Johnson 公司最早实现了氧化纤维素的工业化生产,用二氧化氮把棉花等纤维素纤维氧化后制备结构柔软的可吸收止血剂。生产过程中 NO_2 首先被溶解在 CCl_4 中,得到 NO_2 体积分数为 20% 的 NO_2/CCl_4 氧化溶液。以棉纤维为原料制备的针织物按照织物对氧化溶液 1:42.6(g/mL)的比例,在 19.5℃ 下反应 40h 后用 CCl_4 洗三次,再用体积分数为 50% 的乙醇与水混合溶液洗三次,最后用纯乙醇洗三次,在零下 50℃ 真空干燥 48h 后得到具有止血功能的氧化棉织物。

纤维素在与醚化试剂反应后生成纤维素醚,其中甲基纤维素、乙基纤维素是疏水性衍生物,羧甲基纤维素、羟丙基纤维素为水溶性纤维素衍生物。把棉纤维与氯乙酸反应,通过控制羧甲基化反应度可以得到不同替代度的羧甲基钠纤维素,在具有很高吸水性能的同时可以保持纤维状结构,可应用于医用敷料、面膜制品等领域。

表 2-1 显示出羧甲基化棉纱布在水和生理盐水中的吸湿性能,当棉纱布与氯乙酸的质量比在 1:0.25、1:0.50、1:0.75、1:1、1:1.5 时,反应后得到的羧甲基化棉纱布的吸水率分别为 9.7、12.4、14.4、16.8、17.9、49.3g/g,其吸收生理盐水的量分别为 9.5、13.2、11.5、12.7、14.3、17.8g/g。通过化学改性在棉纤维结构中加入亲水的羧甲基钠基团可以有效提高棉纤维的吸水性能,遇水湿润后形成一种纤维状的水凝胶,具有优良的吸湿和保湿功能。

表 2-1　羧甲基化棉纱布在水和生理盐水中的吸湿性能

棉纱布与氯乙酸质量比	吸水性(g/g)	吸生理盐水性(g/g)
1:0.25	12.4±0.15	13.2±0.21
1:0.50	14.4±0.30	11.5±0.18
1:0.75	16.8±0.22	12.7±0.20
1:1	17.9±0.35	14.3±0.25
1:1.50	49.3±0.45	17.8±0.32

海藻酸、甲壳素、壳聚糖、透明质酸、果胶等天然多糖具有各自独特的生物活性，在医用卫生领域已经得到广泛应用。把多糖高分子接枝到棉纤维上，利用纤维表面负载的活性多糖可以起到止血、抗菌、吸附蛋白酶等作用，可以有效提高棉纤维的应用价值。研究显示，把多糖与棉纤维素结合后得到的复合材料具有降低弹性蛋白酶的功效。在伤口愈合过程中，中性粒细胞产生的弹性蛋白酶能水解弹性蛋白，因此影响新鲜皮肤组织的生成。通过亲电性多糖对弹性蛋白酶的抑制作用可以避免弹性蛋白的水解，有效促进伤口愈合。

在各类多糖中，壳聚糖的生物活性已经在许多领域得到应用，壳聚糖纤维已经被广泛应用于抗菌纺织品和止血性医用敷料。Shin 等用壳聚糖接枝棉纤维后得到具有抗菌性能的改性纤维。研究结果显示，相对分子质量在 100000 ~ 210000 的壳聚糖以 0.5% 的质量分数处理棉纤维后可以有效抑制金黄色葡萄球菌的增长。壳聚糖也具有良好的止血性能，研究结果显示，用质量分数为 1% ~ 4% 的壳聚糖处理棉纱布，可以有效抑制血液在纱布上的扩散，说明负载壳聚糖的棉纤维具有凝固血液的功效。

环糊精是直链淀粉在葡萄糖基转移酶作用下生成的一种环状低聚糖，通常含有 6~12 个 D-吡喃葡萄糖单元。如图 2-4 所示，由于连接葡萄糖单元的糖苷键不能自由旋转，环糊精在空间中是一种锥形状的圆环，可以通过其圆环结构负载药物、香精、化妆品等活性物质。用交联剂把环糊精结合到棉纤维上后，可以通过其空间结构负载一系列的生物活性物质。对环糊精分子洞外表面的醇羟基进行醚化、酯化、氧化、交联等化学反应可以赋予环糊精分子外表面新的功能，使其对生物活性物质具有更强的负载功效。

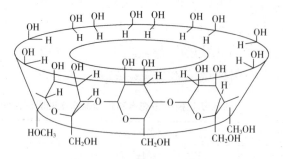

图 2-4　环糊精的化学结构

2.3.3　生物改性技术

生物改性技术主要通过酶、发酵等技术的应用改变化学纤维的结构和性能。

自 Merrifield 在 1963 年报道了固相合成肽的研究以来,医药领域对合成肽在多种疾病治疗中展开了大量研究,其中以酯键连接的纤维素与肽复合物具有靶向释放活性肽的功效,以纺织材料负载肽的技术在伤口护理领域得到应用,层粘连蛋白和弹性蛋白负载在医用敷料上后可应用于创面护理。

由于中性粒细胞中的弹性蛋白酶及金属硫蛋白酶等对慢性伤口愈合过程中的生长因子和结缔组织蛋白质有较大的破坏作用,通过医用敷料吸附蛋白酶可以有效加快伤口愈合。研究显示,在棉纤维上接枝小分子量的肽链对中性粒细胞弹性蛋白酶有吸附作用,以此降低其对伤口愈合的破坏作用。缬氨酸—脯氨酸—缬氨酸组成的链段对弹性蛋白酶有识别功能,在促进慢性伤口愈合过程中有重要作用。

蛋白质和酶可以通过共价键合、交联、吸附等方式接枝到棉纤维上,含有转化酶和葡萄糖氧化酶的细胞也可以负载到棉织物上。把脲酶负载到棉织物过滤材料上可用于尿素的水解,负载后形成的复合材料中棉纤维提供了一个稳定的结构及较高的比表面积,而酶、蛋白质等物质赋予材料优良的生物活性。把牛奶中的酪蛋白负载在棉纤维表面可以得到类似羊毛的抗紫外性能,把丝胶负载在棉纤维上可以使纤维获得良好的生物相容性。

在医疗卫生领域,具有酶活性的改性棉纤维可以利用其负载的酶消化细菌,得到具有抗菌性能的医用纺织品,负载酶的纤维也可以通过其催化作用使生化武器失去活性。Edwards 等把有机磷水解酶和溶菌酶用共价键连接到棉纤维上,通过酶对细胞壁中肽聚糖的水解作用起到抗菌作用,并且通过有机磷水解酶的催化作用分解沙林、梭曼等有机磷神经毒素。在与酶接枝的过程中,经甘氨酸酯化的棉纤维具有更好的反应活性,戊二醛和羰基二咪唑可以作为交联剂使酶固定在棉纤维上。

脂类物质主要包括油脂和类脂,如磷脂、固醇等有机小分子物质。尽管脂类物质涉及的范围广、化学结构差异大、生理功能各不相同,其共同的物理性质是不溶于水而溶于有机溶剂,在水中相互聚集形成内部疏水的聚集体,可以负载油溶性的活性成分。羊毛表面的脂质中含有神经酰胺等具有良好皮肤护理功能的活性成分,进入人体表皮后可以增强其持水功能,使皮肤更加滋润光滑。棉纤维表面负载一层有生物活性的脂类化合物后,可作为缓释载体包埋抗菌剂、皮肤修复剂、药物等活性成分,通过光、热、pH、氧化还原等作用可以调节其负载的活性成分的释放速度,起到缓控释放活性成分的功能,在美容化妆品等领域有很高的应用价值。

2.4 复合技术在纤维和纺织材料改性过程中的应用

复合技术涉及两种以上具有不同理化性能的材料在纤维、纱线、织物等各个层次上的结合,可以更好地满足生物活性纤维及其下游制品应用领域中复杂的终端需求。例如,含银抗菌材料与纤维材料复合后制备的含银医用敷料目前被广泛应用,微尺寸的生物传感器在与纤维材料结合后可以跟踪患者体温和心脏活动,用于病人的动态跟踪。下面介绍几种常用的复合技术。

2.4.1 高分子共混

高分子材料的共混包括相容高分子共混、互不相容高分子共混、高分子的混溶等三种状态,其中纳米技术的进展使共混高分子材料的制备获得新的发展动力,传统高分子材料与纳米化粉体在溶液、熔体中共混后可以制备具有全新结构和性能的纤维材料。

在医用敷料领域,通过水溶性的羧甲基纤维素钠(CMC)与海藻酸钠的共混及纺丝成型,可以制备具有很高吸湿性能的海藻酸盐与羧甲基纤维素钠共混纤维。表2-2显示了海藻酸盐/CMC共混纤维敷料与纯海藻酸盐纤维敷料的性能比较,由于CMC破坏了海藻酸盐纤维的结构规整性,含CMC的共混纤维在与生理盐水接触后很容易形成高度膨胀的凝胶态结构,以其制备的医用敷料的吸湿性比纯海藻酸盐纤维敷料高30%。

表2-2 海藻酸盐/CMC共混纤维敷料与纯海藻酸盐纤维敷料的性能比较

测试项目	海藻酸盐/CMC共混敷料	纯海藻酸盐敷料
吸湿性(g/g)	20.35±0.75	14.27±0.41
水中的溶胀率(g/g)	4.25±0.25	1.85±0.13
生理盐水中的溶胀率(g/g)	9.65±1.42	5.23±0.42

2.4.2 微胶囊

微胶囊可以负载液体或固体状态的活性物质,并通过压力、摩擦、扩散、囊壁的解散和生物降解等方式释放出香料、皮肤软化剂、杀虫剂、抗菌药物等物质。在负载驱蚊剂、抗螨剂、驱虫整理剂等材料后,直径 $1\sim10\mu m$ 的微胶囊可以通过多种方式结合到直径为 5~30μm 的纺织纤维上,其中基于甲醛与尿素或三聚氰胺的微胶囊在医用纤维材料中广泛应用,该系统可以把液态的活性成分与预聚体混合后制成微胶囊,然后用黏结剂结合到纤维材料上。图 2-5 显示利用微胶囊负载活性成分的效果图。

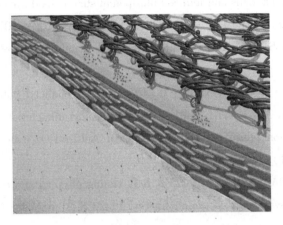

图 2-5　利用微胶囊负载活性成分的效果图

2.4.3　药物缓释

纤维材料为药物的控制释放提供了一个理想的载体,尤其是静电纺丝技术的发展为载体材料的选择提供了更大的范围,抗生素、抗癌药物、蛋白质等活性物质可以与各种高分子结合后加工成纤维材料应用于透皮给药、医用敷料以及其他许多应用领域。浸轧、竭染等传统工艺也可以把活性物质结合到纤维材料上。在浸轧工艺中,包埋有活性物质的微胶囊与软化剂、润湿剂等助剂一起分散在整理浴后与交联剂一起进入烘箱,在 105~140℃ 下处理 1~2min 后可使活性成分结合到纤维材料上。

作为一种功能多样、技术复杂、应用专一的特殊材料,生物活性纤维及其下游制品的制备具有很强的个性化特征,涉及对终端需求的科学研判及对各种材料加工技术的合理应用。高分子、纤维、纺织及材料领域的技术进展为生物活性纤维材料的研究和开发提供了新的动力,将有效推动纤维新材料及先进加工技术在伤口敷料、美容化妆品、卫生材料、人造血管、心脏瓣膜、组织工程支架、防护服装、患者动态监控等高端医疗、卫生、美容等领域中的应用。

参考文献

［1］AMIMOTO N,MIZUMOTO H,NAKAZAWA K,et al.Hepatic differentiation of mouse embryonic stem cells and induced pluripotent stem cells during organoid formation in hollow fibers ［J］.Tissue Eng Part A,2011,17(15-16):2071-2078.

［2］ANAND S C. Medical Textiles 96 ［M］. Cambridge:Woodhead Publishing Ltd,1997.

［3］ANAND S.Medical Textiles ［M］.Cambridge:Woodhead Publishing Ltd,2001.

［4］ARAIN R A,KHATRI Z,MEMON M H,et al.Antibacterial property and characterization of cotton fabric treated with chitosan/AgCl－TiO$_2$ colloid ［J］. Carbohydr Polym,2013,96(1):326-331.

［5］ATHAUDA T J,HARI P,OZER R R.Tuning physical and optical properties of ZnO nanowire arrays grown on cotton fibers ［J］.ACS Appl Mater Interfaces,2013,5(13):6237-6246.

［6］BARTELS V T. Handbook of Medical Textiles ［M］. Cambridge:Woodhead Publishing Ltd,2011.

［7］BERGER T J,SPADARO J A,CHAPIN S E,et al.Electrically generated silver ions:quantitative effects on bacterial and mammalian cells ［J］.Antimicrob Agents Chemother.,1976,9(2):357-358.

［8］BLACKBURN R S.Biodegradable and Sustainable Fibres ［M］.Cambridge:Woodhead Publishing Ltd,2005.

［9］BORKOW G,GABBAY J.Putting copper into action:copper impregnated products with potent biocidal activities ［J］.FASEB J,2004(18):1728-1730.

［10］BUCHENSKA J.Polyamide fibers with antibacterial properties ［J］.Journal of Applied Polymer Science,1996,61:567-576.

［11］BUSCHMANN H J,SCHOLLMEYER E.Textiles with cyclodextrins as passive protection from mosquitoes ［J］.Melliand Textilberichte,2004,85(10):790-792.

［12］CHASIN M,LANGER R.Biodegradable Polymers as Drug Delivery Systems ［M］.New York:Marcel Dekker,1990.

［13］CHEN H,HSIEH Y L.Enzyme immobilization on ultra－fine cellulose fibers via poly－acrylic acid electrolyte grafts ［J］.Biotech Bioeng,2005,90(4):405-413.

［14］CHILARSKI A,KRUCINSKA I,KIEKENS P,et al.Novel dressing materials accelerating wound healing made from dibutyrylchitin [J].Fibres & Textiles in Eastern Europe,2007(15):77-81.

[15]CIECHANSKA D.Multifunctional bacterial cellulose chitosan composite materials for medical applications [J].Fibres & Textiles in Eastern Europe,2004(12):69-72.

[16] CODERCH L, DE PERA M, FONOLLOSA J, et al. Efficacy of stratum corneum lipid supplementation on human skin [J].Contact Dermatitis,2002,47(3):139-146.

[17]CODERCH L,FONOLIOSA J,MARTI M,et al.Extraction and analysis of ceramides from internal wool lipids [J].JAOCS,2002,79(12):1215-1220.

[18]CZAJKA R.Development of medical textile market [J].Fibres & Textiles in Eastern Europe,2005,13(1):13-15.

[19]DASTJERDI R,MONTAZER M,SHAHSAVAN S.A novel technique for producing durable multifunctional textiles using nanocomposite coating [J].Colloids Surf B Biointerfaces,2010,81(1):32-41.

[20]DEITCH E A,MARINO A A,GILLESPIE T E,et al.Silver-nylon:a new antimicrobial agent [J].Antimicrob Agents Chemother.,1983,23(3):356-359.

[21]DEL VALLE E M M.Cyclodextrins and their uses:A review [J].Process Biochemistry,2004,39(9):1033-1046.

[22]DUMITRIUS S.Polymeric Biomaterials [M].New York:Marcel Dekker,2002.

[23] D'URSO E M, FORTIER G. Trends in immobilized enzyme and cell technology [J].Enzyme Microb Technol,1996(18):482-488.

[24]EDWARDS J V,EGGLESTON G,YAGER D R,et al.Design,preparation and assessment of citrate-linked monosaccharide cellulose conjugates with elastase-lowering activity [J].Carbohydrate Polymers,2002(15):305-314.

[25]EDWARDS J V,GOHEEN S C.Performance of bioactive molecules on cotton and other textiles [J].RJTA,2006,10(4):19-32.

[26]FAHMY H M,EID R A,HASHEM S S,et al.Enhancing some functional properties of viscose fabric [J].Carbohydr Polym,2013,92(2):1539-1545.

[27]FOX C L.Silver sulfadiazine—a new topical therapy for Pseudomonas in burns [J].Arch Surg.,1968,96(2):184-188.

[28]GIRI V R,DEV R,NEELAKANDAN S,et al.Chitosan-A polymer with wider applications [J].Textile Magazine,2005,46(9):83-86.

[29]GRAHAM K,SCHREUDER-GIBSON H,GOGINS M.Incorporation of electro-spun nanofibers into functional structures [J].INJ,2004(13):21-27.

[30]GRECHIN A G,BUSCHMANN H J,SCHOLLMEYER E.Quantification of cyclodextrins fixed onto cellulose fibers [J].Textile Research Journal,2007,77:161-164.

[31]GRIMSLEY J K,SINGH W P,WILD J R,et al.A novel,enzyme based method for the wound-surface removal and decontamination of organophosphorus nerve agents [M].In Bioactive Fibers and Polymers,Edwards J V & Vigo T,eds.ACS Symposium Series,2001:35-49.

[32]GULRAJANI M L.Nano finishes [J].Indian Journal of Fibre and Textile Research,2000,31:187-201.

[33]GUNDERSEN S I,CHEN G,POWELL H M,et al.Hemoglobin regulates the metabolic and synthetic function of rat insulinoma cells cultured in a hollow fiber bioreactor [J].Biotechnol Bioeng,2010,107(3):582-592.

[34]HASHIMOTO T,SUZUKI Y,TANIHARA M,et al.Development of alginate wound dressings linked with hybrid peptides derived from laminin and elastin [J].Biomaterials,2004,25(7-8):1407-1414.

[35]HILAL-ALNAQBI A,MOURAD A H,YOUSEF B F,et al.Experimental evaluation and theoretical modeling of oxygen transfer rate for the newly developed hollow fiber bioreactor with three compartments [J].Biomed Mater Eng,2013,23(5):387-403.

[36]IBRAHIM N A,EID B M,YOUSSEF M A,et al.Functionalization of cellulose-containing fabrics by plasma and subsequent metal salt treatments [J].Carbohydr Polym,2012,90(2):908-914.

[37]INABA Y,TERAOKA F,NAKAGAWA M,et al.Development of a new direct core build-up method using a hollow fiber-reinforced post [J].Dent Mater J,2013,32(5):718-724.

[38]JASCHINSKIT,GUNNARS S,BESEMER A C,et al.Oxidized cellulose containing fibrous materials and products made there from:US,6824645 [P].2004-3-12.

[39]KNITTEL D,BUSCHMANN H J,TEXTOR T,et al.Surface of textiles and the human skin:1.Surface modification of fibers as therapeutic and diagnostic systems [J].Exogenous Dermatology,2003,2(1):11-16.

[40]KRASTANOV A.Immobilized enzymes in bioprocess [J].Appl Microbiol Biotechnol,1997(47):476-481.

[41]LARRONDO L,MANLEY R S.Electrostatic fiber spinning from polymer melts

1.Experimental observations on fiber formation and properties [J].Journal of Polymer Science,Part B:Polymer Physics,1981(19):909-915.

[42]LEE H J,YEO S Y,JEONG S H.Antibacterial effect of nanosized silver colloidal solution on textile fabrics [J].Journal of Material Science,2003(38):2199-2204.

[43]LEWIS K M,SPAZIERER D,URBAN M D,et al.Comparison of regenerated and non-regenerated oxidized cellulose haemostatic agents [J].Eur Surg,2013(45):213-220.

[44]MACKEEN P C,PERSON S,WARNER S C,et al.Silver coated Nylon fiber as an antibacterial agent [J]. Antimicrobial Agents and Chemotherapy, 1987, 31 (1): 93-99.

[45]MARTI M,MARTINEZ V,RUBIO L,et al.Biofunctional textiles prepared with liposomes:in vivo and in vitro assessment [J].J Microencapsul,2011,28(8):799-806.

[46]MATHIOWITZ E.Encyclopaedia of Controlled Drug Delivery [M].New York:Wiley Interscience,1999.

[47]MEAUME S, VALLET D, MORERE M N, et al. Evaluation of a silver-releasing hydroalginate dressing in chronic wounds with signs of local infection [J].J Wound Care,2005,4(9):411-419.

[48]MENNE D,PITSCH F,WONG J E,et al.Temperature-modulated water filtration using microgel-functionalized hollow-fiber membranes [J].Angew Chem Int Ed Engl,2014,53(22):5706-5710.

[49]MERRIFIELD R B.Solid phase peptide synthesis:I.The synthesis of a tetrapeptide [J].J Am Chem Soc,1965(83):2149-2154.

[50]MIN B M,LEE G,KIM S H,et al.Electrospinning of silk fibroin nanofibers and its effect on the adhesion and spreading of normal human keratinocytes and fibroblasts in vitro [J].Biomaterials,2004(25):1289-1297.

[51]PALAKKAN A A,RAJ D K,ROJAN J,et al.Evaluation of polypropylene hollow-fiber prototype bioreactor for bioartificial liver [J].Tissue Eng Part A,2013,19(9-10):1056-1066.

[52]PANCA M,CUTTING K,GUEST J F.Clinical and cost-effectiveness of absorbent dressings in the treatment of highly exuding VLUs [J].J Wound Care,2013,22(3):109-110.

[53]PATRICK C W,MIKOS A G,MCINTIRE L V.Frontiers in Tissue Engineering [M].Oxford:Pergamon Press,1998.

[54]PETRULYTE S.Advanced textile materials and biopolymers in wound management [J].Danish Medical Bulletin,2008,55(1):72-77.

[55]PU L L Q.Towards more rationalized approach to autologous fat grafting [J]. Journal of Plastic,Reconstructive & Aesthetic Surgery,2012(65):413-419.

[56]PUSATERI A E,MCCARTHY S J,GREGORY K W,et al.Effect of a chitosan based haemostatic dressing on blood loss and survival in a model of severe venous hemorrhage and hepatic injury in swine [J].Journal of Traumatic Injury,Infection & Critical Care,2003,54(1):177-182.

[57] QIN Y. Silver containing alginate fibres and dressings [J]. International Wound Journal,2005,2(2):172-176.

[58] QIN Y, HU H, LUO A, et al. The effect of carboxymethylation on the absorption and chelating properties of chitosan fibers [J].Journal of Applied Polymer Science,2006,99(6):3110-3115.

[59]RAJENDRAN S,ANAND S.Contribution of textiles to medical and healthcare products and developing innovative medical devices [J]. Indian Journal of Fibre and Textile Research,2006(31):215-229.

[60]RIGBY A J,ANAND S C,HORROCKS A R.Textile materials for medical and healthcare applications [J].Journal of the Textile Institute,1997(88-Part 3):83-93.

[61]ROMI R,LO NOSTRO P,BOCCI E,et al.Bioengineering of a cellulosic fabric for insecticide delivery via grafted cyclodextrin [J].Biotechnology Progress,2005,21 (6):1724-1730.

[62]SCALIA,S,TURSILLI R,BIANCHI A,et al.Incorporation of the sunscreen agent,octyl methoxycinnamate in a cellulosic fabric grafted with β-cyclodextrin [J].International Journal of Pharmaceutics,2006,308(1-2):155-159.

[63]SHIN Y,YOO D I,JANG,Y.Molecular weight effect on antimicrobial activity of chitosan treated cotton fabrics [J].J Appl Polym Sci,2001(80):2495-2501.

[64]SHONAIKE G O, ADVANI S G (eds).Advanced Polymeric Biomaterials [M].Boca Raton:CRC Press,2003.

[65]SILVA A I,MATEUS M.Development of a polysulfone hollow fiber vascular bio-artificial pancreas device for in vitro studies [J].J Biotechnol,2009,139(3): 236-249.

[66]TAMURA H, TSURUTA Y, TOKURA S. Preparation of chitosan-coated alginate filament [J].Materials Science and Engineering,2002,20(1-2):143-147.

［67］TEFIK T,SANLI O,OKTAR T,et al.Oxidized regenerated cellulose granuloma mimicking recurrent mass lesion after laparoscopic nephron sparing surgery［J］.Int J Surg Case Rep,2012,3(6):227-230.

［68］TICKLE J.Effective management of exudate with AQUACEL extra［J］.Br J Community Nurs,2012(9):S40-S46.

［69］WANG C X,CHEN S L.Surface modification of cotton fabrics with cyclodextrin to impact host-guest effect for depositing fragrance［J］.AATCC Review,2004,4(5):25-28.

［70］WANG J,SMITH J,BABIDGE W,et al.Silver dressings versus other dressings for chronic wounds in a community care setting［J］.Journal of Wound Care,2007(16):352-356.

［71］WEDMORE I,MCMANUS J G,PUSATERI A E,et al.A special report on the chitosan-based haemostatic dressing:experience in current combat operations［J］.J Trauma,2006,60(3):655-658.

［72］XU Y,LI J.Application and research of casein protein fiber［J］.Wool Textile Journal,2006(1):30-33.

［73］YEON K H,LUEPTOW R M.Urease immobilization on an ion-exchange textile for urea hydrolysis［J］.J Chem Technol & Biotechnol,2006,81(6):940-950.

［74］ZHANG Y Q.Applications of natural silk protein sericin in biomaterials［J］.Biotechnology Advances,2002(20):91-100.

［75］ZHANG D,CHEN L,ZANG C,et al.Antibacterial cotton fabric grafted with silver nanoparticles and its excellent laundering durability［J］.Carbohydr Polym,2013,92(2):2088-2094.

［76］ZHANG Q,LU X,ZHAO L.Preparation of polyvinylidene fluoride (PVDF) hollow fiber hemodialysis membranes［J］.Membranes,2014,4(1):81-95.

［77］ZHU W,LI J,LIU J.The cell engineering construction and function evaluation of multi-layer biochip dialyzer［J］.Biomed Microdevices,2013,15(5):781-791.

［78］杨建忠,崔世忠,张一心.新型纺织材料及应用[M].上海:东华大学出版社,2005.

［79］宋慧君.染整概论[M].上海:东华大学出版社,2009.

［80］朱进忠,徐亚美.纺织材料(第2版)[M].上海:东华大学出版社,2009.

［81］杨庆,沈新元,谭秀红.镀银导电纤维的研制与开发[J].国际纺织导报,1999(4):10-13.

[82]焦红娟,郭红霞,李永卿,等.镀银导电纤维的制备和性能[J].华东理工大学学报(自然科学版),2006,32(2):173-176.

[83]秦益民,李可昌,邓云龙,等.先进技术在医用纺织材料中的应用[J].产业用纺织品,2015,33(5):1-6.

[84]秦益民,莫岚,朱长俊,等.棉纤维的功能化及其改性技术研究进展[J].纺织学报,2015,36(5):153-157.

[85]秦益民.制作医用敷料的羧甲基纤维素纤维[J].纺织学报,2006,27(7):97-99.

第3章 海洋生物科技及其在纤维材料领域的应用

3.1 引言

海洋占地球71%的面积,养育、繁殖出微生物、海草、海藻、珊瑚、鱼、虾、蟹、贝等种类繁多、数量庞大的生物资源,是地球上极大的资源宝库,在全球生态平衡中发挥重要作用的同时,也为全球经济提供了一个生物活性物质的巨大宝库。海洋独特的温度、盐度、水质等生态环境赋予海洋生物合成特异化合物的能力,产生的生物质资源是陆地资源的重要补充,具有独特的研究和开发价值。

海洋生物物种占地球生物总数的80%以上,以高分类级别看生物多样性,海洋中可以找到比陆地上更多的类群。在已知的33类现存动物中,只有1类是陆地独有的,而21类是海洋独有的。海洋中有大量的海生藻类和微生物,据估计,较低等的海洋生物物种有15万~20万种。由于海洋生物长期处于高盐、高压、低温、低营养和无光照的环境中,其生存环境比陆生生物更为复杂,因此海洋生物中维持其生命活动的各类生物活性物质具有更丰富的结构和功效,更具多样性、复杂性和特殊性。海洋天然产物在其生长和代谢过程中衍生出大量具有特殊生理功能的活性物质,在创新药物、保健品、功能食品、生物材料等健康产品中有重要的应用价值。

生物技术在海洋生物资源的开发利用过程中发挥重要作用,是发现和利用海洋生物及其化合物的有力工具。联合国粮农组织把生物技术定义为利用生物系统、活生物体或者其衍生物为特定用途而生产或改变产品生产过程的任何技术应用,其在海洋资源的开发利用过程中诞生出的海洋生物技术是一门具有鲜明特色、以海洋生物资源为研究对象的技术领域,通过科学和工程原理的应用,加工来自海洋生物的各种天然材料并提供相关产品和服务。

应该指出的是,在现代海洋生物科技诞生之前,人类社会很早就通过生物科技的相关技能利用海洋资源,古代腓尼基人用海洋贝类中的化合物作为羊毛织物的紫色染料、用海藻中提取的药物治疗呼吸道疾病、用海草的根护理刺伤和皮肤病。在医药领域,包括海洋植物在内的天然植物基系统在健康产业中起重要作用,据世界卫生组织的测算显示,全球80%的人口依靠传统药物提供医疗保健,25%的处方药中含有植物提取物,其他药物也需要使用天然产物作为先导分子。在这些用于制药的高活性化合物中,海洋天然产物的发现以每年数百个的速度递增,根据Hu等科研人员的统计,到2015年已发现的海洋源化合物有25847个,其中50%具有生物活性,进入临床或临床前研究的有45个,包括23个处于I/III临床研究、17个处于系统临床前研究、已退出的5个,还有1450个在进行成药性评价,显示出巨大的发展潜力。

3.2　海洋生物科技的发展历史

　　海洋生物科技在研究、开发和利用海洋生物资源的过程中发挥重要作用。随着陆地资源的日益枯竭,包括中国在内的世界各国纷纷制定政策,大力开发海洋资源。美国国家科技委员会下属的基础研究委员会生物技术研究分委员会发表的《21世纪生物技术新前沿》指出,当今世界生物技术研究已进入"第二次浪潮"。除了与健康相关的生物技术领域,海洋生物技术是美国政府重点投资的四个领域之一。与此同时,在发展蓝色经济的过程中,中国政府把海洋生物技术列入国家"863"计划和"科技兴海"计划中,为海洋生物技术的研究开发提供了强大的动力。

　　历史上,"海洋生物技术"最早由Colwell等在1984年提出,目前其研究范围已经从早期采用分子生物学原理改变遗传因子、人工设计海洋生物性状等领域发展成为一门系统应用生物、化工、化学等学科知识全方位开发利用海洋生物资源的综合学科,是运用现代生物学、化学和工程学手段,利用海洋生物体、生命系统和生命过程生产有用产品的一门先进技术。由于海洋生物和海洋生态环境的多样性、特殊性和复杂性,海洋生物技术在生物遗传特性、生物制品、环境修复等方面的研究具有高度的复杂性和综合性,其研究成果是多学科综合运用的结果,涉及诸多技术手段和研究方法,对各种海洋资源的探索和开发利用起关键作用。

　　国际海洋生物普查计划(Census of Marine Life)是一项80多个国家2700多名科学家历时10年在全球尺度上评估和解释海洋生物分布、丰度和多样性的国际计划,其中31%的科研人员来自欧洲、44%来自美国和加拿大、25%来自澳大利亚、新西兰、日本、中国、南非、印度、印度尼西亚、巴西等国家。该项研究显示,全球海洋生物资源已经展现了广阔的发展空间,结合海水养殖、药物发现、海洋渔业的发展,海洋生物科技已经成为当今科技领域的一大热点。表3-1显示世界各国和地区海洋生物科技的重点研究领域。

表 3-1　世界各国和地区海洋生物科技的重点研究领域

国家		重点研究领域
北美洲	美国、加拿大	生物发现、海水养殖、生物燃料
中南美洲	巴西、智利、阿根廷、墨西哥、哥斯达黎加	生物发现、生物能源、生物修复、生物防污
亚洲	中国、印度、韩国、日本	生物燃料、海洋药物、功能食品、饲料、化妆品
中东	以色列	海绵生物技术、海洋活性物质和生物燃料
东南亚和印度洋岛国	泰国、越南、印度尼西亚、马来西亚、新加坡、斯里兰卡	海洋活性物质、海水养殖
澳大利亚和大洋洲	澳大利亚、新西兰	水产养殖、海洋活性物质
非洲	莫桑比克、尼日利亚、南非、突尼斯、肯尼亚	生物燃料、生物活性物质

注　信息来源：Kim S K. Handbook of Marine Biotechnology［M］. New York：Springer，2015.

一份关于海洋生物技术的全球战略报告（Marine Biotechnology：A Global Strategy Business Report）在回顾海洋科技市场及其发展趋势、主要增长点及主要产品和市场后得出的结论是，对任何具有海洋生物多样性的国家，通过海洋科技利用海洋资源应该是一个重要的目标，其中一个主要任务是在海洋生物中发现新的化合物，通过生物探勘技术的应用寻找酶、生物活性分子、生物高分子及其各种应用。海洋中存在着大量结构独特的化学物质，通过运用现代生化分离与分析手段以及细胞培养、DNA 重组等技术，可获取大量低毒、高效的生物活性物质。

目前，海洋生物质的活性研究主要侧重于抗癌与抗菌等方面，具有生物活性的主要海洋生物资源是草履虫、海兔、海鞘、海绵、海藻及海洋微生物。日本海洋生物技术研究院及海洋科学和技术中心每年用于海洋生物活性物质开发的经费为 1 亿多美元，系统地对海洋微生物、藻类、海绵、芋螺、海参等多种海洋动植物和微生物产生的活性物质进行研究，其中对海绵和海藻类的研究最多。欧盟制订的海洋科学和技术计划重点资助"从海洋生物资源中寻找新药"，近年来已经发现 450 多个具有不同生物活性的新型海洋天然产物，其中 31 个化合物具有明显的抗肿瘤活性。

我国利用海洋生物资源入药治疗、健体强身的历史非常悠久，但现代海洋药物研究则始于20世纪70年代。在1997年启动的海洋高技术计划中,海洋药物的开发被列为重点,以沿海城市为中心形成科研、生产、开发、技工贸一体化的产学研用网络。在这个过程中,中国海洋大学开发出PPS系列产品甘糖酯、海通片、海力特,以及新近研究成功的具有抗艾滋病功效的国家一类新药聚甘古酯和对脑血栓后缺血性脑细胞有明显保护作用的国家一类新药D-聚甘酯等。中山大学从南海软珊瑚和海绵内提取、分离、测定了44个化合物的结构,又从珊瑚、海绵和海藻中分离出80多个萜类、甾醇、生物碱及其他含氮的新化合物等,发现了一系列新的萜类化合物,其中二倍半萜的发现在我国自然界尚属首次,还分离出9个自然界罕见的化合物,鉴定了存在于海绵和珊瑚中的100多种甾醇。这些海洋生物的次生代谢产物是研究海洋新药先导物的重要源泉。

3.3 海洋生物科技的主要研究内容

科学技术的不断进步为海洋生物技术在开发利用海洋生物资源的过程中提供了新的研究方法和技术手段,使基于海洋生物的新产品开发呈现出日新月异的景象。除了传统的渔业资源,微生物、海藻、海绵、珊瑚等海洋生物种群包含的高附加值生物活性物质在得到科技界更好认识的同时,其生理功效越来越多地得到挖掘,包括新型药物、特种化学物质、酶、生物能源等基于海洋资源的很多生物技术产品已经被商业化。此外,海洋生物技术在生物材料、生物传感器、水产养殖、生物修复和生物淤积的技术开发中也起重要作用。表3-2所示为海洋生物科技中主要的研究领域及其涉及的各种海洋资源。

表3-2 海洋生物科技的主要研究领域及主要海洋资源

研究领域	海洋资源	研究目的
食品	藻类、无脊椎动物、鱼	开发新方法提高水产养殖产量、实现零废弃物循环
药品、保健品	藻类、海绵、微生物	发现新的生物活性物质
工业制品	藻类	以海洋生物高分子为原料生产食品、化妆品、保健品、医疗用品等
能源	藻类	生物燃料生产、生物炼制
环境	海洋微生物	海洋环境生物感应监测技术和无毒防污技术

注 信息来源:Blunt J W,Copp B R,Keyzers R A,et al. Marine natural products〔J〕. Nat. Prod. Rep,2013 (30):237-323.

3.3.1　海水养殖技术

海水养殖技术为海水养殖业的发展提供重要支撑,同时也为海洋生物产业的发展提供资源保障。鱼类、虾蟹类、贝类、藻类以及海参等海洋生物是水产业的重要组成部分,在我国有悠久的养殖历史,汉代之前已经有牡蛎养殖,宋代已发明珍珠养殖法。中华人民共和国成立后,得益于养殖技术的成长与壮大,我国海水养殖发展迅速,海带、紫菜、贻贝、对虾等主要经济品种的发展尤为突出,成为沿海地区的一大产业,其中我国海带养殖无论是养殖面积还是产量,均居世界首位。

海水养殖业已经形成大规模生产的经济品种中,鱼类有梭鱼、鲻鱼、尼罗罗非鱼、真鲷、黑鲷、石斑鱼、鲈鱼、大黄鱼、美国红鱼、牙鲆、河豚鱼等;虾类有中国对虾、斑节对虾、长毛对虾、墨吉对虾、日本对虾、南美白对虾等;蟹类有锯缘青蟹、三疣梭子蟹等;贝类有贻贝、扇贝、牡蛎、泥蚶、毛蚶、缢蛏、文蛤、鲍鱼等;藻类有海带、紫菜、裙带菜、石花菜、江蓠、麒麟菜等。

海水养殖技术的进步在我国海水养殖业的发展中起关键作用。海水养殖与微生物、动物细胞、植物细胞等陆地好氧生物的培养一样需要水溶液作为生长介质,但是培养过程有很多不同之处,例如,陆地好氧生物培养过程所需营养几乎全为水溶性物质,而海水工厂化养殖与育苗过程所需营养几乎全为固体饵料,投放过程中过多的残留饵料会引起系统内水质恶化,最终影响海水中生物的生长。

海水工厂化养殖与育苗过程中的有害物质需要通过固液分离、水质生物净化、泡沫分离、臭氧灭菌等单元操作实现,尽管尚存在许多问题亟待解决,目前这些技术已用于循环水式工厂化海水养殖与育苗过程。陆地好氧生物培养过程需要大量的氧,海水工厂化养殖及育苗过程也同样需要大量供氧,因而可借鉴生化工程领域中的强化供氧技术提高供氧效率。从培养系统操作及工艺优化角度看,陆地好氧生物培养过程及海水工厂化养殖与育苗过程均涉及水体流动,但后者还涉及水体输送问题。前者一般为纯种培养,需无菌操作,而后者为敞开式培养,不需要无菌操作,这为后者水质的在线检测用传感器的研制带来方便。由于海水养殖过程中水体流速较慢、温度变化幅度较大,给在线检测带来一些新的问题,如水体流动对检测的影响、温度补偿等。

3.3.2　海洋生化工程

生化技术在海洋生物产业的各个阶段起重要作用。与传统生化工程技术相似,海洋生化工程通过运用生化工程的基本原理和方法,结合海洋生物的特点,对实验室取得的海洋生物技术成果加以开发、放大和工程化,使之转化为可供产业化生产的工艺技术,其研究开发领域涵盖基因工程、细胞工程、酶工程、发酵工程等,并且已经扩展到更大的范围,涉及海洋微生物工程、海洋生物免疫学工程、海洋生物蛋白质工程以及海洋环境生物工程等众多学科领域。随着海洋生物技术的飞速发展、陆地生物技术的借鉴和引入、国际现代学术思想的引进,海洋生化工程及技术正呈现出高速发展的态势。

作为一门海洋生物技术和生化工程技术相结合后形成的新兴交叉学科,海洋生化工程在高效、低成本、大规模生产海洋生物技术产品的过程中有三个主要的研究任务:

(1)对传统海洋生物产业进行技术改造,提高生产效率,促进新型海洋生物技术产业的形成。

(2)研究开发海洋生物技术发展过程中需要的各种支撑技术,如各类传感器、反应器、分离提取设备等的研制和开发。

(3)开发新的海洋生物技术和产品,通过大规模培养天然海洋生物、应用基因工程和细胞工程等技术改良海洋生物后大规模获取海洋生物活性物质。

目前我国在海洋生化工程领域已经取得一批重要研究成果,如藻酸双酯钠、海藻多糖、海藻硒多糖、微生物多肽等海洋生物制品,以及全自动封闭式光生物反应器、多参数水质计算机在线检测系统等先进设备和技术。这些成果大都已应用于食品、药物、保健品、化妆品等海洋生物制品及海水养殖与微藻大规模培养中。

海洋蕴藏着巨大的生物活性物质资源,例如,海洋生物中的海洋生物蛋白资源无论在种类还是在数量上都远远大于陆地蛋白资源,在这些种类繁多的海洋蛋白氨基酸序列中,潜藏着许多具有生物活性的氨基酸序列。海洋生化工程有望通过发展现代分离和分析技术,建立新实验模型,结合快速准确的结构鉴定技术和药物筛选技术,从海洋生物中分离出功效独特的活性肽并开发出高效海洋药物。

3.3.3　海洋生物科技手段

在海水养殖、海洋活性物质提取及纯化等过程中,转基因方法、基因组学、发酵、生物处理技术、生物反应器等现代生物技术和方法得到广泛应用,分子或基因生物技术在海洋生物体中的应用已经对海洋经济产生重要影响,有望在水产养殖、微生物宏基因组、保健品、医药、药妆品、生物材料、生物矿化、生物淤积、生物能源等领域获得突破。与此同时,仪器分析技术的进步以及蛋白质组学和生物信息学的发展加强了人类利用生物学技术进行商业化开发海洋生物资源的能力。

海洋生物科技领域中几个主要的研究手段如下。

(1)海洋生物勘探技术。在海洋生物勘探过程中,生物技术为创造海洋植物、动物新基因提供了新工具和新动力,转基因研究中新工艺和新技术的发现为新材料的开发提供了可能,尤其在二级代谢产物的生物合成和调节途径研究中,转录组分析方法研究领域的新进展可以对信使核糖核酸的功效进行更有效的筛选。基因组学技术以及生化合分子数据库的建立推动了海洋药物的发现,宏基因组策略可以从微生物群落中寻找和分离出具有特殊生物催化功效的酶,分子生物学可以帮助海洋科技对基因组水平的理解。对海洋生物的基因组研究可以促进特殊基因、蛋白质、酶和小分子的开发利用,对代谢途径及其基因组学的研究可以帮助理解化合物的生产途径,并通过代谢工程优化细胞合成化合物的遗传和调控途径。

(2)海洋生物活性物质的筛选技术。筛选是研究和开发海洋生物活性物质的第一步。传统的筛选方法是利用实验动物或其组织器官对某种化合物或混合物进行逐一的试验,其速度慢、效率低、费用高。随着科学技术的发展,活性物质筛选逐步趋向系统化、规模化、规范化,特别是分子生物学技术的发展使活性物质的筛选技术有了很大的改进。目前世界上以分子水平药物模型为基础的大规模筛选技术用生命活动中具有重要作用的受体、酶、离子通道、核酸等生物分子作为大规模筛选的作用靶点,进行活性物质筛选,方法简便、快速、命中率高、费用低,有的还可以用机器人操作。

(3)海洋基因工程。目前国际上对生物技术在海洋生物活性物质研究和开发中应用研究非常多的是基因工程,即分离、克隆活性物质的基因,转入高效、廉价的表达系统进行生产,以获得大量高质量的产物,确保海洋生物资源的持续性与有效性。在医药方面,基因工程多肽和蛋白质类药物、单克隆抗体及新型诊断试剂的研究和开发,是现代生物技术影响最大、效益最好、发展最快的领域之一。

(4)海洋发酵工程。海洋生物发酵工程主要是通过对富含活性物质的海洋微生物进行发酵培养,从中获得大量产物。目前生产海洋生物活性物质的原料绝大部分来自海洋微藻和微生物等低等海洋生物,利用生物反应器培养微藻开发海洋生物活性物质是国际上的研究热点之一。用水池培养微藻从广义上说是一种生物反应器技术,但其效率比较低。目前研究较多的是利用封闭的光生物反应器培养微藻,美国公司利用发酵法培养微藻生产多不饱和脂肪酸已经达到工业化生产阶段。

(5)海洋酶工程。酶工程涉及酶的生产和应用技术。从耐寒、耐高温、耐高压和耐高盐度的海洋微生物中可以分离出特殊种类的酶,如热稳定的 DNA 聚合酶、在组织培养中有分散细胞作用的胶原酶、能催化卤素进入代谢产物中的卤素过氧化物酶等。日本研究者已经建立了一种诱导微藻大量生产超氧化物歧化酶的方法,可用于医药、化妆品和功能食品。在酶工程为工业技术进步做出巨大贡献的同时,酶制剂本身也形成了巨大的市场。1997年全球酶市场约为14亿美元,此后以每年4%~5%的速度增长。由于新药开发及制药新技术的需要,特殊用酶迅速增加,已成为酶技术开发的重点。生活在极端环境下的海洋微生物和微藻体内含有丰富的极端酶,已成为生物技术的重要研究领域,不仅可提供工业特殊用酶,也为获得新的生物活性物质提供了极好的生物资源库。

(6)海洋生物活性物质生源材料的大规模培养。获得丰富的生源材料是开发海洋生物活性物质的基础。由于大多数生物活性物质在海洋生物体内含量低微,现有的野生海洋生物资源不足,并且大部分海洋生物活性物质的结构复杂,难以进行全人工合成,因此生物活性物质生源材料的大规模培养成为关键问题之一。研究显示,在各种培养技术中,较低强度的超声波可以通过改进反应物的质量传输机制,提高酶的活性、加速细胞的新陈代谢。采用低功率超声辐照培养基,可提高藻类细胞的生长速率,提高这类细胞的蛋白质产量。在海洋单胞藻营养成分中,多不饱和脂肪酸是重要的生物活性物质,研究显示,在较低工作电压条件下,超声辐射处理后的微藻中多不饱和脂肪酸的含量明显增加。

(7)海洋活性物质的化学研究。目前,国内外海洋活性物质的化学研究主要有三种方式:

①组成引导型,即以海藻多糖、甲壳质、鲨鱼软骨素、海蛤多糖等各种多糖、糖蛋白以及核酸等海洋生物质为新药的结构模式,对其进行化学修饰后寻找高效、低毒的新化合物。

②化学结构引导型,如酚类、醌类、甾醇类等化合物,按构效关系对其衍生物进行研制,开发一系列新的海洋药用活性物质。

③活性引导型,在研究之前先明确目标物质的功效、市场、竞争对手以及筛选成功的风险等要素,然后通过大规模筛选生物活性物质寻找和发现新药或新的先导化合物,应用高通量药物筛选技术对采集到的海洋生物提取物进行大规模、高效率、有秩序、多靶点的活性筛选。

3.4 海洋生物科技的应用

3.4.1 海水养殖业

海水养殖是海洋生物技术应用的一个典型案例。通过海洋生化工程及其相关技术群的综合应用,可以促进海水养殖新品种培育,海水主要养殖物病害快速诊断与防治,养殖品种生殖、发育和生长调控,推动抗盐、耐海水植物品种的培育。海洋中的鱼类资源为人类提供了蛋白质,但过度捕捞正在使这一资源濒临枯竭。海洋生物科技的应用可以改善海水养殖过程,利用重组技术开发基因改造生物,以此克服全球食品短缺问题。海洋高新技术的发展可以为海水养殖提供大量高产优质、抗病能力强、遗传性能好的养殖新品种,向社会提供许多结构特异、功能独特的海洋新药、功能食品、食品添加剂、精细化学品、轻化工原料等产品。

由于其生存环境独特而且多样化,在自我防御过程中产生的生物活性物质与陆地上的很不相同,海藻已经成为探索新化合物的重要来源,其丰富的生物多样性可以提供种类繁多,对人类有很高营养、保健、治疗功效的生物活性物质。海藻养殖具有很高的经济价值,仅东亚地区年产海藻的价值就高达 50 亿美元。这些人工养殖的海藻包括食用海带、紫菜、动物饲料添加剂以及用于提取有益成分用于肥料、增稠剂、食品添加剂等各种工业制品的藻类。

在提供大量生物质资源的同时,海藻养殖可以帮助缓解鱼和其他海产品养殖场对环境造成的影响,消耗掉养殖场排放的二氧化碳和含氮污染物,可减少水中94%的氮含量。在爱尔兰南部海岸的一个养殖试验场,多营养层次综合水产养殖模式中鲑鱼养殖场附近的海藻能充分吸收养殖场排放的废物,生长茂盛,同一养殖面积中的产量是其他养殖场的两倍。

欧洲水产养殖业发起的美人鱼项目计划在波罗的海、北海、大西洋和地中海部分地区修建了多功能海上养殖场,作为综合开发海洋资源的一部分,已修建风力发电场或波能装置的能源公司可将其基础设施出租给水产养殖企业,从而实现削减成本的目的,实现养鱼场、海藻养殖场、风力发电场一体化的海上商业园区,其中在风力发电场等人工建筑物附近养殖海藻可减少此类建筑物对当地生态系统的影响。

3.4.2　海洋天然药物

我国海洋药物研究起始于 20 世纪 70 年代,1978 年"向海洋要药"的提案被国家采纳,并于 1979 年在青岛召开我国首次海洋药物研究座谈会,1982 年召开了第一次海洋药物学术会,同年创办《海洋药物》(现为《中国海洋药物》杂志)。1985年管华诗院士成功研制上市了我国第一个海洋新药——PSS。1996 年海洋药物研发列入国家 863 计划,科研投入明显加大。至 2015 年已有藻酸双酯钠(PSS)、甘糖酯、海克力特、降糖宁、甘露醇烟酸酯、岩藻糖硫酸酯、多烯康、角鲨烯 8 个海洋药物上市,包括抗肿瘤药物、糖尿病药物、抗菌、钠离子通道阻断剂等特效药。

在药物开发方面,海洋生物资源提供了一个巨大的生物分子库,从海洋动物、藻类、真菌、细菌等海洋生物中可分离出具有抗菌、抗凝、抗真菌、抗疟、抗原生动物、抗肺结核、抗病毒等活性的药物。目前已经开发的产品包括从太平洋锥形蜗牛中分离出的止疼药、加勒比海鼻甲中提取的抗癌药等,有 59 种海洋化合物具有影响心血管、免疫和神经系统以及抗炎症作用,65 种海洋代谢产物具有与各种受体和其他分子结合的能力。从海绵中得到的天然产物被认为是有前景的药剂,可用于治疗免疫缺陷病毒(HIV)和单纯疱疹病毒(HSV)。根据其活性的有无和强弱,海洋生物活性物质可以在医药、保健品、功能食品、医用材料等领域发挥作用。图 3-1 显示了海洋生物活性物质的主要功效类别。

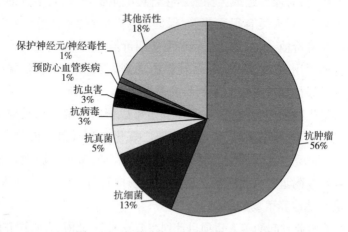

图 3-1 海洋生物活性物质的功效类别

海洋微生物具有丰富的生物多样性,是海洋新药开发的源泉和重要途径。海洋细菌是许多海洋活性物质、抗生素和药物的重要来源,海洋真菌也是活性物质的重要来源,例如,聚酮合酶是二级代谢产物,在红霉素、西罗莫司、四环素、洛伐他汀、白藜芦醇等的合成中起重要作用。放线菌是产生二级代谢产物的重要一类,具有抗细菌、抗真菌、抗癌、杀虫、酶抑制等很多活性,目前生物活性化合物中 70% 来自放线菌、20% 来自真菌、7% 来自芽孢杆菌、约 3% 来自其他细菌。

目前海洋药物研究涉及的领域非常广泛,常见的活性物质包括抗菌肽、生物毒素、抗肿瘤因子、抗氧化因子、心血管活性肽等高活性物质。

(1)抗菌肽。抗菌肽是动物机体具有天然免疫力的重要原因,其抗菌机制可能是其螺旋状结构可在细菌细胞膜上形成阳离子通道,从而杀死病原体。目前已有百余种抗菌肽被分离,有些抗菌肽不仅具有很强的杀菌能力,还能杀死肿瘤细胞。由于抗生素的使用导致人类致病菌产生耐药性,以抗菌肽代替抗生素将是生物医学发展的必然,具有无限的发展前景。研究表明,至少 7 种甲壳纲动物中存在抗病毒、抗真菌的物质,东方鲎的血细胞经破碎后提取的鲎试剂对真菌、流感病毒A、口腔疱疹病毒、HIV 都有一定的抗性。

(2)生物毒素。海洋生物毒素对人类活动影响很大,海洋有毒生物至今仍威胁着人类在海上的生活和生产。海洋生物毒素具有重要的理论和应用研究价值,一方面可为神经生理学研究鉴定受体及其细胞调控分子机理提供丰富的工具药,如特异作用于钠离子通道的生物活性物质大部分来自海洋生物毒素,包括河豚毒素、石房蛤毒素、芋螺毒素等;另一方面,海洋生物毒素对攻克人类面临的重大疑难疾病有重要意义,如将其直接开发为天然药物或作为先导化合物用于新药设计。目前已发现的重要海洋生物毒素包括:河豚毒素、石房蛤毒素、膝沟藻毒素、鱼腥藻毒素、海参毒素、冠柳珊瑚毒素、大田软海绵酸、海兔毒素、岩沙海葵毒素、刺尾鱼毒素、轮状鳍藻毒素、扇贝毒素、短裸甲藻毒素、西加毒素等。

(3)抗肿瘤因子。源自海洋生物的抗肿瘤因子的抗肿瘤机制多而复杂,目前已知的有免疫抑制(抗淋巴细胞癌变)、免疫增强、抑制血管生成、诱发癌细胞凋亡等。研究表明,肿瘤周围血管丰富程度与肿瘤细胞转移相关,血管生成抑制因子通过抑制细胞骨架的形成,阻止内皮细胞的运动迁移,从而抑制血管生成。海洋源抗肿瘤因子通过抑制肿瘤周围毛细血管生长使肿瘤细胞得不到氧和营养物供应,可以抑制肿瘤生长。

(4)抗氧化因子。环境污染、紫外线、放射线以及细胞呼吸的代谢过程中产生的自由基可导致活细胞和组织的氧化损伤,加速其衰老进程。通过减少氧自由基、羟自由基,抗氧化因子可以起到抗衰老的作用。海洋生物中含量丰富的超氧化物歧化酶、过氧化酶和过氧化物酶可以在细胞体内形成抗氧化防御体系。目前对超氧化物歧化酶的研究开发是海洋生物科技领域的热点之一。

(5)心血管活性肽。作为血管紧张素转换酶(ACE)的竞争性抑制剂,水产蛋白酶解产物能阻碍具有升血压作用的血管紧张素 Ⅱ 的生成,抑制具有降血压作用的血管舒缓激肽的分解,使血压下降。目前已成功从磷虾、金枪鱼、沙丁鱼、鲣鱼中分离获得 ACE 抑制肽。

3.4.3　海洋保健品

海洋保健品可以从海洋动物、海洋植物、微生物、海绵等大量海洋生物资源中提取,国内外利用海洋生物研发的保健品已形成多个系列,如鱼油系列、水解蛋白系列、海藻系列、贝类系列等,包括鱼油、甲壳素、壳聚糖、海洋酶、从鲨鱼软骨中提取的软骨素、海参、贻贝等。海洋中还存在大量尚未开发的、可用于食品加工、储藏和保护的活性物质,例如,从鱼和其他海洋生物中提取的酶比其他酶有更好的性能,鱼胶原蛋白和明胶可以在更低的温度下加工,从藻类中提取的海藻酸盐、卡拉胶、琼胶等多糖广泛应用于食品的增稠和稳定。此外,ε-3-多不饱和脂肪酸是健康行业的一个重要组分,特别是具有生理功能的二十碳五烯酸(EPA)、二十二碳六烯酸(DHA)等有重要的保健功效。从虾、蟹等海洋动物壳中提取的甲壳素和壳聚糖具有多样化的保健功效,在食品和营养、生物技术、药物和制药、农业、环保、基因治疗等领域均有应用价值。从褐藻中提取的岩藻多糖是一种结构复杂的硫酸酯多糖,其很高的生物活性在抗菌、抗凝血、抗病毒、抗肿瘤等领域均有应用价值。

对海洋生物质进行深度加工后得到的各种生物制品也具有很好的保健功效,例如,海藻酒是主要以海洋天然藻类为原料,采用现代新技术、新方法、新工艺制成的一种新型、具有保健功能的饮料。饮用普通酒容易引起动脉硬化、高血压等症状,而海藻酒不但可以预防动脉硬化和高血压,还具有降血脂作用。以海藻为主要成分制成的海藻茶具有降血压、防中风、保护心脏、抗肿瘤、治便秘、美肌肤等神奇功效,是一种纯天然优质保健饮料。

从鱼类、甲壳类生物中分离出的6000多种醛类、酮类、醇类、含氮含硫组分、呋喃类等挥发性风味组分可用作食品风味添加剂。通过酶解生产的海鲜调味品是一类纯天然食品,比人工合成的风味添加剂更受消费者青睐。

3.4.4 海洋生物修复

海洋生物修复是海洋环境领域的一个重要研究方向。海洋微生物具有降解有机物的能力,绿针假单胞菌产生的荧光铁载体可以催化海水中有机锡化合物的降解。由中国科学院海洋研究所完成的以大型海藻为填充的养殖污水净化装置于2007年获国家发明专利授权,根据大型海藻的生物学特性,该装置以实用化和半自动化连续运转为目标,具有光、温、营养盐、气体交换等培养条件的调节控制系统,能进行半连续或连续培养并具有较高的光能利用率,该装置中适合作为填充物的包括龙须菜、孔石莼、裙带菜等大型藻类。

3.4.5 海洋生物能源

从海藻中制备的生物能源是一种具有可持续发展特性的新能源,有望在绿色能源领域取得突破。微藻类、蓝细菌等种类繁多的海洋生物可用于沼气、生物柴油、生物乙醇和生物氢气的生产。英国伦敦的一家公司发明了一种能将微藻加工成柴油发动机燃料的方法,首先在一组可接受阳光的玻璃管构成的生物反应器中培育出小球藻,然后借助离心机使小球藻脱水、烘干,碾成粉末后与空气一起喷入发电机气缸产生能量,其排放的气体中含有大量的一氧化碳和氧化氮,可再送回生物反应器作为海藻生产的肥料。该公司认为,若每小时向发动机投入56kg小球藻,可使发动机每分钟转动1500转,产生150kW的功率。

海藻的含油量高,世界各地科学家都在积极进行海藻精炼成类似汽油、柴油等液体燃料后用于发电的研究开发。只要有充足的阳光和二氧化碳,海藻就可以在水中生长,以海藻生物质为原料制备的海藻油类似于大豆油,可填补生物柴油供应不足的空缺。

图 3-2 为制备海藻油的工艺流程图。美国能源专家曾利用生长在美国西海岸的巨型海藻成功研制成优质柴油。实验结果显示,海藻中类脂质含量可达 67%,每平方米海面平均每天可采收 50g 海藻。据专家计算,用一块 $56km^2$ 的"海藻园"种植海藻发电,其电力即可满足英国的供电需求。试验表明,海藻发电的成本比核能发电低,与煤炭、石油、天然气的发电成本大致相当。海藻在燃烧发电过程中产生的二氧化碳可通过光合作用再循环应用于海藻的生长,因此不会向空气中释放可使气温升高的温室气体,对保护环境有重要意义。

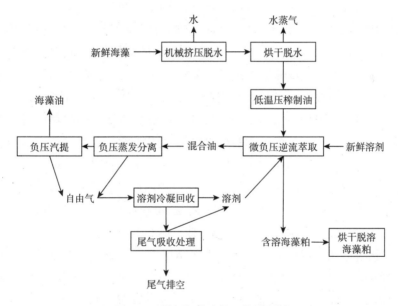

图 3-2　制备海藻油的工艺流程图

3.4.6　海洋生物材料

近年来,源自海洋的生物材料在世界各地得到重视,被应用于生物医药、医疗器械、卫生材料、环境保护等领域。具有生物活性的海洋生物材料在医疗卫生领域发展迅速,其中无毒、生物相容性好的甲壳素和壳聚糖在化妆品、食品、医药等领域有广泛应用。从鱼中提取的胶原蛋白以及从海藻中提取的海藻酸盐、卡拉胶、琼胶等也有广泛应用。

3.5　海洋生物技术在纤维材料中的应用

　　海洋中存在着大量天然高分子物质,经过提取、纯化可用于制备纤维材料。例如,甲壳素是从虾、蟹等甲壳类动物中提取的天然高分子,其脱乙酰基后得到的壳聚糖可以溶解在稀酸溶液中,通过湿法纺丝制备的纤维材料有良好的生物相容性和生物可降解性以及消炎、止血、镇痛、促进肌体组织生长等功能,对大肠杆菌、乳酸杆菌等常见菌种具有很好的抑制作用,对过敏性皮炎有显著疗效。海藻酸是从褐藻中提取的、由甘露糖醛酸和古洛糖醛酸组成的水溶性高分子,通过湿法纺丝制备的海藻酸钙纤维应用在创面上后与体液中的钠离子发生离子交换,具有独特的原位成胶性能,临床应用中有促进慢性伤口愈合的优良性能。

　　随着海洋经济的不断发展,基于海洋生物的各种海洋活性物质在生物活性纤维中得到越来越广泛的应用。海洋生物活性物质按其化学结构可分为多糖、多肽、氨基酸、脂质、固醇、萜、苷、非肽含氮、酶、多酚、色素等10余类,具有丰富多样的生物活性。例如,海带提取液可帮助受损肌肤更新和重建、增加细胞间黏合度、强化脆弱肌肤、减少疤痕形成。粉团扇藻等海藻活性成分负载入棉织物后可以为皮肤筑起水分保护屏障,提供长效滋润和保湿作用,对皮肤炎有很好的疗效。甲壳素和壳聚糖具有抗菌、止血、去异味及促进细胞增长的功效,对影响皮肤健康的毒素、黑色素、重金属等具有超强吸附力,能辅助晦暗受损肌肤重获新生、减缓过敏、有效淡化色斑、暗沉等。海洋生物中提取的鱼子酱、虾青素等活性物质具有抗老化、紧致肌肤的功效,可以促进细胞新陈代谢、提升肌肤本身的自然治愈力,改善皮肤粗糙、干燥、易过敏等问题,既滋润肌肤,也可舒缓情绪。海洋中的海泥与纤维材料结合后能吸附油脂、去除老化角质、软化皮脂,可以深层清洁毛孔而不使肌肤干燥,在去除肌肤表面多余油脂并抑制油脂分泌的同时使肌肤恢复光彩和活力。

　　海洋生物科技的研究涵盖海洋植物、动物和微生物,包括真菌、光养生物、病毒、微藻、海藻、珊瑚、海绵等大量生物,其技术手段和方法包括生物工程、生物信息学技术、生物反应器、转基因技术、群体感应、入侵物种的分子检测方法以及海洋宏基因组、蛋白质组学、基因组勘探等。应用海洋生物科技可以围绕海洋生物资源开发出各种海洋天然产物、生物催化剂、抗菌肽、类胡萝卜素、脂肪酸、生物毒素、微生物酶、多糖等高性能生物制品,在医药、功能食品、保健品、药妆品、生物能源和生物燃料、生态肥料、生物医用材料、生物活性纤维等领域有重要的应用价值。

参考文献

［1］ABAD M J,BEDOYA L M,BERMEJO P.Natural marine anti-inflammatory products ［J］.Mini Rev Med Chem,2008,8(8):740-754.

［2］AGBOH O C,QIN Y.Chitin and chitosan fibers ［J］.Polymers for Advanced Technologies,1997(8):355-65.

［3］BLUNT J W,COPP B R,KEYZERS R A,et al.Marine natural products ［J］.Nat.Prod.Rep,2013(30):237-323.

［4］BOGEN C,KLASSEN V,WICHMANN J,et al.Identification of Monoraphidium contortum as a promising species for liquid biofuel production ［J］.Bioresour.Technol,2013(133):622-626.

［5］BURGESS J G.New and emerging analytical techniques for marine biotechnology ［J］.Curr.Opin.Biotechnol,2012(23):29.

［6］BURJA A M.Marine cyanobacteria:a profilic source of natural products ［J］.Tetrahedron.2001(57):9347-9377.

［7］BURKATOVSKAYA M,TEGOS G P,SWIETLIK E,et al.Use of chitosan bandage to prevent fatal infections developing from highly contaminated wounds in mice ［J］.Biomaterials,2006,27(22):4157-4164.

［8］CAMACHO F G,RODRIGUEZ J G,MIRON A S,et al.Grima:Biotechnological significance of toxic marine dinoflagellates ［J］.Biotechnol.Adv,2007(25):176-194.

［9］CARDOZO K H M.Metabolites from algae with economical impact ［J］.Comp.Biochem.Physiol.C.,2007(146):60-78.

［10］COHEN Y.Bioremediation of oil by marine microbial mats ［J］.Int.Microbiol,2002(5):189-193.

［11］COLWELL R R,SINSKEY A J,PARISER E R.Biotechnology in the Marine Sciences ［M］.New York:Wiley & Sons Inc.,1984.

［12］CRAGG G M,NEWMAN D J.International collaboration in drug discovery and development from natural sources ［J］.Pure Appl.Chem.2005(77):1923-1942.

［13］FARNSWORTH N R.Medicinal plants in therapy ［J］.Bull.World Health Organ,1985(63):965-981.

［14］FERREIRA A F,RIBEIRO L A,BATISTA A P,et al.A biorefinery from Nannochloropsis sp.Microalga-Energy and CO_2 emission and economic analyses ［J］.Bioresour. Technol, 2013(138):235-244.

[15]FREITAS A C, RODRIGUES D, ROCHA-SANTOS T A, et al. Marine biotechnology advances towards applications in new functional foods [J]. Biotechnol. Adv, 2012 (30):1506-1515.

[16]HILL R A. Marine natural products [J]. Annu. Rep. B (Organ. Chem.), 2012 (108):131-146.

[17]HU Y, CHEN J, HU G, et al. Statistical research on the bioactivity of new marine natural products discovered during the 28 years from 1985 to 2012 [J]. Mar Drugs, 2015, 13(1):202-221.

[18]HUGHES A D, KELLY M S, BLACK K D, et al. Biogas from Macroalgae: Is it time to revisit the idea? [J]. Biotechnol. Biofuels, 2012(5):1-7.

[19]IMHOFF J F, LABES A, WIESE J. Bio-mining the microbial treasures of the ocean: New natural products [J]. Biotechnol. Adv, 2011(29):468-482.

[20] IRIGOIEN X, HUISMAN J, HARRIS R P. Global biodiversity patterns of marine phytoplankton and zooplankton [J]. Nature, 2004(429):863-867.

[21]JONES W R. Practical applications of marine bioremediation [J]. Curr. Opin. Biotechnol, 1998(9):300-304.

[22]JONES C S, MAYFIELD S P. Algae biofuels: versatility for the future of bioenergy [J]. Curr. Opin. Biotechnol, 2012(23):346-351.

[23] KENNEDY J, MARCHESI J R, DOBSON A D. Marine metagenomics: Strategies for the discovery of novel enzymes with biotechnological applications from marine environments [J]. Microb. Cell Fact, 2008(7):27.

[24] KENNEDY J, O'LEARY N, KIRAN G, et al. Functional metagenomic strategies for the discovery of novel enzymes and biosurfactants with biotechnological applications from marine ecosystems [J]. J. Appl. Microbiol, 2011(111):787-799.

[25]KIM S K, ed. Handbook of Marine Biotechnology [M]. New York: Springer, 2015.

[26] KIMS K. Marine Biomaterials: Characterization, Isolation, and Applications [M]. Florida: Taylor Francis, 2013.

[27]LEARY D, VIERROS M, HAMON G, et al. Marine genetic resources: A review of scientific and commercial interest [J]. Mar. Policy, 2009(33):183-194.

[28]LEE J C, HOU M F, HUANG H W, et al. Marine algal natural products with anti-oxidative, anti-inflammatory, and anti-cancer properties [J]. Cancer Cell Int,

2013,13(1):55.

[29]MATSUNAGA T,TAKEYAMA H,NAKAO T,et al.Screening of marine microalgae for bioremediation of cadmium-polluted seawater [J].Prog.Ind.Microbiol,1999 (35):33-38.

[30]MORYA V,KIM J,KIM E K.Algal fucoidan:Structural and size-dependent bioactivities and their perspectives [J].Appl.Microbiol.Biotechnol,2012(93):71-82.

[31]NGO D H,KIM S K.Sulfated polysaccharides as bioactive agents from marine algae [J].Int J Biol Macromol,2013(62):70-75.

[32]NYBAKKEN J W.Marine Biology:An Ecological Approach [M].New York: Harper Collins,1993.

[33]QIN Y.Gel swelling properties of alginate fibers [J].Journal of Applied Polymer Science,2004,91(3):1641-1645.

[34]QIN Y.The gel swelling properties of alginate fibers and their application in wound management [J].Polymers for Advanced Technologies,2008,19(1):6-14.

[35]RASMUSSEN R S,MORRISSEY M T.Marine biotechnology for production of food ingredients [J].Adv.Food Nutr.Res,2007(52):237-292.

[36]SCHUMACHER M,KELKEL M,DICATO M,et al.Gold from the sea:Marine compounds as inhibitors of the hallmarks of cancer [J].Biotechnol. Adv,2011(29): 531-547.

[37] SINGH S. Bioactive compounds from cyanobacteria and microalgae:an overview [J].Crit.Rev.Biotechnol,2005(25):73-95.

[38]SPERSTAD S V,HAUG T,BLENCKE H M,et al.Antimicrobial peptides from marine invertebrates:Challenges and perspectives in marine antimicrobial peptide discovery [J].Biotechnol.Adv,2011(29):519-530.

[39]STEELE J H.A comparison of terrestrial and marine ecological systems [J]. Nature,1985,313:355-358.

[40]THAKUR N L,HENTSCHEL U,KRASKO A,et al.Antibacterial activity of the sponge Suberites domuncula and its primmorphs:potential basis for epibacterial chemical defense [J].Aquat.Microb.Ecol,2003(31):77-83.

[41]THAKUR N L,THAKUR A N.Marine biotechnology:an overview [J].Indian J.Biotechnol,2006(5):263.

[42] TRINGALI C.Bioactive metabolites from marine algae:recent results [J]. Curr.Org.Chem.1997(1):375-394.

[43] VENEGAS-CALERON M, SAYANOVA O, NAPIER J A. An alternative to fish oils: Metabolic engineering of oilseed crops to produce omega-3 long chain polyunsaturated fatty acids [J]. Prog. Lipid Res, 2010(49): 108-119.

[44] WAITE J H, BROOMELL C C. Changing environments and structure-property relationships in marine biomaterials [J]. J. Exp. Biol, 2012(215): 873-883.

[45] WATANABE K. Microorganisms relevant to bioremediation [J]. Curr. Opin. Biotechnol, 2001(12): 237-241.

[46] ZHANG C, LI X, KIM S K. Application of marine biomaterials for nutraceuticals and functional foods [J]. Food Sci. Biotechnol, 2012(21): 625-631.

[47] 李婷菲, 叶斌. 药用海洋活性物质的研究进展[J]. 海峡药学, 2009, 21(11): 12-14.

[48] 林锦湖. 增强海洋意识重视海洋生物技术[J]. 生物工程进展, 1994, 14(6): 4-6.

[49] 陈曦, 陈秀霞, 陈强, 等. 海洋生物活性物质研究简述[J]. 福建农业科技, 2012(2): 83-86.

[50] 崔文萱, 曾名勇, 赵元晖. 海洋生物中抗病毒活性物质的研究进展[J]. 食品工业科技, 2005, 26(11): 173-176.

[51] 刘云国, 刘艳华. 海洋生物活性物质的研究开发现状[J]. 食品与药品, 2005, 7(10A): 66-68.

[52] 黄健, 唐学玺, 段德麟, 等. 不同光照条件下海带体内各种化合物的含量及光合作用和呼吸作用的变化[J]. 海洋科学, 2002, 26(4): 55-58.

[53] 李文权, 王清池, 陈清花, 等. 超声波对球等鞭金藻脂肪酸组成的效应研究[J]. 海洋科学, 2000, 24(4): 7-9.

[54] 方旭东, 郑忠木, 周宗华, 等. 海洋生物活性物质药物研究开发进展[J]. 中华航海医学与高气压医学杂志, 2007, 14(6): 379-381.

[55] 王明鹏, 陈蕾, 刘正一, 等. 海藻生物肥研究进展与展望[J]. 生物技术进展, 2015, 5(3): 158-163.

[56] 董静. 甲壳胺敷料促进创面愈合的临床观察[J]. 中华医院感染学杂志, 2011, 21(5): 918-919.

[57] 骆强, 孙玉山. 医用海藻纤维的研究[J]. 非织造布, 2011, 19(1): 30-32.

[58] 秦益民, 刘洪武, 李可昌, 等. 海藻酸[M]. 北京: 中国轻工业出版社, 2008.

第4章　海洋源生物高分子

4.1　海洋生物资源

海洋是地球上最大的资源宝库。全球海洋面积 $3.62 \times 10^8 km^2$,约占地球总面积的71%。海洋平均深度约3.8km,含有的海水总量约为 $13.7 \times 10^8 km^3$,占地球总水量的97%。作为地球上万物的生命之源,海洋中的生物多样性远比陆地生物丰富,目前估计除微生物以外的海洋生物约有210万种,已经发现的有25万多种。浩瀚无垠的海洋充满着动植物的气息,无论是水质肥沃的近海还是碧波滚滚的大洋深处,都是虾蟹、游鱼、贝类、海参、海藻等动植物生长繁衍的场所,大量色彩鲜艳、体型独特的海洋生物形成一个独特的海洋生态体系,为人类活动提供重要的生物资源。

海洋生物资源是指有生命的、能自行繁殖和不断更新的海洋资源,又称海洋水产资源。海洋中蕴藏的经济动物和植物的群体数量,可以通过生物个体种和种下群的繁殖、发育、生长和新老替代,使资源不断更新、种群不断补充,持续为人类提供水产品、医药和工业原料。海洋生物资源主要包括鱼类、软体动物、甲壳动物、哺乳类动物、海洋植物等种类,其中海洋植物以各类海藻为主,包括褐藻、红藻、绿藻、蓝藻、硅藻、甲藻、金藻、黄藻、隐藻、裸藻等门类,可提取海藻酸盐、卡拉胶、琼脂等多种天然高分子材料以及岩藻多糖、海藻碘、甘露醇、多不饱和脂肪酸、维生素、矿物质元素等种类繁多的海藻活性物质。

在浩瀚的海洋中,海藻是一大类海洋植物群,包括种类繁多、数量庞大的微型海藻和大型海藻类植物群,是海洋生态系统的一个重要组成部分。我国有1.8万千米大陆海岸线和1.4万千米岛屿海岸线,海域面积473万平方千米,跨越热带、亚热带至寒温带等多个气温带,无论在海藻生物资源的规模还是其生产、加工和利用的深度和广度上,我国均处于世界前列。海带产量名列世界首位,紫菜与日本、韩国并列为世界三大养殖国,裙带菜、江蓠、麒麟菜等海藻无论在养殖规模上还是产量上都有很大发展。丁兰平等的研究结果显示,我国沿海已有记录的大型海藻有 1277 种,隶属于褐藻门有 24 科 62 属 298 种、红藻门有 40 科 169 属 607 种、绿藻门有 21 科 48 属 211 种、蓝藻门有 21 科 57 属 161 种,主要分布在南海北区和南区的诸群岛沿岸,广东、福建、浙江等东海沿岸以及渤海、黄海西岸等区域。表 4-1 显示中国各海区的海藻种数。

表 4-1　中国各海区海藻的种数

海区	红藻门		褐藻门		绿藻门		蓝藻门		合计
	特有（种）	共有（种）	特有（种）	共有（种）	特有（种）	共有（种）	特有（种）	共有（种）	所有（种）
黄海西岸	88	15	96	48	79	15	32	5	298
东海西区	1	5	28	120	4	31	0	12	201
南海北区	54	15	51	132	46	48	4	22	372
南海南区	56	22	234	88	92	46	133	19	690

　　除了海藻类植物资源,辽阔的海洋中还有着极为丰富的鱼类、贝类及虾蟹类生物资源。海洋鱼类资源在人类生活中占有特殊的地位,是食物的重要来源,能提供大量蛋白质。海洋中有 3 万多种鱼类,包括人们熟悉的几十种常见食用鱼类。据统计,我国渤海、黄海、东海、南海的最大可持续渔获得量分别为 12 万、81 万、182万、472 万 t。贝类是两片贝壳夹着中间的肉体的软体动物,其中贻贝、牡蛎等贝类生物在提供海洋食物的同时也产生大量贝壳资源。海洋中种类繁多的虾、蟹等甲壳类动物是甲壳素和壳聚糖的重要来源。

　　在我国漫长的海岸线上,水深 200m 的大陆架面积达 148 万 km^2,诸海区的生物生产量约为 2.67t/km^2,总生物生产量为 1261.53 万 t。我国可供捕捞生产的渔场面积约 281 万 km^2,合 42 亿亩,其中海洋生物资源高达 20278 种,包括鱼类 3032种、螺贝类 1923 种、虾类 546 种、蟹类 734 种、藻类 790 种。作为经济捕捞对象,在渔业统计和市场上列名的有 200 多种,表明我国海洋水产生物的资源丰富、物种丰富度高,可为海洋食品和海洋生物制品的发展提供重要资源保障。

4.2　海洋生物高分子

　　生物高分子是源于生物体的高分子量物质。自然界中生物高分子及其衍生物是一类重要的生命物质,可协助生命体实现许多重要的生理功能。与传统化学工业中的合成高分子相比,生物高分子具有独特的结构和功效,在与许多物质、材料发生相互作用的过程中表现出很强的生物活性,可以生物降解,具有可持续、再生特性,其开发和应用已成为生物技术和高分子材料领域的研究热点。

生物高分子的种类丰富、特性多样,根据其不同的化学结构可分为八大类:

(1)核酸,如脱氧核糖核酸、核糖核酸。

(2)聚酰胺,如蛋白质、聚氨基酸。

(3)多糖,如纤维素、淀粉、壳聚糖、黄原胶、海藻酸、卡拉胶、琼胶。

(4)有机聚氧酯,如聚羟基脂肪酸酯。

(5)聚硫酯。

(6)无机聚酯,以聚磷酸酯为唯一代表。

(7)聚异戊二烯,如天然橡胶或古塔波胶。

(8)聚酚,如木质素、腐殖酸。

表 4-2 显示工业上常用的生物高分子及其来源。

表 4-2　工业上常用的生物高分子及其来源

生物高分子种类	主要来源	生物高分子种类	主要来源
黄原胶、结冷胶	微生物	果胶	苹果、柠檬、橘皮
刺槐豆胶、瓜儿豆胶	植物籽粉	胶原蛋白、明胶	动物皮、骨、鱼鳞
阿拉伯胶	植物渗出物	甲壳素、壳聚糖	虾壳、蟹壳
纤维素及纤维素衍生物	植物根、茎、叶	海藻酸、卡拉胶、琼胶	海藻类植物
原生或变性淀粉	植物种子		

海洋生物高分子是源于海洋生物的高分子材料。如图 4-1 所示,海洋生物高分子主要包括海藻酸盐、卡拉胶、琼胶等从海藻植物中提取的高分子多糖,胶原蛋白、明胶等从鱼类动物中提取的蛋白质类物质以及甲壳素、壳聚糖等从虾、蟹等甲壳类动物中提取的天然高分子。这些高分子材料的共同特性是以海洋植物或动物为原料,通过物理、化学或物理化学的方法提取得到,能在一定条件下充分水化后形成黏稠、滑腻的溶液或胶体。它们具有很高的亲水性和良好的生物相容性,在功能食品、保健品、化妆品、医用材料、生物活性纤维等领域有特殊的应用价值。

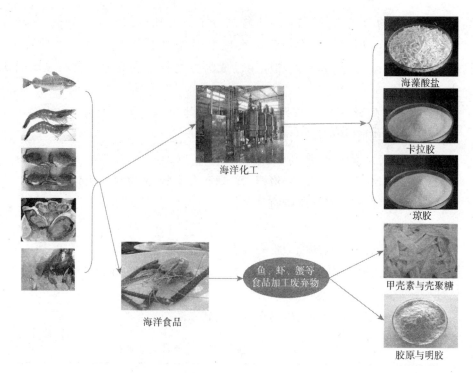

图 4-1 海洋生物高分子的主要来源与种类

4.3 海藻酸盐

4.3.1 海藻酸盐的来源

海藻酸盐是海藻酸与钠、钾、钙、镁等金属离子结合后形成的高分子盐的总称，是从褐藻中提取的一种生物高分子。褐藻是海藻类植物的一个重要门类，是海藻中进化水平较高的种类，有类似根、茎、叶的分化，其细胞壁可分为两层，内层由纤维素组成，外层由海藻酸盐组成。褐藻是体型最大的海藻，其藻体颜色因所含各种色素的比例不同而有较大变化，有黄褐色、深褐色等不同外观色泽。褐藻门的各种藻类绝大多数分布在海洋中，现存约 250 属 1500 种，其中淡水产仅 8 种。中国海产的褐藻约有 80 属 250 种，其中海带是褐藻中规模最大的一种。

褐藻具有重要的生态和经济价值，其在全球海洋中分布广泛、资源丰富。由巨藻形成的海底森林是海洋中最庞大、最有活力的生态体系之一，生物学家达尔文把巨藻森林比作海洋中的热带雨林，它们的生长速度是植物中最快的，每天最多生长

30~60cm。巨藻也是世界上最长的生物体,其长度可达300m。图4-2 显示用于提取海藻酸盐的几种主要的褐藻。

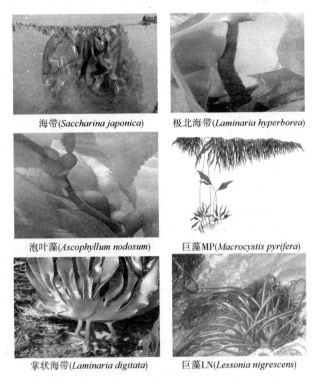

海带(*Saccharina japonica*)　　极北海带(*Laminaria hyperborea*)

泡叶藻(*Ascophyllum nodosum*)　　巨藻MP(*Macrocystis pyrifera*)

掌状海带(*Laminaria digitata*)　　巨藻LN(*Lessonia nigrescens*)

图4-2　用于提取海藻酸盐的几种主要的褐藻

4.3.2　海藻酸盐的基本性能

海藻酸盐是海带、巨藻等褐藻类植物的主要结构成分。褐藻类海藻植物细胞的细胞壁由纤维素的微纤丝形成网状结构,内含果胶、木糖、甘露糖、地衣酸、海藻酸盐等多糖,为细胞提供保护作用。海藻酸盐在1881年由英国化学家Stanford 发现并申请专利。在1884年4月8日的一次英国化学工业协会的会议上,Stanford 对英国海岸线上广泛存在的海藻植物的应用做了详细总结,同时报道了他采用稀碱溶液从海藻中提取海藻酸盐的方法。Stanford 把用碱溶液处理海藻后提取出的胶状物质命名为Algin(即褐藻胶),把这种物质加酸后生成的凝胶称为Alginic Acid(即海藻酸)。在此后的研究中,世界各地科研人员从掌状海带(*Laminaria Digitata*)、巨藻(*Macrocystis Pyrifera*)、泡叶藻(*Ascophyllum Nodosum*)、极北海带(*Laminaria Hyperborea*)等各种褐藻中提取出具有独特结构和性能的海藻酸盐,并在食品、日化、纺织、医药等领域得到广泛应用,成为海洋生物资源利用的一个成功案例。

从化学的角度看,海藻酸盐是一种高分子羧酸化合物。自 Stanford 发现海藻酸盐以后的很长一段时间内,研究人员仅了解到海藻酸盐是由一种糖醛酸组成的高分子材料,不同来源的海藻酸盐只在相对分子质量上有所不同。1955 年,Fischer & Dorfel 在对海藻酸盐进行水解后发现其结构中含有两种同分异构体,除了甘露糖醛酸(Mannuronic Acid,以下简称 M),他们发现海藻酸盐分子结构中还含有古罗糖醛酸(Guluronic Acid,以下简称 G)。图 4-3 显示海藻酸盐中两种单体的化学结构及其在高分子链中的分布。

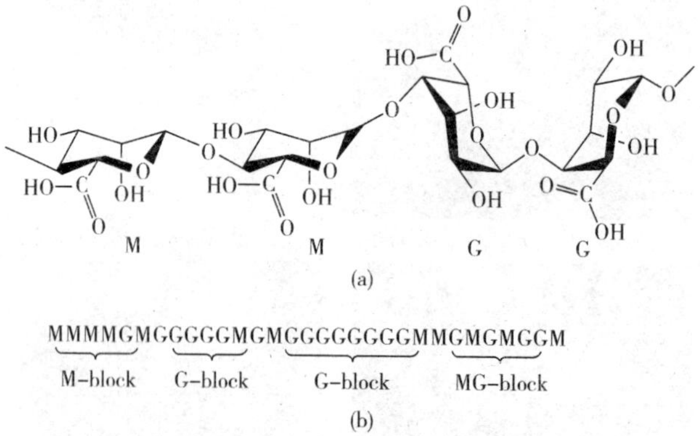

图 4-3　甘露糖醛酸(β-D-mannuronic acid)和古罗糖醛酸(α-L-guluronic acid)
的化学结构及其在海藻酸高分子链中的分布

M 和 G 两种醛酸是同分异构体,它们的主要区别在于 C_5 位上—OH 基团立体结构的不同,其成环后的构象,尤其是进一步聚合成高分子链后的空间结构有很大差别。海藻酸可以被看成是一种由 M 和 G 单体组成的嵌段共聚物。Haug 等通过一系列研究发现,海藻酸的高分子结构中含有三种链段,即 MM、GG 和 MG/GM。他们用酸水解后得到低分子量的海藻酸链段,经过分离、检测后发现这些链段有很不相同的立体结构。当相邻的两个 M 单体间以 1e—4e 两个平状键相键合,形成的 MM 链结构如"带"状,而当相邻的两个 G 单体以 1a—4a 两个直立键相键合,形成的 GG 链结构如"脊柱"状。如图 4-3 所示,GG、MM 和 MG/GM 链段有很不相同的立体结构。

表 4-3 显示几种商业用褐藻中提取的海藻酸的 G、M、GG、MM 和 MG/GM 的含量。在褐藻植物中,M 和 G 的比例以及 M/G 单体在分子链中的不同组合是影响褐藻植物形态的一个重要因素,褐藻中的异构酶可以把 M 单体转化为 G 单体,以此适应生长过程中环境的变化。褐藻根部提取的海藻酸含有较高的 G 和 GG,而叶片上的海藻酸则含有较多的 M 和 MM。平静的海洋可以给褐藻提供一个稳定的生

长环境,使其结构刚硬,提取出的海藻酸多为高 G 型。而在风浪大的海岸线上,褐藻的结构比较柔软,可生产高 M 型海藻酸。如表 4-3 所示,由于海洋气候和褐藻种类的不同,世界各地的褐藻在 M、G、MM、GG 和 MG/GM 的含量上有很大的变化。

表 4-3　商业用褐藻中提取的海藻酸的 G、M、GG、MM 和 MG/GM 的含量(质量分数)

褐藻种类	G	M	GG	MM	MG/GM
海带(Saccharina japonica)	35%	65%	18%	48%	17%
掌状海带(Laminaria digitata)	41%	59%	25%	43%	16%
极北海带的叶子(Laminaria hyperborea, blade)	55%	45%	38%	28%	17%
极北海带的菌柄(Laminaria hyperborea, stipe)	68%	32%	56%	20%	12%
极北海带的皮层(Laminaria hyperborea, outer cortex)	75%	25%	66%	16%	9%
巨藻(Macrocystis pyrifera)	39%	61%	16%	38%	23%
泡叶藻的新生组织(Ascophyllum nodosum, fruiting body)	10%	90%	4%	84%	6%
泡叶藻的枯老组织(Ascophyllum nodosum, old tissue)	36%	64%	16%	44%	20%
巨藻 LN(Lessonia nigrescens)	38%	62%	19%	43%	19%

4.3.3　海藻酸盐的提取

图 4-4 显示了褐藻植物细胞的微观结构。在藻体细胞壁中,海藻酸主要以海藻酸钙、海藻酸镁、海藻酸钾等形式存在,其中藻体表层主要以钙盐形式存在;藻体内部肉质部分主要以钾、钠、镁盐等形式存在。作为褐藻植物的重要组成部分,海藻酸占褐藻干重的比例可以达到 40%,其含量在不同种类的褐藻、同一棵褐藻的不同部位以及不同季节和养殖区域均有较大变化,我国以青岛和大连产褐藻中的海藻酸含量最高。

在收获褐藻后,海藻酸的提取过程包括水洗、磨碎、用碱溶液溶解藻体内的海藻酸等工艺使海

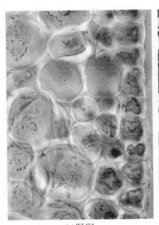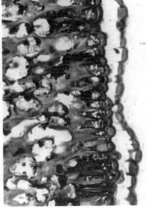

(a)湿润　　　　　　　(b)干燥

图 4-4　褐藻植物细胞的微观结构

藻酸与藻体分离,然后用氯化钙使海藻酸以海藻酸钙凝胶的形式沉淀,形成的凝胶用酸洗去除内部的钙离子后再与碳酸钠反应形成海藻酸钠,经过干燥、磨碎等工艺加工成工业用海藻酸钠粉末。图4-5显示从褐藻中提取海藻酸钠的一个典型的工艺流程图。

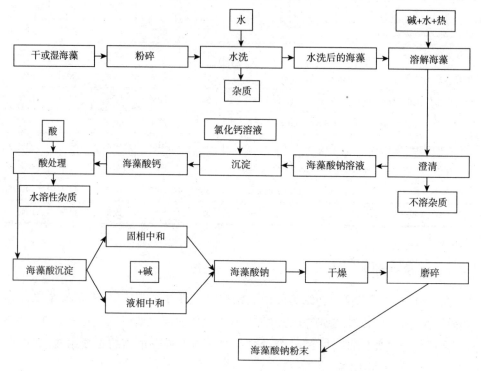

图4-5 从褐藻中提取海藻酸钠的工艺流程

4.3.4 海藻酸盐的理化性能和市场应用

作为一种高分子羧酸,海藻酸可以与金属离子结合后形成各种海藻酸盐,其中海藻酸与钠、钾、铵等一价金属离子结合后形成水溶性的海藻酸盐,与钙、锌、铜等多价金属离子结合后形成不溶于水的海藻酸盐。海藻酸本身是一种不溶于水的高分子材料。在各种应用领域,海藻酸钠是最常用的海藻酸盐,可以溶解在水中形成缓慢流动的滑溜溶液。由于海藻酸钠的相对分子质量很高并且其分子具有刚性结构,即使在低浓度下海藻酸钠的水溶液也具有非常高的表观黏度。

海藻酸钠水溶液在与钙离子等高价阳离子接触后,通过大分子间的交联形成凝胶。由于立体结构的不同,β-D-甘露糖醛酸(M)和α-L-古罗糖醛酸(G)对钙离子的结合力有很大区别,两个相邻的 G 单体之间形成的空间在凝胶过程中正好容纳一个钙离子,在与另外一个 GG 链段上的羧酸结合后,钙离子与 GG 链段的海藻酸可以形成稳定的盐键。MM 链段的海藻酸在空间上呈现出一种扁平的立体结构,与钙离子的结合力弱,其凝胶性能较 GG 链段差。当海藻酸钠水溶液与钙离子接触后,分子链上的 GG 链段与钙离子结合形成一种类似"鸡蛋盒"的稳定结构,大量水分子被锁定在分子之间的网络中,形成含水量极高的冻胶。图 4-6 显示海藻酸钠水溶液与钙离子接触后形成"鸡蛋盒"状凝胶结构的过程。

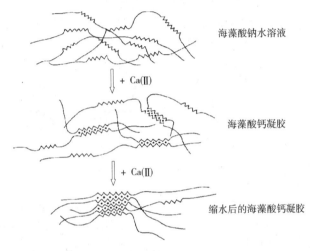

海藻酸钠水溶液

+ Ca(Ⅱ)

海藻酸钙凝胶

+ Ca(Ⅱ)

缩水后的海藻酸钙凝胶

图 4-6　海藻酸钠水溶液与钙离子接触后形成"鸡蛋盒"状凝胶结构

　　作为一种直链水溶性天然高分子,海藻酸及各种海藻酸盐具有良好的生物相容性,安全、无毒,以其独特的性能在食品、医疗卫生、日化、纺织印染、生物技术及废水处理等行业得到广泛应用,是制作冰淇淋、饮料、仿形食品、健康食品、黏合剂、生物黏附剂、缓控释片、医用敷料、牙模材料、饲料黏结剂、宠物食品黏结剂、面膜、化妆品增稠稳定剂、印花糊料、水处理剂、电焊条、造纸添加剂等各类产品的重要原料。

4.4　卡拉胶

4.4.1　卡拉胶的基本性能

　　卡拉胶又称角叉菜胶、鹿角藻胶,是从红藻中提取的一种水溶性高分子,与海藻酸盐和琼胶一起成为三大海藻胶工业制品。食品级卡拉胶为白色至淡黄褐色、微有光泽的半透明片状体或粉末状物,无臭、无味,口感黏滑,具有良好的保水性、增稠性、乳化性、胶凝性和安全、无毒等特性。卡拉胶溶解于热水后形成的凝胶是热可逆性的,即加热熔化成液体、冷却后形成凝胶。

卡拉胶是 D-半乳糖和 3,6-脱水-D-半乳糖残基组成的线型多糖化合物,根据半酯式硫酸基在半乳糖上连接位置的不同,卡拉胶可分为 κ-卡拉胶、i-卡拉胶、L-卡拉胶等七种类型,其中 κ-卡拉胶在与钾离子接触后形成坚硬的凝胶并且可以与乳制品中的蛋白质成分反应后起到稳定蛋白质的作用。i-卡拉胶与钙离子接触后形成柔软的凝胶,而 L-卡拉胶不形成凝胶,在食品行业主要作为乳制品的增稠剂。图 4-7 显示了几种卡拉胶的化学结构。

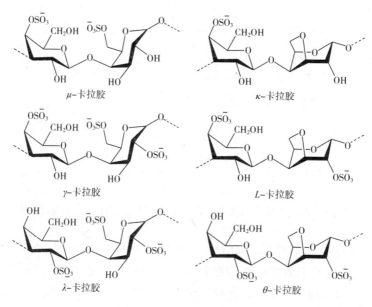

图 4-7　卡拉胶的化学结构

4.4.2　卡拉胶的制备

卡拉胶是红藻中提取的天然高分子材料,最早在爱尔兰以角叉菜(*Chondrus crispus*)为原料提取。自 Maxwell S. Doty 博士 20 世纪 60 年代在菲律宾和印度尼西亚发展人工养殖红藻后,卡帕藻(*Kappaphycus alvarezii*)和麒麟菜(*Eucheuma denticulatum*)成为生产卡拉胶的主要原料,前者主要用于 k-卡拉胶的生产,后者主要用于 i-卡拉胶的生产。图 4-8 显示了用于生产卡拉胶的三种红藻。

从红藻中提取卡拉胶的生产工艺涉及海藻的洗净晾干、碱处理、洗涤至中性、

(a)角叉菜

(b)卡帕藻

(c)麒麟菜

图 4-8　用于生产卡拉胶的三种红藻

酸化漂白、提胶、过滤、冷却切条、冻结脱水、解冻、干燥、磨粉等工序,其中碱处理、酸化漂白和提胶是卡拉胶生产过程中的关键工艺。工业上一般用 KOH 处理藻体后再用草酸酸化漂白,可以得到色泽好、出胶率和凝胶强度高的卡拉胶制品。

纪明侯报道了一个 k-卡拉胶的提取工艺。首先称取漂白的 k-卡拉胶原藻 10.0 g,加 5%~10% KOH 溶液 100 mL,70℃加热处理 1 h 后以尼龙网过滤,藻体经水洗后加稀盐酸中和至中性,然后加入 300 mL 水,85℃下提取 2 h 后以尼龙网过滤,继之以脱脂棉抽空过滤。将滤液注入搪瓷盘中放冷后切条,放冰箱冻结室-10℃冻结一昼夜后用自来水溶化,晒干或加乙醇脱水 2 次,最后真空干燥或 60℃烘干后得到条状卡拉胶。

4.4.3　卡拉胶的理化特性和应用

卡拉胶都能溶解于 70℃以上的温水,一般硫酸根含量越多越容易溶解。与其他水溶性高分子相似,卡拉胶溶液的黏度随浓度增大而呈指数规律增加,随温度升高呈指数规律下降。在恒温状态下,随着时间的增长大分子开始解离,分子间缠绕减少,溶液黏度下降。卡拉胶溶液的黏度随 pH 的增大而增大,酸性增大促进卡拉胶分子解离并中和其电性,削弱了半酯化硫酸根之间的静电引力。若碱性过大,氢氧根与带负电的卡拉胶相斥而减少分子间的缠结,故强酸、强碱性条件下,溶液黏度均下降。

工业生产中一般使用 80℃以上的热水溶解卡拉胶,其在热水中分子为不规则的卷曲状,随着温度的下降,其分子向螺旋化转化,在形成单螺旋体后随着温度的继续下降分子间形成双螺旋体,成为立体网状结构。温度再下降后双螺旋体聚集形成凝胶。在中性或碱性溶液中卡拉胶很稳定,pH 为 9 时最稳定,即使加热也不会发生水解。在酸性溶液中,尤其是 pH 在 4 以下时易发生酸催化水解,使凝胶强度下降。凝胶状态下的卡拉胶比溶液状态时稳定性高,室温下被酸水解的程度比溶液状态小得多。

与其他水溶性大分子相比,卡拉胶的最大特点是其可以与蛋白质反应。卡拉胶分子上的硫酸根具有极强的负电荷,而蛋白质是一种两性物质,在等电点以下蛋白质中的氨基酸与卡拉胶持相反电荷,互相结合后产生沉淀。在等电点以上的条件下,两者持相同电荷,由多价阳离子作为交联剂形成亲水胶体。

目前卡拉胶主要应用于食品领域,利用其优良的凝胶性、增稠性和与蛋白质反应的特性。在含乳饮料、果汁果肉饮料及固体饮料中,卡拉胶具有独特的与牛奶中的蛋白质起络合反应的能力,在含乳饮料中可形成触变性的摇溶结构,防止由于颗粒间聚集而形成的沉淀。作为悬浮剂和稳定剂,卡拉胶能使细小的果肉颗粒均匀悬浮在果汁中,大大减缓下沉速度。同时,由于卡拉胶的黏度较低,不易造成糊口,并能改进饮用时的口感。以卡拉胶作为稳定剂应用于固体饮料中,可改善其冲调性,且冲后饮料稳定不易分层。

在酒饮料中,卡拉胶可作为澄清剂,也可作为泡沫稳定剂。由于卡拉胶能与蛋白质发生作用,它是一种有效的麦汁澄清剂,能使产品澄清透明,有利于酵母生长,并有利于过滤,降低过滤损耗,提高麦汁得率,改善啤酒的生物稳定性,延长啤酒的保质期。在肉制品中,卡拉胶用于火腿及火腿肠中,起到凝胶、乳化、保水、增强弹性等作用。由于它能与蛋白质络合后提供相当好的组织结构,使产品具有细腻、切片良好、口感好等功能,是制作火腿肠必须的一种添加剂。在糖果制造中,用卡拉胶生产的软糖透明度好、色泽鲜艳、均匀、光滑、黏性小、爽脆利口。在果冻生产中,卡拉胶因具有独特的凝胶特性而成为果冻首选的凝胶剂,用卡拉胶制成的水果冻富有弹性且没有离水性。

4.5 琼胶

4.5.1 琼胶的基本性能

琼胶是一种存在于红藻门海藻细胞壁的碳水化合物,由琼脂糖和琼脂胶两部分组成,其中琼脂糖是不含硫酸酯的非离子型多糖,分子链由1,3连接的吡喃半乳糖和1,4连接的3,6-内醚-L-吡喃半乳糖组成。琼脂胶是带有硫酸酯的复杂多糖,没有胶凝功能,是商业生产中去除的部分。图4-9显示了琼脂糖的化学结构。

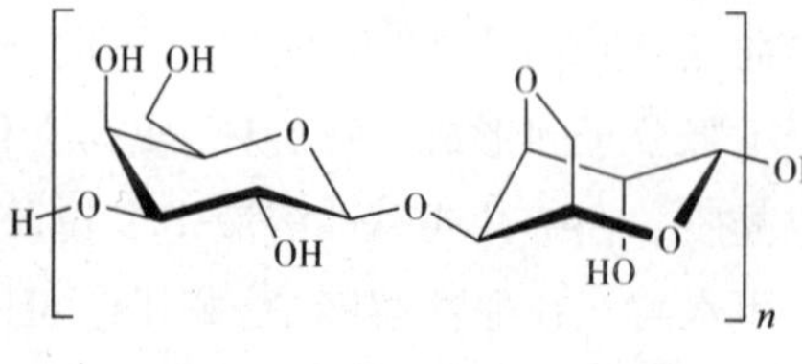

图4-9 琼脂糖的化学结构

4.5.2 琼胶的制备

琼胶主要从石花菜、江蓠等红藻植物中提取,其中江蓠是世界范围内生产琼胶的主要原料。很多研究表明,不同地区江蓠的琼胶含量和质量是不同的。含有琼胶的海藻通称为琼胶藻,其种类很多,但不同原料生产的琼胶在性质上存在或多或少的差别,因此在提到一种琼胶产品时,习惯上应标明其原料种类,例如石花菜琼胶、江蓠琼胶等。历史上琼胶的生产是以石花菜为原料开始的,故石花菜琼胶过去被认为是真正的琼胶,其他藻类只作为辅助原料使用。后来由于琼胶需求量迅速增大,石花菜原料供不应求,才逐渐使用其他海藻为原料。

目前世界各地主要使用以下海藻作为生产琼胶的原料:

(1)石花菜(*Gelidium*),主要产地为西班牙、葡萄牙、摩洛哥、日本、韩国、墨西哥、法国、美国、中国、智利和南非。不同地区有不同的品种,我国的品种称为石花菜,主要生长于山东半岛沿岸,年产量约200t。

(2)江蓠(*Gracilaria*),主要生产于智利、阿根廷、南非、日本、巴西、秘鲁、印度尼西亚、菲律宾、中国、印度和斯里兰卡。我国主要分布于南方,以广东、广西和海南的产量最大,其中细基江蓠(*Gracilaria tenuistipitata*)为主要的优良品种。海南省和雷州半岛沿岸还生长一种细江蓠,繁殖快、产量大,是琼胶的重要原料,但藻体纤细、胶质略差。我国沿海还广泛生长有真江蓠(*G asiatica*),也是生产琼胶的优质原料。目前我国江蓠的年总产量约3000t。

(3)鸡毛菜(*Pterocladia*),主要产于葡萄牙和新西兰,我国也有生产,但产量较少。

(4)凝花菜(*Gelidiella*),主要产于埃及、马达加斯加、印度等地。我国也有生产,主要产于海南岛。

(5)紫菜(*Porphyra*),世界上只有中国利用紫菜作琼胶的工业原料,主要在福建省,利用没有食用价值的老坛紫菜(*Porphyra haitanensis*)生产琼胶。

图4-10显示了用于生产琼胶的两种红藻。

琼胶存在于琼胶藻的细胞壁中,与纤维素、半纤维素、色素、淀粉、蛋白质和无机盐共存。在琼胶的生产过程中,纤维素、半纤维素等不溶于水,盐分可溶于水,淀粉和部分色素可溶于热水,而琼胶只溶于85℃以上热水,不溶于冷水,因此琼胶的生产主要是根据萃取、分离和脱水干燥原理,把原料中的琼胶最大限度地抽提出来,把杂质尽可能分离出去,再脱水干燥后得到成品。

纪明侯报道了一个用石花菜提取琼胶的工艺。取10.0g晒干石花菜,剪切成小块,水洗2次后放入1L烧杯中,加入300mL蒸馏水,加盖玻璃或盖以带孔铝箔

(a)石花菜　　　　　　　　　　　　　　　　(b)江蓠

图4-10　用于生产琼胶的两种红藻

纸,放于压力锅中,于98.1kPa(1kgf/cm²)压力、约在120℃条件下加热提取2h,取出后用80目尼龙网过滤,滤液放入温水中保温以防凝固。藻渣轻度挤压后再加入100~200mL水,同上压力加热1h,同样过滤,两次滤液合并后以脱脂棉经布氏漏斗过滤,或简易地以100目尼龙网过滤。将滤液注入搪瓷盘中冷却,切条后放置冰箱冻结室-10℃冻结一昼夜,用自来水溶化后晒干或加乙醇脱水2次,真空干燥后得到琼胶。

4.5.3　琼胶的性能和应用

琼胶是一种重要的胶凝材料,与卡拉胶和海藻酸盐不同,其在水溶液中的凝胶基本不受溶液中离子的影响。琼胶的胶凝有滞后现象,85℃下熔化后在32~40℃凝固,这个性能对于制备凝胶及保持其在比较高的温度下稳定非常重要,因为多项科学研究涉及的凝胶材料需要在37℃左右保持稳定,而明胶在这个温度下不稳定。

琼胶凝胶的物理性质主要与其中电荷含量有关,其凝胶性能取决于中性琼脂糖的含量。琼胶的凝胶机制为:琼胶溶液冷却时,琼脂糖分子以螺旋形状组成双螺旋体,生成三维网状结构;进一步冷却,则双螺旋体聚集而生成较硬的凝胶。

凝胶性是琼胶的最大特点,即使浓度很低的琼胶水溶液也能形成凝胶。在相同浓度下琼胶形成凝胶的强度比其他物质都要大,而且没有任何助凝剂时琼胶也能形成凝胶。

凝胶强度是衡量琼胶品质的主要指标,其大小不仅与原料来源、生长地点和获取方法等因素有关,也受自身结构的影响。硫酸基、羧基的含量越多,凝胶强度越低;聚合度越大,凝胶强度越高;3,6-内醚半乳糖含量越多,凝胶强度越高;琼胶中琼脂糖的含量越高,凝胶强度越高。

琼胶的良好胶凝性能在食品、医药、科学研究等很多领域得到广泛应用,甚至在家庭饮食中也可以用琼胶制作食物或饮品。

4.6　甲壳素和壳聚糖

4.6.1　甲壳素和壳聚糖的来源

甲壳素,又称甲壳质、几丁质、壳蛋白、蟹壳素,其化学结构为(1,4)-2-乙酰氨基-2-脱氧-β-D-葡聚糖,是唯一大量存在的天然碱性多糖,也是蛋白质之外数量最大的含氮生物高分子。壳聚糖,又称甲壳胺,是甲壳素经脱乙酰基后得到的一种高分子氨基多糖,其分子结构为(1,4)-2-氨基-2-脱氧-β-D-葡聚糖。图 4-11 为甲壳素和壳聚糖的分子结构。

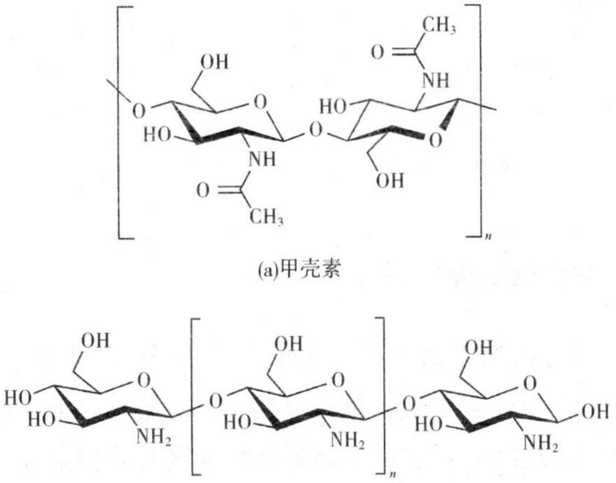

(a)甲壳素

(b)壳聚糖

图 4-11　甲壳素和壳聚糖的分子结构

甲壳素广泛存在于虾、蟹等节足类动物的外壳、昆虫的甲壳、软体动物的壳和骨骼以及真菌细胞壁中,是自然界中生物合成量仅次于纤维素的第二大天然高分子。由于存在大量氢键,甲壳素分子间作用力极强、结晶度很高,不溶于水和一般有机溶剂。在用碱脱去甲壳素分子结构中 2 号位上乙酰氨基中的乙酰基后得到壳聚糖,在此过程中产生的氨基能被酸质子化形成胺盐,使壳聚糖能溶于酸性水溶液,极大改善了材料的可加工性和应用范围。

4.6.2 甲壳素和壳聚糖的制备

目前,海产品加工厂产生的虾、蟹壳是工业用甲壳素的主要来源。在以虾、蟹壳为原料生产甲壳素和壳聚糖的过程中,一般先用酸溶解无机矿物质后再用碱降解蛋白质,得到粗制甲壳素后再用浓碱溶液脱乙酰基制备壳聚糖。图 4-12 为以虾蟹壳为原料制备甲壳素和壳聚糖的工艺流程。

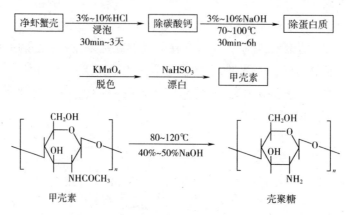

图 4-12 制备甲壳素和壳聚糖的工艺流程

4.6.3 甲壳素和壳聚糖的理化特性

甲壳素和壳聚糖与纤维素有着很相似的化学结构,纤维素结构中的葡萄糖环上 2 号位—OH 基团在甲壳素中被乙酰氨基取代,在壳聚糖中则被自由氨基取代。由于化学结构上的相似性,甲壳素和壳聚糖与纤维素有相似的化学反应性能,许多发生在纤维素上的化学反应都可以在甲壳素和壳聚糖上发生。由于—NH$_2$ 的化学活性比—OH 大,甲壳素和壳聚糖比纤维素有更强的反应活性,为化学改性提供很大的空间。

值得指出的是,甲壳素和壳聚糖的主要区别在于 C$_2$ 位上氨基的乙酰化。纯粹的甲壳素中的氨基是 100% 的乙酰胺,而纯粹的壳聚糖中的氨基是 100% 的自由氨基。实际应用中的甲壳质材料则介于这两个极端之间,乙酰度即氨基中乙酰化的基团占分子中所有氨基的百分比,是甲壳质材料的一个重要结构特征。一般定义乙酰度大于 50% 的为甲壳素,小于 50% 的为壳聚糖。

由于乙酰胺基团有很强的氢键形成能力,甲壳素的分子间结合力强,是一种结晶度很高的高分子材料。甲壳素的结晶结构有 α、β 和 γ 三种,其中 α 甲壳素中的高分子链以一正一反的形式排列, β 甲壳素中的高分子链排列在同一个方向, γ 甲壳素中的高分子链以两个正方向和一个反方向的形式组成。甲壳素的结晶度随着乙酰度的提高而提高。在对壳聚糖纤维进行乙酰化处理时发现,随着纤维乙酰度的提高,其结晶度相应提高,强度也有所增加。

4.6.4 甲壳素和壳聚糖的应用

甲壳素和壳聚糖已经广泛应用于食品、医药、农业、生物工程、日用化工、纺织印染、造纸、烟草、水处理等领域。在食品工业中用作保鲜剂、成形剂、吸附剂和保健食品等。在农业领域用作植物生长促进剂、生物农药等。在纺织印染业用作媒染剂、保健织物等。在烟草工业中用作烟草薄片胶黏剂、低焦油过滤嘴等。由于其分子结构中富含氨基,壳聚糖及其衍生物是良好的絮凝剂,可用于废水处理及从含金属废水中回收金属。此外,壳聚糖及其衍生物还用于固定化酶、渗透膜、电镀和胶卷生产等领域。

在医疗卫生领域,由于壳聚糖无毒,有很好的生物相容性和生物可降解性,而且具有抗菌、消炎、止血、免疫等优良生物活性,已经广泛应用于人造皮肤、自吸收手术缝合线、医用敷科、人工骨、组织工程支架材料、免疫促进剂、抗血栓剂、抗菌剂、制酸剂、药物缓释材料等。

4.7 胶原蛋白

4.7.1 胶原蛋白的来源和基本性能

胶原是细胞外基质中的一种结构蛋白质,主要存在于动物的骨、软骨、皮肤、腱、韧等结缔组织中,对机体和脏器起着支持、保护、结合以及形成界隔等作用。胶原占哺乳动物体内蛋白质的 1/3 左右,许多海洋生物中胶原含量非常丰富,一些鱼皮含有高达 80% 以上的胶原。研究表明,在日本鲈鱼中,干基鱼皮、鱼骨、鱼鳍中的胶原含量分别为 51.4%、49.8% 和 41.6%。

我国是一个海洋大国,渔业资源极其丰富,鱼品在加工过程中产生大量的皮、骨、鳞、鳍等下脚料,其重量占原料鱼的 40%~55%,其中含有丰富的胶原蛋白。目前我国对渔业副产品的利用还处于初级阶段,主要以磨成鱼粉的形式作为饲料,产品附加值低。利用先进技术将海产鱼类的骨、皮等下脚料提取胶原蛋白和各种具有生理功能的活性肽,既能满足各行业对胶原蛋白和活性胶原肽的需求,又能提升水产品附加值并使废弃物再利用,对海洋水产行业的发展有积极作用。

图 4-13 为细胞外胶原的微观结构。生物体中的胶原蛋白通常由三条多肽链构成三股螺旋结构,即三条多肽链的每条都左旋形成左手螺旋结构,再以氢键相互咬合形成牢固的右手超螺旋结构,这一区段称为螺旋区段,其最大特征是氨基酸呈现(Gly—X—Y)$_n$ 周期性排列,其中 Gly 为甘氨酸,X 和 Y 为脯氨酸、丙氨酸、羟脯氨酸等氨基酸。胶原蛋白的化学结构由遗传决定,其含量及组成随生物种类有显著不同,目前脊椎动物中发现的胶原蛋白的类型有 27 种。

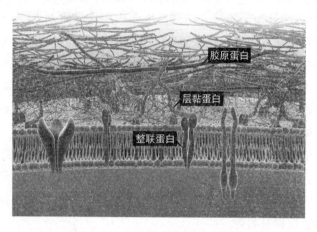

图 4-13　细胞外胶原的微观结构

海产品加工废弃物中的皮、骨、鳞和鳍等生物质中含量最多的是 I 型胶原蛋白,是一种纤维性胶原。鱼肌肉中存在的主要是 I 型和 V 型胶原蛋白,它们被认为是主要胶原蛋白和次要胶原蛋白。与猪、牛等陆生哺乳动物皮肤中的胶原蛋白相比,鱼皮胶原蛋白的热变性温度较低,这与鱼皮胶原蛋白中脯氨酸和羟脯氨酸含量较陆生哺乳动物低有关,因为胶原蛋白的热稳定性与羟脯氨酸含量呈正相关。脯氨酸和羟脯氨酸起着连接多肽和稳定胶原的三螺旋结构的作用,其含量越低,螺旋结构被破坏的温度就越低。应该指出的是,海洋胶原中蛋氨酸的含量比陆生动物高很多。

表 4-4 为哺乳动物皮肤和鱼皮中含有的胶原蛋白每 1000 个氨基酸残基中的各种氨基酸含量。图 4-14 为几种典型氨基酸的化学结构。

表 4-4　哺乳动物皮肤和鱼皮中胶原蛋白的氨基酸组成

氨基酸	英文名	每 1000 个氨基酸残基中的含量(个)	
		哺乳动物皮肤	鱼皮肤
甘氨酸	Glycine	329	339
脯氨酸	Proline	126	108

续表

氨基酸	英文名	每 1000 个氨基酸残基中的含量	
		哺乳动物皮肤	鱼皮肤
丙氨酸	Alanine	109	114
羟脯氨酸	Hydroxyproline	95	67
谷氨酸	Glutamic acid	74	76
精氨酸	Arginine	49	52
天冬氨酸	Aspartic acid	47	47
丝氨酸	Serine	36	46
赖氨酸	Lysine	29	26
亮氨酸	Leucine	24	23
缬氨酸	Valine	22	21
苏氨酸	Threonine	19	26
苯丙氨酸	Phenylalanine	13	14
异亮氨酸	Isoleucine	11	11
羟赖氨酸	Hydroxylysine	6	8
甲硫氨酸	Methionine	6	13
组氨酸	Histidine	5	7
酪氨酸	Tyrosine	3	3
半胱氨酸	Cysteine	1	1
色氨酸	Tryptophan	0	0

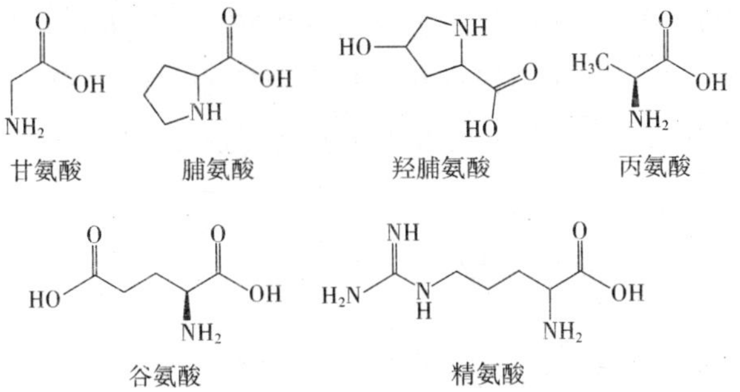

图 4-14　几种典型氨基酸的化学结构

4.7.2 胶原蛋白的提取

根据原料的特点,海洋胶原蛋白的提取方法有热水浸提法、酸法、碱法、盐法、酶法五种,其基本原理都是根据胶原蛋白的特性改变蛋白质所在的外界环境,将胶原蛋白与其他蛋白质分离。在实际提取过程中,不同的提取方法往往相互结合。热水提取法中,样品匀浆后用乙酸或柠檬酸溶胀,放在 40~42℃ 热水中浸提即可得到胶原蛋白水溶液。酸法提取可用甲酸、乙酸、苹果酸、柠檬酸、磷酸等处理原料,匀浆在低温下用酸浸提,离心后即可得到酸溶性胶原蛋白。用不同浓度的氯化钠可以从欧洲无须鳕、鲑鱼的肌肉及鱼皮中提取盐溶性胶原蛋白,用氯化钾可以从鲍鱼中成功提取胶原蛋白。酶法提取时可以采用胃蛋白酶、木瓜蛋白酶和胰蛋白酶等水解后得到不同酶促溶性的胶原蛋白。

4.7.3 胶原蛋白的应用

胶原蛋白在保健品和美容化妆品行业有重要的应用价值。随着年龄的不断增长,动物和人的结缔组织会逐渐失去弹性和柔韧性,导致一些与老龄化相关的疾病,如动脉硬化、关节炎、骨质疏松等。含胶原蛋白和明胶的一些产品被人们认为对关节有益处,但是由于胶原蛋白具有独特的三股超螺旋结构,其性质十分稳定,一般的加工温度及短时间加热都不能使其分解,造成消化吸收较困难,不易被人体充分利用。将胶原蛋白水解为胶原多肽后,消化吸收、营养功能特性等都得到显著提高,产生保护胃黏膜、抗溃疡、抑制血压上升、促进骨形成、促进皮肤胶原代谢、抗肿瘤、免疫调节等优良的生理功效。

近年来,人们发现源于海洋动物的胶原蛋白在一些方面明显优于陆生动物的胶原蛋白,如具有低抗原性、低过敏性、低变性温度、高可溶性、易被蛋白酶水解等特性。海洋胶原蛋白具有保护胃黏膜及抗溃疡、抗氧化、抗过敏、降血压、降胆固醇、抗衰老、促进伤口愈合、增强骨强度、预防骨质疏松、预防关节炎、降低血清中胆固醇含量、促进角膜上皮损伤的修复和生长等独特的生理功能。在美容化妆品领域,海洋胶原蛋白制品也具有优良的性能和发展前景。

4.8 其他海洋生物高分子

4.8.1 岩藻多糖

岩藻多糖(Fucoidan)也称岩藻多糖硫酸酯、岩藻聚糖硫酸酯、褐藻糖胶,是一种水溶性多糖,其化学结构是硫酸岩藻糖构成的杂聚多糖体。岩藻多糖的主要成分是岩藻糖(L-fucose),经过硫酸酯化后形成 α-L-岩藻糖-4-硫酸酯,此外还含有半乳糖、木糖、葡萄糖醛酸等。图 4-15 为岩藻多糖的化学结构。

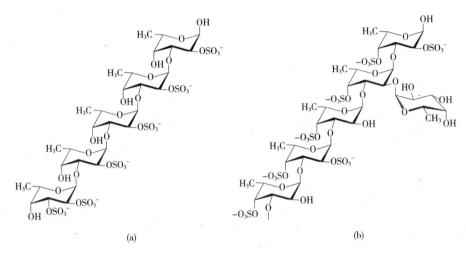

图 4-15　岩藻多糖的化学结构

岩藻多糖是褐藻特有的生理活性物质之一。早在 1913 年,Kylin 等学者就发现褐藻中含有特殊的机能成分,当时不同的学者给予这样的机能成分不同的名称,包括 Fucoidin、Fucan、Fucosan、Sulfated-fucan 等。目前根据国际 IUPAC 命名法,正式命名为 Fucoidan,中文名岩藻多糖。

1982 年,Sugawara 在国际知名科学期刊 *Cellular Immunology* 上发表岩藻多糖可大幅提升细胞免疫力的研究成果,引起轰动。在随后的研究中已经有 1000 多篇关于岩藻多糖抗病毒、提升免疫力、促进肝机能代谢、抗炎、抗衰老、抑制肿瘤等性能的研究报告。岩藻多糖在褐藻中的含量虽然不高,但其突出的生理活性已引起世界各国的重视,这些保健功效体现在:

(1)抗凝血活性。岩藻多糖同时具有抗血栓形成和溶解血栓的双重作用,目前临床应用的抗凝剂和溶栓剂都不具备这样的特点。

(2)抗肿瘤作用。诱导机体自身细胞 DNA 分解酶切断癌细胞 DNA,促使癌细胞死亡;作为生物免疫调节剂,增强机体的免疫功能间接杀死肿瘤;通过抑制肿瘤周围毛细血管的生成抑制肿瘤生长。

(3)抗病毒活性。通过阻断病毒 HIV 与靶细胞上受体的连接而发挥抗病毒作用。

(4)对重金属等毒素的阻吸作用。吸附有毒物质并加速排除,减轻这些物质对人体的毒害。

(5)免疫调节作用。结合淋巴细胞表面的受体 CR3,参与淋巴细胞的活化、增殖,促进细胞因子和抗体的产生。

(6)抗粥状动脉硬化(AS)。保护内皮细胞免受各种刺激因子损伤,阻断 AS 形成的起始环节;抑制血管平滑肌细胞(VSMC)的增值、迁移;抑制补体系统的作用。

4.8.2 褐藻淀粉

褐藻淀粉是褐藻细胞储存的一种多糖类物质。李林等建立了一套简便有效的提取方案,可从海带中分类提取,同时得到海藻酸钠、岩藻多糖、褐藻淀粉三类多糖粗品。根据海藻酸不溶于稀酸溶液而其钠盐溶于水的性质,以 0.1mol/L 的 HCl 溶液从海带粉末中首先提取出岩藻多糖和褐藻淀粉,而使含量很高的海藻酸留存于滤渣中,随后以 1% Na_2CO_3 溶液使其生成海藻酸钠后提取。利用岩藻多糖和褐藻淀粉在乙醇中溶解能力的差异,可用不同浓度的乙醇将二者沉淀分离,具体的提取条件见图 4-16。

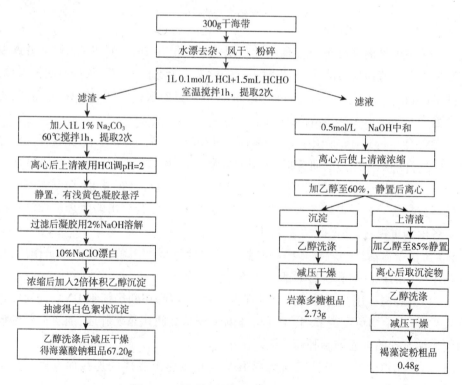

图 4-16 褐藻淀粉分离提取工艺流程图

4.8.3　海萝聚糖

海萝藻(Gloiopeltis furcata)为一年生海藻,属于红藻门内枝藻科海萝属,植物体直立,具有不十分规则的叉状分枝,分布于北太平洋岸温带海域。中国海域中有两种,其中海萝呈紫红色,高 4~10cm,生于高、中潮带的岩石上,产于沿海各地;鹿角海萝外部形态与海萝相似,但枝端较尖细,末枝常弯曲像鹿角,生于东海和广东省大陆沿岸中、低潮带的岩石上。图 4-17 为一种海萝的示意图。

海萝聚糖(Funoran)是以海萝为原料提取的黏性硫酸半乳聚糖,具有与琼脂相似的结构。于广利等的实验证实,海萝聚糖中的多糖均为硫酸酯多糖,其中两种为硫琼胶,另一种为含有木糖的硫酸半乳聚糖。

图 4-17　海萝

作为一种重要的海洋藻类资源,海萝藻的水提取物早在宋朝就被用作织物浆料,在民间海萝胶被用于治疗痢疾和结肠炎,在日本已批准为安全的食品增稠剂。把海萝用热水处理后可以得到透明、黏稠、具有优良黏合和定型性能的海萝聚糖水溶液,日本的一些企业以此作为陶瓷和纺织工业的黏合剂。海萝聚糖主要用于护发制品,在造纸、纺织、日化制品中被用作胶黏剂。

4.8.4　帚叉藻聚糖

帚叉藻聚糖(Furcellaran)也称丹麦琼胶,是一种阴离子型硫酸酯多糖,主要从分布在北欧和亚洲冷水区的 *Furcellaria lumbricalis* 红藻中,其化学结构被认为是 β- 和 κ-卡拉胶的共聚物,高分子结构中的重复单元为 1,3-β-D-吡喃半乳糖和 1,4-α-D-吡喃半乳糖,其中部分羟基被硫酸酯化或甲基化。帚叉藻聚糖在食品、医药、日化等领域起到胶凝、黏度控制等作用。图 4-18 为帚叉藻的示意图。

图 4-18　帚叉藻

4.8.5　石莼聚糖

如图 4-19 所示,石莼(*Ulva*)是一种绿藻。石莼聚糖(*Ulvan*)是石莼类细胞壁基质中最重要的多糖之一,其高分子结构中主要包括四种单糖及其硫酸酯。因为藻类的种类、收获季节、成长环境和分离方法的不同,石莼聚糖的组成各不相同,表现出丰富的结构复杂性。石莼聚糖在水中具有很好的水溶性,因为具有较高的负电荷,它们在生理盐水或酸溶液中具有浓缩构象和低特性黏数。石莼聚糖在有硼酸、钙离子或者其他二价金属离子存在的情况下可形成热可逆性的凝胶。

图4-19　石莼

4.8.6　紫菜胶

紫菜是一种营养价值很高的食用海藻,含有丰富的蛋白质、海藻多糖、无机盐及维生素。在紫菜的养殖过程中,早期采收的藻体清洁、营养丰富、味道鲜美,可供人食用,后期的紫菜由于附着物多、组织较韧,食用价值降低,可用于提取紫菜胶(Porphyran)。从紫菜中提取的紫菜胶是一种结构复杂的硫酸酯多糖,其中3,6-内醚-L-半乳糖含量低,而L-半乳糖-6-硫酸酯含量很高,具体的化学组成随季节及环境的变化有较大的变化。

海洋蕴藏着数量巨大的生物资源,是生物高分子材料的一个重要来源。从海藻中提取的海藻酸盐、卡拉胶、琼胶、从虾蟹中提取的甲壳素和壳聚糖、从鱼类动物中提取的胶原蛋白等海洋天然高分子材料具有优良的生物相容性和多种独特的生物活性,加工成纤维等材料后可以赋予下游制品优良的使用功效,在美容用纺织材料、功能性医用敷料、卫生护理产品、生物医用材料等领域有很高的应用价值和广阔的发展前景。

参考文献

[1]ARAKI C.Some recent studies on the polysaccharides of agarophytes [J].Proc Int Seaweed Symp,1966(5):3-19.

[2]DUCKWORTH M,YAPHE W.The structure of agar.Part 1.Fractionation of a complex mixture of polysaccharides [J].Carbohydr Res,1971(16):359-366.

[3]EASTG C,QIN Y.Wet spinning of chitosan and the acetylation of chitosan

fibers [J].Journal of Applied Polymer Science,1993,50(10):1773-1779.

[4] FISCHER F G, DORFEL H Z. DiePolyuronsäuren der Braunalgen - Kohlenhydrate der Algen I [J].H-S Z Physiol Chem,1955(302):186-203.

[5]HAUG A,LARSEN B,SMIDSROD O.A study of the constitution of alginic acid by partial acid hydrolysis [J].Acta Chem Scand,1966(20):183-190.

[6]HAUG A,LARSEN B,SMIDSROD O.Studies on the sequence of uronic acid residues in alginic acid [J].Acta Chem Scand,1967(21):691-704.

[7] HAUG A, MYKLESTAD S, LARSEN B, et al. Correlation between chemical structure and physical properties of alginates [J]. Acta. Chem. Scand., 1967 (21): 768-778.

[8]LEE K Y,PARK W H,HA W S.Polyelectrolyte complexes of sodium alginate with chitosan or its derivatives for microcapsules [J].Journal of Applied Polymer Science,1997,63(4):425-432.

[9]MOE S,DRAGET K,SKJAK-BRAEK G,et al.Chemical structure of alginate.in Food Polysaccharides and Their Applications [M]. STEPHEN A M, Ed. New York: Marcel Dekker Inc.,1995.

[10]MUZZARELLIR A A.Natural Chelating Polymers [M].London:Pergamon Press,1973.

[11]MUZZARELLIR A A.Chitin[M].Oxford:Pergamon Press,1977.

[12]ONSOYEN E.Alginate in Thickening and Gelling Agents for Food [M].EMESON A,Ed.Glasgow UK:Blackie Academic and Professional,1992.

[13]SANTELICES B,DOTY M S.A review of Gracilaria farming [J].Aquaculture,1989,78(2):95-133.

[14]SMIDSROD O,DRAGET K I.Chemistry of alginate [J].Carbohydrates in Europe,1996(5):6-13.

[15]STANFORD E C C.Improvements in the manufacture of useful products from seaweeds:BS,142 [P].1881-1-12.

[16]STANFORD E C C.On algin [J].The Journal of the Society of Chemical Industry,1884,5(29):297-303.

[17] VINCENT D L. Oligosaccharides from alginic acid [J]. Chem. Ind., 1960: 1109-1111.

[18]WANG L,WANG X,WU H,et al.Overview on biological activities and molecular characteristics of sulfated polysaccharides from marine green algae in recent years

[J].Mar Drugs,2014,12:4984-5020.

[19]YAPHE W.Properties of gracilaria agars [J].Hydrobiologia,1984,116/117:171-186.

[20]丁兰平,黄冰心,谢艳齐.中国大型海藻的研究现状及其存在问题[J].生物多样性,2011,19(6):798-804.

[21]纪明侯.海藻化学[M].北京:科学出版社,1997.

[22]赵镜琨.卡拉胶及其应用[J].山东工业技术,2014(2):179-180.

[23]黄家康,蔡鹰,李思东,等.沙菜卡拉胶漂白工艺研究[J].广东化工,2009,36(4):31-33.

[24]吴燕燕,李来好,陈培基,等.提取江蓠琼脂新工艺条件的研究[J].青岛海洋大学学报,1995(S1):227-234.

[25]薛志欣,杨桂朋,王广策.龙须菜琼胶的提取方法研究[J].海洋科学,2006,30(8):71-76.

[26]薛志,杨桂朋,王广策.龙须菜琼胶的提取方法研究[J].海洋科学,2006(8):71-77.

[27]陈海敏,严小军,郑立,等.琼胶的降解及其产物的分析[J].郑州工程学院学报,2003(3):41-44.

[28]马云,杨玉玲,杨震,等.琼脂凝胶质构特性的研究[J].食品与发酵工业,2007(9):24-27.

[29]蒋挺大.甲壳素[M].北京:化学工业出版社,2003.

[30]蒋挺大.壳聚糖[M].北京:化学工业出版社,2001.

[31]陈玉芳,梁金茹,吴清基,等.甲壳素-纺织品[M].上海:东华大学出版社,2002.

[32]蒋新国,何继红,奚念珠.海藻酸钠和脱乙酰壳多糖混合骨架片剂的缓释特性研究[J].中国药学杂志,1994,29(10):610-612.

[33]名勇,李八方,陈胜军,等.红非鲫(Oreochromis.niloticus)鱼皮胶原蛋白酶解条件的研究[J].中国海洋药物杂志,2005,24(S):24-29.

[34]管华诗,韩玉谦,冯晓梅.海洋活性多肽的研究进刷[J].中国海洋大学学报,2004,54(5):761-766.

[35]陈胜军,曾名勇,董土远.水产胶原蛋白及其活性肽的研究进展[J].水产科学,2004,6(25):44-46.

[36]陈龙.鱼胶原肽保湿功能的比较研究[J].中国美容医学,2008,17(4):586-588.

[37]宋永相,孙谧,王海英,等.海洋酶法利用海产品下脚料制取活性胶原肽的研究[J].海洋水产研究,2008,29(2):28-35.

[38]朱翠凤,韩晓龙,张帆,等.海洋骨胶原肽对去卵巢大鼠体重以及胰腺细胞凋亡和组织病变的影响[J].中国老年学杂志,2007,27:1046-1049.

[39]冯晓亮,宣晓君.水解胶原蛋白的研制及应用[J].浙江化工,2001,52(1):55-54.

[40]李林,罗琼,张声华.海带多糖的分类提取、鉴定及理化特性研究[J].食品科学,2000,21(4):29-32.

[41]于广利,胡艳南,杨波,等.海萝藻(Gloiopeltis furcata)多糖的提取分离及其结构表征[J].中国海洋大学学报,2009,39(5):925-929.

[42]杜修桥,吴敬国.紫菜琼胶生产工艺研究[J].淮海工学院学报(自然科学版),2005,14(4):58-61.

第 5 章　海藻酸盐纤维

5.1　引言

海藻酸是一种高分子羧酸,其与钠离子结合后形成的海藻酸钠溶于水,溶解后得到的海藻酸钠水溶液在与钙离子等二价金属离子结合后形成不溶于水的凝胶。基于这个凝胶特性,在海藻酸盐纤维的生产过程中,海藻酸钠被溶解在水中形成黏稠的纺丝溶解,经过脱泡、过滤,纺丝液通过喷丝孔挤入氯化钙水溶液,通过凝固液中的钙离子与纺丝液中的钠离子之间的交换,海藻酸钠以不溶于水的海藻酸钙丝条的形式沉淀后得到初生纤维,再经过牵伸、水洗、干燥等加工后得到海藻酸钙纤维。与此类似,以氯化锌、氯化铜等为凝固剂可以制备海藻酸锌、海藻酸铜等各种海藻酸盐纤维。

在制备纤维的湿法纺丝过程中,整个工艺流程涉及的各种组分均安全、无害,因此海藻酸盐纤维可以被认为是最适用于医疗、卫生、美容、保健等健康领域的纤维材料,并可作为膳食纤维食用。

5.2　海藻酸盐纤维的发展历史

海藻酸盐纤维已经有很长的发展历史。早在 1944 年,英国科学家 Speakman 和 Chamberlain 就对海藻酸盐纤维的生产工艺作了详细的报道。20 世纪 50 年代之后,英国纺织行业曾把海藻酸盐纤维应用在生产袜子的连接线和室内装饰材料中,利用海藻酸盐纤维在稀碱水溶液中的溶解性以及良好的阻燃性。

在 Speakman 和 Chamberlain 报道的研究中,海藻酸钠水溶液通过喷丝孔挤入氯化钙水溶液后得到与黏胶纤维性能相似的再生纤维。6 组样品分别采用了不同相对分子质量的海藻酸钠为原料,当纺丝液的落球时间从 2.0s 增加到 174.0s,得到的纤维强度的最小值为 12.79cN/tex(1.45gf/旦),最大值为 14.82cN/tex

(1.68gf/旦),说明海藻酸钠的相对分子质量对纤维强度有一定的影响,但其影响程度不很大。表 5-1 为由不同相对分子质量的海藻酸钠加工制成的海藻酸钙纤维的性能。

表 5-1 海藻酸钠相对分子质量对海藻酸钙纤维性能的影响

样品序号	纺丝液的黏度 (25℃下落球时间,s)	纤维的断裂伸长 (%)	纤维的断裂强度 cN/tex(gf/旦)
1	2.0	9.2	13.05(1.48)
2	17.6	11.1	13.32(1.51)
3	20.9	12.9	12.79(1.45)
4	42.1	12.6	14.82(1.68)
5	57.7	12.5	14.55(1.65)
6	174.0	10.5	14.11(1.60)

表 5-2 显示 Speakman 和 Chamberlain 报道的由不同固含量的海藻酸钠溶液加工制成的海藻酸钙纤维的性能,结果显示最佳的纺丝液固含量为 3.92%。固含量太高时,纺丝溶液的黏度太高、脱泡困难,纤维强度也有很大程度的下降。Speakman 和 Chamberlain 的研究结果表明,随着纺丝液中固含量的提高,纤维的手感有很明显的改善,纤维截面更趋向圆形。图 5-1 为在不同的固含量下加工制成的海藻酸钙纤维的截面形状,可以看出,当纺丝液的固体含量从 2.25% 提高到 8.88% 时,纤维的截面由不规则的条状转变成圆形。

表 5-2 纺丝液的固含量对海藻酸钙纤维性能的影响

纺丝液固 含量(%)	纺丝液的黏度 (25℃下落球时间,s)	纤维的断裂伸长 (%)	纤维的断裂强度 cN/tex(gf/旦)
2.25	1.83	7.9	12.7(1.44)
3.92	17.6	11.1	13.32(1.51)
5.93	56.5	13.1	12.08(1.37)
7.48	159.3	12.5	10.85(1.23)
8.88	610.0	14.5	10.85(1.23)

海藻酸盐是一种亲水性非常强的天然高分子材料,纺丝过程中形成的初生纤维的含水量高、纤维刚性低,在纤维脱水干燥过程中,相邻的纤维脱水后很容易黏合在一起,形成手感粗糙发硬的纤维束,很难在梳理过程中成网。为了使纤维更有

(a)纺丝液的固含量为2.25%　　　　　(b)纺丝液的固含量为5.93%　　　　　(c)纺丝液的固含量为8.88%

图 5-1　不同固含量下加工制成的海藻酸钙纤维的截面形状

效分离,Speakman 和 Chamberlain 在凝固浴中加入 2.5%的橄榄油,并用1%的乳化剂分散橄榄油,采用这种方法生产的纤维上有一层橄榄油,能使纤维充分有效分离,不在干燥过程中粘连。Tallis 把海藻酸钠水溶液通过喷丝孔挤入含有少量有机酸的氯化钙水溶液中,同样可以避免纤维之间的粘连。

应该指出的是,在 Speakman 和 Chamberlain 发表海藻酸盐纤维研究成果的 1944 年,欧洲正处于第二次世界大战的后期。Chapman 在 1950 年出版的《海藻及其应用》(*Seaweeds and Their Uses*)一书的序言中指出,在 1939~1945 年的第二次世界大战中,由于资源紧缺,盟国被迫寻找各种原材料的替代品。就如第一次世界大战期间一样,英国政府的注意力集中到海藻上。海藻资源在北大西洋沿岸国家非常丰富,据估计挪威沿海有 5000 万~6000 万吨野生海藻,英国的苏格兰地区有 1000 万吨,爱尔兰有 300 万吨。为了开发这些海藻生物资源,1944 年英国成立了以 Woodward 博士为主任的苏格兰海藻协会,其目标是"围绕海藻的植物学、生态学、化学、化学工程、农业领域的研究,探索其在工业中的潜在应用"。

英国是一个缺少天然纤维的国家。第二次世界大战期间,英国国防工业中使用的一种主要纤维是从印度东北进口的黄麻,到 1944 年,亚洲的战争威胁了这种纤维的供应,而在此期间,飞机、工厂和其他军事目标的伪装需要大量以黄麻为原料制备的网眼布。为了从本地资源中发展纤维,英国政府任命生物化学家 Reginald F. Milton 博士负责从海藻中制备纤维,在苏格兰建厂提取海藻酸盐后制备了用于网眼布的海藻酸盐纤维。但是在英国潮湿的气候下,这个项目中得到的海藻酸钙或海藻酸铍纤维很快溶解和生物降解,随着战争的结束,海藻酸盐纤维项目也随后终止。

　　20 世纪 80 年代后,海藻酸盐纤维在英国重新得到重视并快速发展,其中的主要原因是伤口护理领域中"湿润愈合"理论的诞生。1962 年,英国伦敦大学的 George D. Winter 博士在 *Nature* 杂志上发表了《痂的形成和小猪表皮创面的上皮化速度》的研究论文,显示湿润状态可以促进创面愈合。在"湿润愈合"理论的指导下,现代伤口敷料的研发、生产和应用发生了革命性的变化。1981 年英国 Courtaulds 公司首次把海藻酸钙纤维的非织造布作为医用敷料引入"湿法疗法"市场,很快在护理渗出液较多的慢性溃疡伤口上得到广泛应用,并取得很好的疗效。英国 Advanced Medical Solutions 公司在 20 世纪 90 年代中后期发明了一系列以海藻酸盐纤维为主体的新型医用敷料,他们在纤维中负载羧甲基纤维素钠(CMC)、维生素、芦荟等许多对伤口愈合有益的材料,进一步改善了产品的性能。图 5-2 为海藻酸钙/CMC 共混纤维吸湿前后的结构变化。

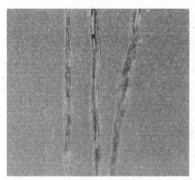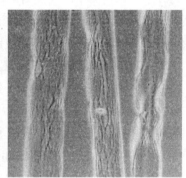

(a)干燥状态×200　　　　　　　　　(b)与生理盐水接触后×200

图 5-2　海藻酸钙/CMC 共混纤维吸湿前后的结构变化

　　Qin 和 Gilding 在 1994 年发明的海藻酸盐与羧甲基纤维素钠(CMC)共混纤维是目前国际市场上用于制备功能性医用敷料的一个主要纤维品种。海藻酸钠和 CMC 都是水溶性高分子,具有相似的化学结构,两种高分子溶解于水后可以以任意比例混合,其共混溶液通过湿法纺丝形成的海藻酸与 CMC 共混纤维在与含有钠离子的伤口渗出液接触后,可以通过离子交换形成高度膨胀的凝胶态结构。由于纤维中的 CMC 破坏了海藻酸盐的交联结构,共混纤维具有比普通海藻酸钙纤维更高的吸湿、保湿性能。研究结果显示,以海藻酸钙/CMC 共混纤维为原料制备的医用敷料的吸湿性高达 19.8g/g 模拟伤口渗出液,而用同类海藻酸加工的海藻酸钙纤维医用敷料的吸湿性仅为 14.9g/g 模拟伤口渗出液,在纺丝溶液中加入 CMC 可使敷料的吸湿性增加 33%。

　　为了使海藻酸盐纤维在具有很高吸湿性的同时具有抗菌性能,国际市场上开发出一系列结合抗菌材料的海藻酸盐纤维与医用敷料。英国 SSL 公司发明了一种把海藻酸钠与含银磷酸锆钠化合物共混纺丝的生产方法。由于磷酸锆钠把银离子包含在颗粒的内部,避免了银离子与载体纤维材料的直接接触,这样得到的纤维具有银离子的抗菌特性,同时保持了纤维的白色光泽。

从生产的角度看,以海藻酸盐为原料通过湿法纺丝可以很容易加工制造具有良好力学性能的海藻酸盐纤维材料。但是作为纺织用纤维,海藻酸盐纤维的一个最大缺点是其化学稳定性差,在碱性溶液中很容易转换成海藻酸钠而溶解于水。海藻酸钙纤维在 0.2%肥皂和 0.2%苏打溶液中的溶解速度分别为几秒和几分钟。由于纺织后加工的很多工艺涉及碱性水溶液,耐碱性差是制约海藻酸盐纤维在纺织领域更广泛应用的一个主要问题。

为了提高纤维的耐碱性能,Speakman 和 Chamberlain 用不同的金属离子置换了海藻酸钙纤维中的钙离子。在制备海藻酸铝纤维时,他们把 2.5g 含 9.95%钙离子的海藻酸钙纤维在 50mL 含 5%三醋酸铝的溶液中于室温下浸泡 15.5h 后把液体挤出,然后在另外 50mL 含 5%三醋酸铝的溶液中于室温下浸泡 3.5h,之后在另外 50mL 含 5%三醋酸铝的溶液中于室温下浸泡过夜。这样得到的纤维含 6.17%的铝和 3.39%的钙,在 0.2%肥皂和 0.2%苏打溶液中放置 1h 后开始溶解,比海藻酸钙纤维有更好的耐碱性。

在制备海藻酸铬纤维时,2.5g 含 9.95%钙离子的海藻酸钙纤维在 250mL 含 1%三醋酸铬的溶液中于 25℃下浸泡 24h 后在 60℃下浸泡 2h。这样得到的纤维含 4.20%的铬和 7.48%的钙,在 0.2%肥皂和 0.2%的苏打溶液中浸泡 24h 后能保持其纤维状结构,有较好的耐碱性。

我国对海藻酸盐纤维的研究起步较晚,最早由甘景镐等在 1981 年报道。该课题组的研究结果显示,在适宜的纺丝条件下,纤维强度可达 4.41~17.64cN/tex(0.5~2.0gf/旦)。在随后报道的研究中,孙玉山等通过对纺丝工艺条件的优化,使纤维强度提高到 26.7cN/tex,并且通过各种化学处理改善了纤维的化学稳定性,使其在生理盐水中浸渍后不溶解。

进入 21 世纪,随着各界对生物质资源开发利用的日益重视以及海洋经济的蓬勃发展,海藻酸盐的开发利用以及海藻酸盐纤维在纺织、医疗、卫生、美容等领域的应用在各级政府部门的支持下取得了重要进展,其研究开发成为目前功能纤维材料领域的一个热点。

5.3　海藻酸盐纤维的理化特性

　　海藻酸盐纤维的理化性能一方面受其特殊的化学结构的影响,另一方面也取决于湿法纺丝过程中的各种工艺条件。作为一种化学纤维,其断裂强度和延伸性接近普通黏胶纤维,但是由于纤维中存在大量的金属离子,纤维的脆性大、不耐磨,较难通过传统的纺纱工艺制备机织制品。作为一种高分子羧酸与金属离子结合后形成的盐,海藻酸盐纤维可溶于碱性水溶液,在酸性介质中脱去金属离子后转换成纯海藻酸,这种不耐酸碱的缺点制约其在纺织领域中的广泛应用。与此同时,海藻酸盐纤维具有优良的生物相容性和亲水特性,并具有优良的凝胶特性、对金属离子的高吸附性、阻燃和屏蔽放射线等独特性能,在医疗、卫生、保健、美容化妆品等领域有特殊的应用价值。

5.3.1　海藻酸盐纤维的成胶性能

　　海藻酸是由古洛糖醛酸(G)和甘露糖醛酸(M)组成的共聚物,其中 G 和 M 的含量受海藻的种类、海藻收获的季节、海藻生物体的不同部位等因素的影响。G 和 M 是两个同分异构体,具有不相同的立体结构。如图 5-3 所示,两个 G 单体形成的 GG 链段的空间结构可以很容易包含二价金属离子,因此 GG 含量高的海藻酸可以与钙离子结合后形成稳定的凝胶结构。图 5-4 为由甘露糖醛酸(M)单体组成的链段结构,由于甘露糖醛酸中的羧基与二价金属离子结合的活性较低,M 含量高的海藻酸与钙离子的结合力弱,形成的凝胶结构不稳定。

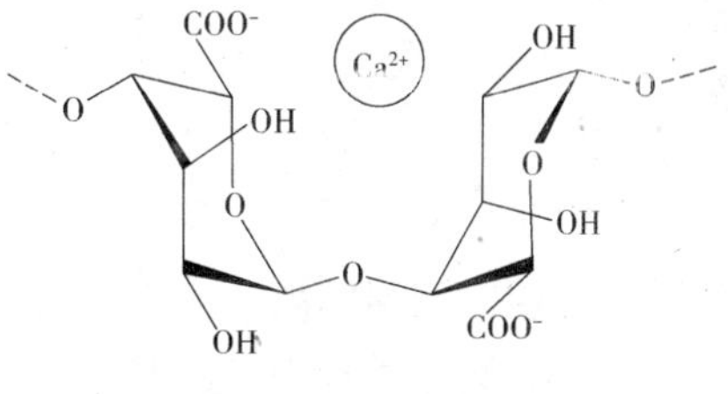

图 5-3　两个古洛糖醛酸(G)
单体组成的立体结构

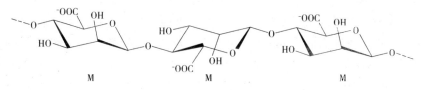

图 5-4　甘露糖醛酸(M)单体形成的 MM 链段

海藻酸中的古洛糖醛酸(G)和甘露糖醛酸(M)含量是褐藻控制其生物体刚柔性的一个主要参数。在图 5-5 显示的三种褐藻中,海带、巨藻 LN、巨藻 LF 的 G 含量分别为 35%~45%、45%~55% 和 55%~65%,宏观上体现出三种褐藻不同的刚性。从这三种褐藻中提取出的海藻酸钠在通过湿法纺丝加工成纤维后,其 G/M 比值对纤维的凝胶特性有重要影响。

(a)海带　　　　　　　　　　(b)巨藻LN　　　　　　　　　　(c)巨藻LF

图 5-5　三种用于提取海藻酸盐的褐藻

海藻酸盐纤维在水和 0.9% 生理盐水中的溶胀性能由以下方法测定。把 0.2g 纤维放置在 100mL 蒸馏水或 0.9% 生理盐水中,1h 后取出纤维,放置在离心管中在 1200r/min 速度下脱水 15min 后称重(W_1),然后把纤维于 105℃ 下干燥至恒重(W_2),纤维的溶胀率是干燥前后的重量比例。

海藻酸盐纤维的离子交换性能是在 A 溶液中进行的。英国药典规定的 A 溶液模仿了人体中钠和钙离子的含量,由含有 142mmol 氯化钠和 2.5mmol 氯化钙的水溶液组成。测试过程中,1g 纤维放置在 40mL 的 A 溶液中,37℃ 下放置 30min 后使纤维与溶液分离,溶液中的钠和钙离子含量由原子分光光度仪测定。如果原始溶液中的钙离子浓度为 C_1(mg/kg),而离子交换后的钙离子浓度为 C_2(mg/kg),每克纤维释放的钙离子 $= 40 \times (C_2 - C_1) \times 10^{-6} \text{g/g}$。

在海藻酸钙纤维的成型过程中,纺丝液中的海藻酸钠与凝固液中的钙离子通过离子交换形成海藻酸钙纤维。与此类似,当海藻酸钙纤维与含有钠离子的水溶液接触时,溶液中的钠离子与纤维中的钙离子发生离子交换,使一部分海藻酸钙转换成海藻酸钠,因此可以吸收大量的水分,使纤维高度膨胀后形成纤维状的水凝胶。图 5-6 为海藻酸钙纤维与生理盐水接触后的结构变化。

纤维的化学结构对其成胶性能有很大的影响,尤其是纤维中甘露糖醛酸(M)

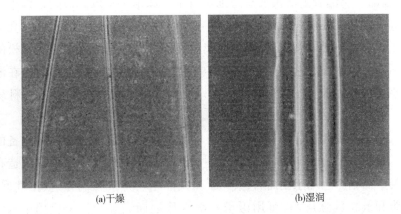

(a)干燥　　　　　　　　(b)湿润

图 5-6　海藻酸钙纤维与生理盐水接触前后的结构变化

和古洛糖醛酸(G)单体的比例决定了纤维对金属离子的结合力。以表 5-3 中的三种纤维为例,高 G 纤维中的海藻酸含有约 70% 的 G 单体和 30% 的 M 单体,高 M 纤维中的海藻酸含有约 65% 的 M 单体和 35% 的 G 单体,在 G 和 M 单体含量上代表了常用海藻酸盐的两个极端。当两种纤维分别与自身重 40 倍的 A 溶液在 37℃ 下接触 30min 后,溶液中释放出的钙离子有很大的区别。高 G 纤维所在的溶液中含有 317.5mg/L 的钙离子,高 M 纤维所在的溶液中的钙离子浓度高达 560mg/L,几乎是高 G 纤维的两倍。这个结果显示,高 G 类海藻酸盐与钙离子的结合力强,以高 G 海藻酸为原料制备的海藻酸钙纤维与钠离子的离子交换能力低于高 M 类的海藻酸盐纤维。临床上,以高 M 海藻酸盐纤维为原料制备的医用敷料能更好地通过离子交换形成凝胶。表 5-3 的结果也显示,在同样的测试条件下,高 M 海藻酸钙纤维吸收生理盐水率为 15.89g/g,而高 G 海藻酸钙纤维吸收生理盐水率为 8.49g/g。尽管二者同为海藻酸钙纤维,其形成凝胶的能力有很大的区别。

表 5-3　三种海藻酸钙纤维的释钙率和吸湿性比较

测试指标	高 G 纤维	中 G 纤维	高 M 纤维
M/G 单体的比例	约 0.4	约 1.6	约 1.8
纤维中钙盐含量	98.3%	96.9%	96.2%
接触液中钙离子含量($mg \cdot L^{-1}$)	317.5	450	560
释放钙离子占纤维重量比(%)	0.9%	1.43%	1.87%
纤维的吸水率(g/g)	2.69±0.27	6.0±0.87	5.69±0.39
纤维的吸生理盐水率(g/g)	8.49±0.62	14.51±0.74	15.89±0.65

以 Sorbsan 为品牌的海藻酸盐纤维敷料是全球第一个以海藻酸钙纤维为原料制备的高吸湿功能性敷料。该产品以高 M 的海藻酸钠为原料生产纤维,在非织造布的加工过程中不经针刺加工,通过简单的叠加和辊压把纤维加工成疏松的非织造材料后应用于创面。这样制备的敷料中的高 M 海藻酸钙纤维很容易在温暖的生理盐水中形成凝胶,临床应用过程中只需用生理盐水冲洗即可把敷料从创面去除。

以 Algosteril 为品牌的海藻酸钙纤维是以高 G 型海藻酸盐为原料制备的。除了 G 含量高,敷料中的海藻酸钙纤维经过针刺形成结构较为紧密的非织造布。这样得到的产品临床应用于创面后,其离子交换性能较高 M 敷料差、吸湿性低,但吸湿后纤维和敷料的强度高,可用镊子一次性从创面去除。临床应用中,高 M 型 Sorbsan 产品的高成胶性和高 G 型 Algosteril 产品的高湿稳定性各有特色。

以 Kaltostat 为品牌的海藻酸盐纤维敷料中的海藻酸与 Algosteril 一样是高 G 型,但纤维中的一部分钙离子被钠离子替代,是一种海藻酸钙钠纤维。该产品克服了高 G 型海藻酸钙纤维难以成胶的难题,在生产过程中通过离子交换使部分海藻酸钙转换成海藻酸钠,得到钙盐和钠盐比例为 80%:20% 的海藻酸钙钠纤维,有效提高了产品的吸湿成胶性能。

表 5-4 为 Sorbsan,Algosteril 和 Kaltostat 海藻酸盐纤维敷料的吸湿性以及吸水、吸 0.9% 生理盐水率。Algosteril 的各种性能都比 Sorbsan 和 Kaltostat 差,这是由于 Algosteril 是由高 G 型海藻酸制成的钙盐纤维,与高 M 型的 Sorbsan 相比,高 G 海藻酸与钙离子的结合力强,纤维中的钙离子比高 M 的 Sorbsan 纤维更难发生离子交换,因此 Algosteril 纤维的成胶性能很差,吸 0.9% 生理盐水率为 5.2g/g,而 Sorbsan 则高达 13.9g/g。Kaltostat 也是一种高 G 型海藻酸盐纤维,但是生产过程中引进的 20% 的钠盐大大增加了纤维的吸水率,其吸水率约为 Algosteril 的 4 倍。在纤维结构中引进 20% 的钠盐后,高 G 型海藻酸盐纤维敷料的吸湿性有明显提高,Kaltostat 产品可吸收 17.3g/g 的 A 溶液,与 Sorbsan 产品的 16.7g/g 大致相同,高 G 型海藻酸钙的 Algosteril 只能吸收 14.2g/g。

表 5-4　Sorbsan,Algosteril 和 Kaltostat 海藻酸盐敷料的吸湿性比较

测试指标	Sorbsan	Algosteril	Kaltostat
纤维中钙盐含量	约95%	约98%	约80%
A 溶液吸湿性(g/g)	16.7	14.2	17.3
吸水率(g/g)	2.2	1.8	7.7
吸生理盐水率(g/g)	13.9	5.2	5.9

表5-5 为几种海藻酸盐纤维在水和0.9%生理盐水中的伸缩性。可以看出,高G 型海藻酸钙纤维中的钙离子与海藻酸有很强的结合力,纤维结构稳定,湿润后纤维的长度变化较小。高 M 型海藻酸钙纤维则由于纤维中的钙离子很容易被钠离〔⋯⋯〕高分子取向度很容易在纤维溶胀后受到破坏,因此纤维〔⋯⋯〕纤维中引入钠离子之后,由于纤维的吸水性有极〔⋯⋯〕型海藻酸盐纤维遇水后都有很大的收缩性。〔⋯⋯〕前后的结构变化。

〔⋯⋯〕酸盐纤维在水和0.9%生理盐水中的伸缩性

样品	水中的伸缩性	0.9%生理盐水中的伸缩性
高 G 高钙纤维	+0.99%	-6.14%
高 M 高钙纤维	-3.28%	-8.96%
高 G 高钠纤维	-9.22%	-12.00%
高 M 高钠纤维	-13.88%	-16.21%

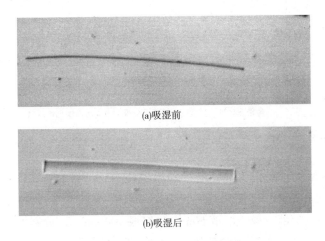

(a)吸湿前

(b)吸湿后

图 5-7　高 M 型海藻酸钙纤维吸湿前后的结构变化

5.3.2　海藻酸盐纤维对金属离子的高吸附性

海藻酸是一种高分子羧酸,可以与各种金属离子结合成盐。Smidsrod 和 Haug 发现海藻酸对金属离子的亲和力:$Pb^{2+} > Cu^{2+} > Cd^{2+} > Ba^{2+} > Sr^{2+} > Ca^{2+} > Co^{2+} = Ni^{2+} = Zn^{2+} > Mn^{2+}$。由于钙离子与海藻酸的结合力低于各种重金属离子,当海藻酸钙纤维与含有重金属离子的水溶液接触后,溶液中的重金属离子与纤维中的钙离子发生离子交换后使重金属离子在纤维中富集。利用该性能可以把海藻酸钙纤维应用于去除水体、酿酒、制药等行业中的微量重金属离子。

(1)海藻酸盐纤维吸附铜离子的性能。以海藻酸钙纤维为原料,用盐酸和硫酸钠水溶液处理后可以分别得到海藻酸纤维和海藻酸钙钠纤维。海藻酸、海藻酸钙、海藻酸钙钠的主要区别在于分子结构中的羧基分别与 H^+、Ca^{2+} 以及 Ca^{2+} 或 Na^+ 结合,在离子交换过程中产生不同的性能。

图 5-8 为海藻酸、海藻酸钙及海藻酸钙钠纤维遇水后的溶胀率。可以看出,由于钙离子与海藻酸结合形成稳定的盐键,海藻酸钙纤维遇水后的结构比较稳定,其溶胀率为 2.62。海藻酸钙钠纤维中含有水溶性的海藻酸钠,可以把大量的水分吸收进入纤维结构,其溶胀率高达 15.0。海藻酸不溶于水,但是其分子间的结合力弱,因此海藻酸纤维遇水后的溶胀率高于海藻酸钙纤维。

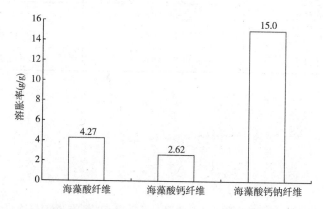

图 5-8　海藻酸纤维、海藻酸钙纤维和海藻酸钙钠纤维遇水后的溶胀率

在测试海藻酸纤维、海藻酸钙纤维和海藻酸钙钠纤维对铜离子吸附性能的过程中,称取 15.6g $CuSO_4 \cdot 5H_2O$ 溶解于去离子水中,定容至 1000mL 后得到铜离子含量为 4g/L 的水溶液。取该溶液 50mL,稀释成 1000mL 后,分别加入 1g 海藻酸纤维、海藻酸钙纤维及海藻酸钙钠纤维,在磁力搅拌器上搅拌,开始计时。0、0.5h、1h、3h、8h、24h 各取出 10mL 溶液,稀释成 1000mL 后测定溶液中的铜离子浓度。

图 5-9 为在含铜离子的水中加入海藻酸纤维、海藻酸钙纤维和海藻酸钙钠纤维后溶液中铜离子浓度随时间的变化。三种海藻酸类纤维均可以与铜离子结合后形成不溶于水的海藻酸铜,对铜离子均有很好的吸附性能。由于海藻酸钙钠纤维遇水后高度膨胀,铜离子可以很快进入纤维结构,因此在加入海藻酸钙钠纤维的溶液中,铜离子浓度迅速下降。在初始阶段,海藻酸钙钠纤维对铜离子的吸附性能高于海藻酸纤维和海藻酸钙纤维。随着吸附时间的延长,离子交换过程中产生的硫酸钠进入溶液,开始与纤维之间进行离子交换,使溶液中的铜离子浓度开始升高,

并最终趋于平衡。

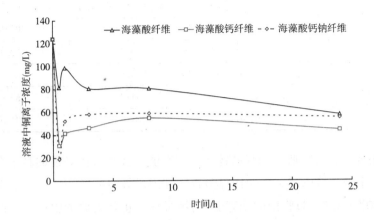

图 5-9　加入海藻酸纤维、海藻酸钙纤维和海藻酸钙钠纤维后
溶液中铜离子浓度随时间的变化

从图 5-9 可以看出,在纤维与含铜离子的水溶液接触后,溶液中的铜离子浓度在迅速下降后有所回升,这一现象在海藻酸钙纤维和海藻酸钙钠纤维中尤其明显。以海藻酸钙纤维为例,纤维与含硫酸铜的水溶液接触后发生如下反应:

海藻酸钙＋硫酸铜══海藻酸铜＋硫酸钙

由于该离子交换反应开始时纤维处于固体状态,因此在与铜离子接触时把大量的铜离子从溶液中吸附进入纤维,使溶液中的铜离子浓度有较大的下降。随着接触时间的延长,纤维的膨胀度增加,一部分已经吸附进纤维的铜离子再与硫酸钙反应后进入溶液,使溶液中的铜离子浓度有所上升。

表 5-6 为海藻酸纤维、海藻酸钙纤维和海藻酸钙钠纤维在不同时间段对铜离子的吸附量。可以看出,三种纤维对铜离子均有较好的吸附性能,24h 后的平衡吸附量分别为 68.6mg/g、81.7mg/g 和 71.0mg/g。尽管海藻酸钙钠纤维在初期的吸附量较其他两种纤维高,24h 后,海藻酸钙纤维的平衡吸附量最高,达 81.7mg/g。这是由于当海藻酸钙纤维与含硫酸铜的水溶液接触时,离子交换后形成的硫酸钙为微溶化合物,因而增加了纤维对铜离子的吸附容量。

表 5-6　海藻酸纤维、海藻酸钙纤维和海藻酸钙钠纤维对铜离子的吸附量

接触时间（h）	对铜离子的吸附量（mg/g）		
	海藻酸纤维	海藻酸钙纤维	海藻酸钙钠纤维
0.5	42.5	93.5	105.0

接触时间（h）	对铜离子的吸附量（mg/g）		
	海藻酸纤维	海藻酸钙纤维	海藻酸钙钠纤维
1	26.2	83.2	72.3
3	44.9	79.0	67.0
8	45.8	71.3	66.9
24	68.6	81.7	71.0

（2）海藻酸盐纤维吸附和释放锌离子的性能。锌是人体必需的微量金属元素之一，临床上缺锌可以严重影响伤口愈合。陈国贤等研究了伤口患者血清中的锌离子浓度在伤口愈合过程中的动态变化，结果显示正常人血清中锌离子的平均浓度为（1.03 ± 0.21）mg/L，伤后第3天下降到（0.76 ± 0.17）mg/L。研究显示，通过创面局部补锌可以促进伤口的愈合。

锌离子是二价金属离子，可以与海藻酸结合形成不溶于水的海藻酸锌。把海藻酸加工成海藻酸锌纤维后可以制备具有缓释锌离子的功能纤维，在医用敷料的生产中有特殊的应用价值。

表5-7为在用硫酸锌水溶液处理海藻酸钙纤维后，处理时间对纤维中锌离子含量的影响。处理0.5h后纤维中的锌离子含量为116.0mg/g，24h后上升到122.6mg/g。0.5h纤维中的锌离子含量是24h的94.6%，说明海藻酸纤维对锌离子的吸附是一个较快的过程。

表5-7　处理时间对海藻酸盐纤维中锌离子含量的影响

处理时间（h）	纤维中锌离子含量（mg/g）	处理时间（h）	纤维中锌离子含量（mg/g）
0.5	116.0	8	121.4
1	119.9	24	122.6
3	120.7		

表5-8显示，处理液中$ZnSO_4 \cdot 7H_2O$浓度对海藻酸盐纤维中锌离子含量的影响。当使用过量的$ZnSO_4 \cdot 7H_2O$时，纤维中的锌离子含量可以达到128.5mg/g。与此同时，用氯化锌为凝固剂通过湿法纺丝得到的海藻酸锌纤维中的锌离子含量为164.4mg/g。二者相比后可以看出，在用$ZnSO_4 \cdot 7H_2O$水溶液处理海藻酸钙纤维时，纤维中的大部分羧基可以与锌离子结合成海藻酸锌。从表5-8的结果也可以看出，通过控制反应过程中海藻酸钙纤维与溶液中$ZnSO_4 \cdot 7H_2O$的质量比可以

制备含不同量锌离子的海藻酸锌钙纤维。

表 5-8　$ZnSO_4 \cdot 7H_2O$ 用量对海藻酸盐纤维中锌离子含量的影响

$ZnSO_4 \cdot 7H_2O$ 与海藻酸钙纤维质量比（g/g）	纤维中锌离子含量（mg/g）	$ZnSO_4 \cdot 7H_2O$ 与海藻酸钙纤维质量比（g/g）	纤维中锌离子含量（mg/g）
0.25	53.1	1.5	109.0
0.5	70.3	5	128.5

表 5-9 显示处理温度对海藻酸盐纤维中锌离子含量的影响。处理温度为 30℃、40℃、50℃、60℃、80℃ 时得到的纤维中的锌离子含量分别为 103.0mg/g、109.5mg/g、110.8mg/g、119.8mg/g 和 127.9mg/g。从中可以看出，提高处理温度有利于海藻酸盐纤维对锌离子的吸附。在用高 M 和高 G 型海藻酸盐纤维进行比较时得到的结果显示，在相同处理条件下，高 M 和高 G 型海藻酸盐纤维中的锌离子含量分别为 127.9mg/g 和 132.5mg/g，说明 M 和 G 含量对吸附锌离子有一定的影响，高 G 型海藻酸盐纤维能更好地吸附锌离子。

表 5-9　处理温度对海藻酸盐纤维中锌离子含量的影响

处理温度（℃）	纤维中锌离子含量（mg/g）	处理温度（℃）	纤维中锌离子含量（mg/g）
30	103.0	60	119.8
40	109.5	80	127.9
50	110.8		

图 5-10 为在不同温度下把海藻酸锌纤维放入 A 溶液后溶液中锌离子浓度的变化。可以看出，海藻酸锌纤维释放锌离子是一个相对较快的过程，溶液中锌离子的浓度在 3h 后达到平衡。值得指出的是，海藻酸锌纤维在低温下释放锌离子的量比在高温下高。放置 0.5h 后，20℃时溶液中的锌离子浓度为 708mg/L；而在相同时间段，65℃下溶液中锌离子的浓度为 324mg/L。放置 24h 后，20℃ 和 65℃下溶液中锌离子的浓度分别为 818mg/L 和 457mg/L。

图 5-11 显示 37℃下把海藻酸锌纤维放入不同浓度的蛋白质水溶液后溶液中锌离子浓度的变化。0.5h 后，在浓度分别为 1.0%、2.9% 和 5.0% 的蛋白质水溶液中锌离子浓度分别为 92mg/L、347mg/L 和 626mg/L，24h 后三种溶液中的锌离子浓度分别上升到 170mg/L、1384mg/L 和 1924mg/L，说明蛋白质分子的螯合作用促进了锌离子从海藻酸锌纤维上的释放。

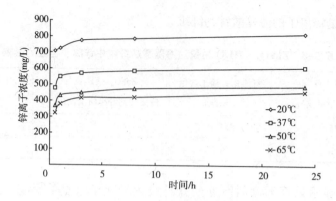

图 5-10　海藻酸锌纤维放入不同温度的
A 溶液后溶液中锌离子浓度的变化

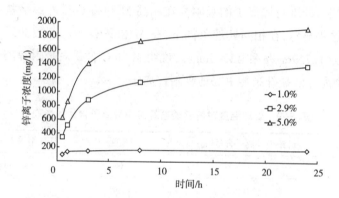

图 5-11　37℃下海藻酸锌纤维放置在不同浓度的
蛋白质水溶液后溶液中锌离子浓度的变化

5.3.3　海藻酸盐纤维的阻燃和防辐射性能

　　海藻酸盐纤维含有大量的金属离子,例如海藻酸钙纤维中的钙离子约占纤维质量的10%。这个结构特征赋予了纤维优良的阻燃性能,其极限氧指数高达34%。在与明火接触时,海藻酸钙纤维不熔融,其燃烧过程缓慢,属于本质阻燃的纤维材料。利用该特点,海藻酸盐纤维在英国纺织行业中的最早应用是对阻燃性能有较高要求的室内装饰品。

　　在纤维的生产过程中,海藻酸可以与多种金属离子结合生成盐。例如,以氯化钡水溶液为凝固浴制备的海藻酸钡纤维有更好的防辐射性能,在服用防辐射及军工方面有一定的应用潜力。

　　海藻酸是一种具有特殊化学结构和生物活性的海洋生物高分子,通过湿法纺丝制备的海藻酸盐纤维具有纤维材料的特性以及海藻酸盐的生物活性,在与人体接触的过程中产生独特的保健、美容功效,具有成胶性、高吸湿性、吸附和释放金属离子等特殊功效,在医疗、卫生、保健、美容纺织材料中有很高的应用价值和广阔的市场前景。

<h2 style="text-align:center">参考文献</h2>

[1]AGREN M S.Percutaneous absorption of zinc from zinc oxide applied topically to intact skin in man [J].Dermatologica,1990,180:36-39.

[2]BERGER M M,CAVADINI C,BART A,et al.Cutaneous copper and zinc losses in burns [J].Burns,1992,18(5):373-380.

[3]BORKOW G,GABBAY J,ZATCOFF R C.Could chronic wounds not heal due to too low local copper levels? [J].Med Hypotheses,2008,70(3):610-613.

[4]BOWLER P G,JONES S A,DAVIES B J,et al.Infection control properties of some wound dressings [J].J Wound Care,1999,8(10):499-502.

[5]CHAMBERLAIN N H,JOHNSON A,SPEAKMAN J B.Some properties of alginate rayons [J].Journal of the Society of Dyers and Colourists,1945,61(1):13-20.

[6]CHAMBERLAIN N H,LUCAS F,SPEAKMAN J B.The action of light on calcium alginate rayon [J].Journal of the Society of Dyers and Colourists,1949,65 (12):682-692.

[7]CHAPMAN V J.Seaweeds and Their Uses [M].London:Methuen and Co.Ltd,1950.

[8]DUDGEON M J,THOMAS R S AND WOODWARD F N.The preparation and properties of some inorganic alginate fibres [J].Journal of the Society of Dyers and Colourists,1954,70(6):230-237.

[9]GROOCOCK M R,QIN Y.Polysaccharide fibres [P].US Patent 7,229,689,2007.

[10]JOHNSON A,SPEAKMAN J B.Some uses of calcium alginate rayon [J].Journal of the Society of Dyers and Colourists,1946,62(4):97-100.

[11]LANSDOWN A B,MIRASTSCHIJSKI U,STUBBS N,et al.Zinc in wound healing:Theoretical,experimental,and clinical aspects [J].Wound Repair Regen,2007,15(1):2-16.

[12]LANSDOWN A B G,SAMPSON B,ROWE A.Sequential changes in trace

metal, metallothionein and calmodulin concentrations in healing skin wounds [J].J Anat,1999,195:375-386.

[13] LEE K Y, MOONEY D J. Alginate: properties and biomedical applications [J].Prog Polym Sci,2012,37(1):106-126.

[14] MATTHEW I R,BROWNE R M,FRAME J W,et al.Kaltostat in dental practice [J].Oral Surg Oral Med Oral Pathol,1994,77(5):456-460.

[15] MIKOLAJCZYK T AND WOTOWSKA-CZAPNIK D.Multifunctional alginate fibres with anti-bacterial properties [J]. FIBRES & TEXTILES in Eastern Europe, 2005,13(3):35-40.

[16] QIN Y. Silver containing alginate fibres and dressings [J]. International Wound Journal,2005,2(2):172-176.

[17] QIN Y. Alginate fibres: an overview of the production processes and applications in wound management [J].Polymer International,2008,57(2):171-180.

[18] QIN Y.The ion exchange properties of alginate fibers [J].Textile Research Journal,2005,75(2):165-168.

[19] QIN Y.Gel swelling properties of alginate fibers [J].Journal of Applied Polymer Science,2004,91(3):1641-1645.

[20] QIN Y.The characterization of alginate wound dressings with different fiber and textile structures [J].Journal of Applied Polymer Science,2006,100(3):2516-2520.

[21] QIN Y,GILDING D K.Polysaccharide Fibers [P].USP 6,080,420,2000.

[22] QIN Y,HU H,LUO A.The conversion of calcium alginate fibers into alginic acid fibers and sodium alginate fibers [J].Journal of Applied Polymer Science,2006, 101(6):4216-4221.

[23] SAYAG J,MEAUME S,BOHBOT S.Healing properties of calcium alginate dressings [J].J Wound Care,1996,5(8):357-362.

[24] SEGAL H C,HUNT B J,GILDING D K.The effects of alginate and non-alginate wound dressings on blood coagulation and platelet activation [J].Journal of Biomaterials Applications,1998,12(3):249-257.

[25] SKJAK-BRAEK G,ESPEVIK T.Application of alginate gels in biotechnology and biomedicine [J].Carbohydrates in Europe 1996; 14:19-25.

[26] SMIDSROD O AND HAUG A.Dependence upon the gel-sol state of the ion-exchange properties of alginates [J].Acta Chemica Scandinavica,1972,26:2063-2074.

［27］SMIDSROD O,HAUG A AND WHITTINGTON S G.The molecular basis for some physical properties of polyuronides［J］.Acta Chemica Scandinavica,1972,26: 2563-2564.

［28］SPEAKMAN J B,CHAMBERLAIN N H.The production of rayon from alginic acid［J］.J.Soc.Dyers Colourists,1944,60:264-272.

［29］STALLARD L,REEVES P G.Zinc deficiency in adult rats reduces the relative abundance of testis-specific angiotensin-converting enzyme mRNA［J］.J Nutr,1997, 127(1):25-29.

［30］TALLIS E E.Alginate rayon［P］.British Patent 568,177,1945.

［31］THOMAS S.Alginate dressings in surgery and wound management—Part 1 ［J］.Journal of Wound Care,2000,9(2):56-60.

［32］THOMAS S.Alginate dressings in surgery and wound management—Part 2 ［J］.Journal of Wound Care,2000,9(3):115-119.

［33］THOMAS S.Alginate dressings in surgery and wound management—Part 3 ［J］.Journal of Wound Care,2000,9(4):163-166.

［34］WILLIAMS C.Alginate wound dressings［J］.British Journal of Nursing,1999, 8(5):313-317.

［35］WILLIAMS K J,METZLER R,BROWN R A,et al.The effects of topically applied zinc on the healing of open wounds［J］.Journal of Surgical Research,1979,27: 62-67.

［36］WINTER G D.Formation of scab and the rate of epithelialization of superficial wounds in the skin of the young domestic pig［J］.Nature,1962,193:293-294.

［37］王秀娟,张坤生,任云霞,等.海藻酸钠凝胶特性的研究［M］.食品工业科技,2008,29(2):259-262.

［38］陈国贤,韩春茂,王彬.严重烧伤病人微量元素的动态变化［J］.肠外与肠内营养,1998,5(3):146-148.

［39］甘景镐,甘纯玑,蔡美富,等.褐藻酸纤维的半生产试验［J］.水产科技情报,1981(5):8-9.

［40］孙玉山,卢森,骆强.改善海藻纤维性能的研究［J］.纺织科学研究,1990(2):28-30.

［41］王兵兵,孔庆山,纪全,等.海藻酸钡纤维的制备和性能研究［J］.功能材料,2009,40(2):345-347.

［42］莫岚,陈洁,宋静,等.海藻酸纤维对铜离子的吸附性能［J］.合成纤维,

2009,38(2):34-36.

[43]秦益民,陈洁.海藻酸纤维吸附及释放锌离子的性能[J].纺织学报,2011,32(1):16-19.

[44]秦益民.功能性海藻酸纤维[J].国际纺织导报,2010(8):15-16.

[45]秦益民.海藻酸纤维在医用敷料中的应用[J].合成纤维,2004(3):11-16.

[46]秦益民.海藻酸和甲壳胺纤维的性能比较[J].纺织学报,2006,27(1):111-113.

[47]秦益民,刘洪武,李可昌,等.海藻酸[M].北京:中国轻工业出版社,2008.

[48]秦益民.功能性医用敷料[M].北京:中国纺织出版社,2007.

第6章　海藻酸盐纤维的生物活性

6.1　引言

　　海藻酸盐纤维是以海藻酸钠为原料通过湿法纺丝制成的一种生物基纤维材料。生产过程中海藻酸钠水溶液通过喷丝孔挤入氯化钙或其他二价金属离子组成的凝固浴后形成不溶于水的海藻酸盐纤维,经过牵伸、水洗、干燥等工艺得到具有纯天然特性以及良好可加工性的纤维材料。在使用过程中,海藻酸盐纤维通过海藻酸的聚阴离子特性以及纤维结构中含有的各种金属离子产生水化、离子交换、生物催化等作用,可以引发细胞、组织、器官、系统等正常机理发生变化,产生酶活性、细胞活性、组织活性、系统活性,在医疗、卫生、保健、美容等领域有重要的应用价值,尤其在伤口愈合过程中具有止血、促进慢性伤口愈合的独特功效。

6.2　海藻酸盐纤维的生物相容性

　　海藻酸是褐藻类植物结构的一个重要组成部分,在与钙、钠、钾、镁等金属离子结合成盐后存在于细胞壁和细胞外基质中。作为一种天然高分子,海藻酸盐在食品及医药卫生领域的长期应用过程中已经证明有良好的使用安全性。海藻酸钠在1938年被收入美国药典,1963年被收入英国药典,美国食品药品监督管理局(FDA)授予海藻酸钠"公认安全物质"称号。联合国世界卫生组织(WHO)以及食品和农业组织(FAO)食品添加剂联合专家委员会发行的标准规定,按体重每天可以摄取的海藻酸钠为50mg/(kg·d)。药物动力学实验表明,小鼠腹腔注射海藻酸钠的半数致死量为(1013±308)mg/kg。目前用超纯交联海藻酸钠制备的体内植入剂已经在国外市场销售。

　　海藻酸的多糖结构和亲水特性决定了其具有良好的生物相容性。Blair等在一项对海藻酸盐纤维、氧化纤维素纤维、胶原等止血材料的研究中发现,植入肠系膜后,海藻酸盐纤维不引起肠梗阻,植入 6 周后对伤口部位进行组织学检查后发现,海藻酸盐纤维在伤口部位有钙的沉积以及纤维化反应。在另一项动物试验中,Lansdown 和 Payne 把海藻酸盐纤维植入老鼠的皮下组织并评价了纤维的生物可降解性以及引起局部组织反应的性能。植入 24h、7 天、28 天以及 12 周后的测试结果显示,海藻酸盐纤维在植入的 12 周内无明显降解。尽管开始时有一定的异物反应,植入的海藻酸盐纤维逐渐被一层血管化、含成纤维细胞的薄膜覆盖,证明在老鼠试验中植入体内的海藻酸盐无毒性。其他研究也证明了海藻酸盐良好的生物相容性。

6.3　海藻酸盐纤维的细胞活性

作为一种植物细胞中提取出的天然高分子,海藻酸与各种细胞有特殊的亲和力并能影响细胞活性。Skjak-Braek 和 Espevik 发现海藻酸中的甘露糖醛酸(M)链段与脂多糖一样与巨噬细胞有一个结合部位,可以与膜蛋白产生作用,对单核白细胞有趋化作用。Pueyo 等的研究结果显示,用海藻酸和聚赖氨酸包埋单核白细胞,其微胶囊可以活化细胞产生巨噬细胞。Otterlei 等比较了用海藻酸刺激人体单核白细胞产生的三种细胞因子:肿瘤坏死因子-α(TNF-α)、白细胞介素-1 和白细胞介素-6。结果显示,高 M 的海藻酸刺激细胞因子生成的活性是高 G 海藻酸的近 10 倍,由此可见 M 链段是刺激细胞活性的主要成分。其他研究也显示,M 链段中的 β-(1,4)糖苷键在刺激细胞因子及抗肿瘤活性中起主要作用,该 β-(1,4)糖苷键在 C_6 氧化纤维素的 D-葡萄糖醛酸中同样存在,并且也具有刺激肿瘤坏死因子-α 的活性。

Skjak-Braek 和 Espevik 报道了含有 β-(1,4)糖苷键的聚合物在动物试验中具有刺激细胞因子、保护宿主动物免受金黄色葡萄球菌和大肠杆菌感染的性能,而在用 C_5 差向异构酶把高 M 转换成高 G 后,海藻酸失去了其诱导肿瘤坏死因子-α 的性能。Zimmerman,Klock 等比较了含不同甘露糖醛酸(M)和古洛糖醛酸(G)的海藻酸在电泳和透析纯化后促进有丝分裂的活性。他们发现纯化后的海藻酸失去了促进有丝分裂的活性,因此认为海藻酸的活性可能源于其低聚物,其在纯化过程中的流失使海藻酸活性消失。

6.4　海藻酸盐纤维的离子交换特性

作为一种高分子羧酸,海藻酸与各种金属离子结合后形成的高分子盐具有特殊的离子交换特性。在纤维制造过程中,通过凝固浴中丝条的离子交换可以在纤维上负载各种金属离子,使用过程中释放出锌、铜、银等对人体无毒性、有保健功效的微量金属离子。纤维的化学结构和体液中钠离子、蛋白质等成分在离子交换过程中起重要作用。在对三种含不同 M/G 单体的海藻酸钙纤维与 A 溶液接触后释放钙离子的研究中,高 G 纤维的接触液中含有 317.5mg/kg 钙离子,而高 M 纤维接触液中的钙离子浓度达到 560mg/kg,接近高 G 纤维的 2 倍,显示高 M 纤维在与含钠离子的溶液接触后更容易发生离子交换。Doyle 等的研究显示,海藻酸盐纤维释放出的钙离子对人体成纤维细胞有刺激作用,对伤口愈合有重要的促进作用。

Smidsrod 等发现海藻酸对金属离子的亲和力为:$Pb^{2+} > Cu^{2+} > Cd^{2+} > Ba^{2+} > Sr^{2+} > Ca^{2+} > Co^{2+} = Ni^{2+} = Zn^{2+} > Mn^{2+}$,其中铜离子与海藻酸有很强的亲和力。研究显示,海藻酸和海藻酸钙纤维对铜离子均有较好的吸附性能,24h 后的平衡吸附量分别为 68.6mg/g 和 81.7mg/g。由于体液中铜离子的含量约为 1mg/L,海藻酸盐纤维对铜离子的吸附作用在临床上有特殊的意义,可以在创面局部富集对伤口愈合有促进作用的铜离子,有效促进伤口的愈合。

研究显示,铜离子是人体生理和代谢过程中的一个重要元素,在诱导血管内皮生长因子、血管生成、皮肤细胞外蛋白的表达和稳定过程中起关键作用。对于患有糖尿病足溃疡、褥疮、静脉溃疡等创面血液循环不良的病人,较低的局部铜含量会延缓伤口愈合,而在创面补充铜离子可以促进血管生成和皮肤再生。

海藻酸与金属离子的交换系数受海藻酸中 M/G 含量的影响。表 6-1 显示了铜、钡、钙、钴离子与两种含不同量 M/G 单体的海藻酸钠的离子交换系数。

表 6-1　两种含不同量 M/G 单体的海藻酸钠的离子交换系数

金属离子	海藻酸的来源及海藻酸中 M/G 酸的比例	
	掌状海带(L. digitata)M/G = 1.60	极北海带(L. hyperborean)M/G = 0.45
Cu^{2+}—Na^+	230	340
Ba^{2+}—Na^+	21	52
Ca^{2+}—Na^+	7.5	20
Co^{2+}—Na^+	3.5	4

从表6-1可以看出,不同种类的海藻酸对金属离子的结合力有很大差别。当海藻酸分子结构中的 M/G 比例为 1.60 时,铜离子与钠离子的离子交换系数为230,钴离子与钠离子的交换系数仅为 3.5。尽管表中的 4 种金属离子都可以与海藻酸钠反应后形成胶体,其成胶性能与金属离子的种类和海藻酸中的 M/G 比例密切相关。G 单体含量高的海藻酸的离子交换系数比 M 单体含量高的海藻酸高。对于钡离子,当海藻酸的 M/G 比例为 0.45 时,钡和钠离子的交换系数为 52,而当 M/G 比例为 1.60 时,钡和钠离子的交换系数仅为 21。

世界各地的褐藻种类很多,从不同的褐藻中提取的海藻酸在 G、M、GG、MM、GM 含量上有很大变化,其对各种金属离子的结合力也有很大的变化。Smidsrod 和 Haug 研究了从不同褐藻中提取的海藻酸对钙离子和钠离子的结合力,其离子交换系数如表6-2所示。从表6-2可以看出,高 G 和高 M 型海藻酸钠对钙离子的结合有很大的区别,M/G 比例为 1.70 的高 M 型海藻酸钠的离子交换系数为 7.0,而 M/G 比例为 0.45 的高 G 型海藻酸钠的离子交换系数高达 20.0。

表6-2　钙离子与不同来源的海藻酸钠的离子交换系数

褐藻的种类	M/G 比例	离子交换系数(K)
A. nodosum	1.70	7.0
L. digitata	1.60	7.5
L. hyperborean	0.60	20.0
L. hyperborea stipes	0.45	20.0

6.5　海藻酸盐纤维的止血性能

Segal 等的研究显示,海藻酸盐纤维的止血性能主要源于纤维的凝血效应和对血小板的激化作用。由于吸湿性高,海藻酸盐纤维的凝血效应高于其他创面用卫生材料,其释放出的钙离子激化血小板释放出纤维蛋白链后形成血栓,产生良好的止血功效。Segal 等的研究也显示在纤维中加入一定量的锌离子可以强化其凝血作用和对血小板的激化功效,有效提高纤维的止血性能。图6-1显示海藻酸钙纤维释放出的钙离子激化血小板后产生止血效果的示意图。

海藻酸盐纤维和医用敷料的止血性能已经在大量的临床试验中得到证实。Groves 和 Lawrence 在供皮区伤口上应用海藻酸盐敷料后的 5min 内就观察到良好

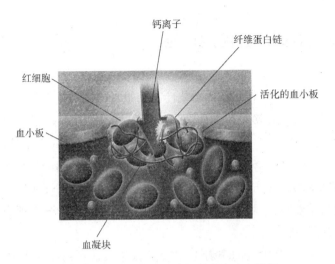

图 6-1　钙离子激化血小板后产生止血效果

的止血效果。Matthew 等发现用海藻酸盐敷料充填 2mm 深的口腔伤口时比一般手术纱布有更好的止血功能。Davies 等比较了海藻酸盐敷料和一般手术纱布的止血效果,发现使用一般手术纱布时每个手术中的流血量为(139.4±9.6)mL,而使用海藻酸盐敷料时的流血量为(98.8±9.9)mL,手术后的血液流失一般手术纱布为(158.4±17.3)mL,而使用海藻酸盐敷料时的流血量为(96.6±11.7)mL,说明海藻酸盐敷料与手术纱布相比具有更加优越的止血性能。

6.6　海藻酸盐纤维的抑菌性能

海藻酸盐纤维的独特理化特性赋予其特殊的抑菌性能。临床使用过程中海藻酸盐纤维吸湿后高度溶胀,纤维与纤维之间的空间受挤压后固定住伤口渗出液中的细菌,抑制其活性和繁殖能力,有效降低了临床伤口感染的风险。Bowler 等把海藻酸盐纤维敷料与含有细菌的溶液接触后测试溶液中的细菌含量,结果证实海藻酸盐纤维敷料具有隔离细菌的功效。

海藻酸盐纤维与巨噬细胞之间的相互作用对其抑菌功能有重要影响,后者在与纤维接触后释放出的肿瘤坏死因子(TNF-α,又称恶病质素)对肿瘤细胞和受感染的正常细胞有毒性,对炎症反应有调节作用。高 M 型海藻酸盐纤维对巨噬细胞的刺激作用是其在感染及有恶臭的伤口上产生作用的一个主要原因。

6.7　海藻酸盐纤维的促愈性能

以海藻酸盐纤维为原料制备的功能性医用敷料可以为创面提供一个湿润的愈合环境,通过纤维的吸湿膨胀在创面上形成低黏性、凝胶状接触层,以此为基质为细胞迁移和血管生成提供一个理想的环境。湿润的环境有利于生长因子、生长促进剂等细胞因子在炎症、修复等阶段中的作用,纤维上释放出的钙离子有助于细胞向创面的迁移,从而促进伤口愈合。Lansdown 等的研究结果证实钙离子在创面的周边、成熟的角质细胞、皮脂腺细胞中的含量最高,由此可以推断钙离子在创面愈合中起到的特殊作用。

Sayag 等在 92 个有压疮的患者上比较了海藻酸盐纤维敷料与传统敷料的疗效。在两组患者中,使用海藻酸盐纤维敷料的有 74% 的伤口面积缩小 40%,而传统敷料组只有 42%;达到这个疗效的平均时间海藻酸盐纤维敷料为 4 周,而传统敷料为 8 周。海藻酸盐纤维医用敷料在吸收伤口渗出液、保护创面及提供湿润愈合环境的同时,还具有促进伤口愈合的药理作用。

Attwood 比较了海藻酸盐纤维敷料与传统纱布在供皮区伤口上的应用功效。结果显示,107 个病人的 130 个供皮区伤口的愈合时间由传统纱布的 10 天缩短到海藻酸盐纤维敷料的 7 天,病人在使用海藻酸盐纤维敷料时感到有良好的舒适性。

6.8　海藻酸盐纤维的美白功效

海藻酸盐纤维对铜离子超强的吸附性能在皮肤美白的过程中有特殊应用价值。皮肤中的黑色素是由黑色素细胞通过酪氨酸酶的催化,经过一系列的代谢过程将酪氨酸转化后生成的。酪氨酸酶是一种含铜酶,在与海藻酸盐纤维接触后,其结构中的铜离子被海藻酸盐吸附后失去催化活性,因此抑制了其催化酪氨酸的功效。以海藻酸盐纤维为原料制备的功能性面膜材料通过其抑制酪氨酸酶的作用而具有优良的美白功效。图 6-2 显示了在酪氨酸酶催化下黑色素的形成过程。

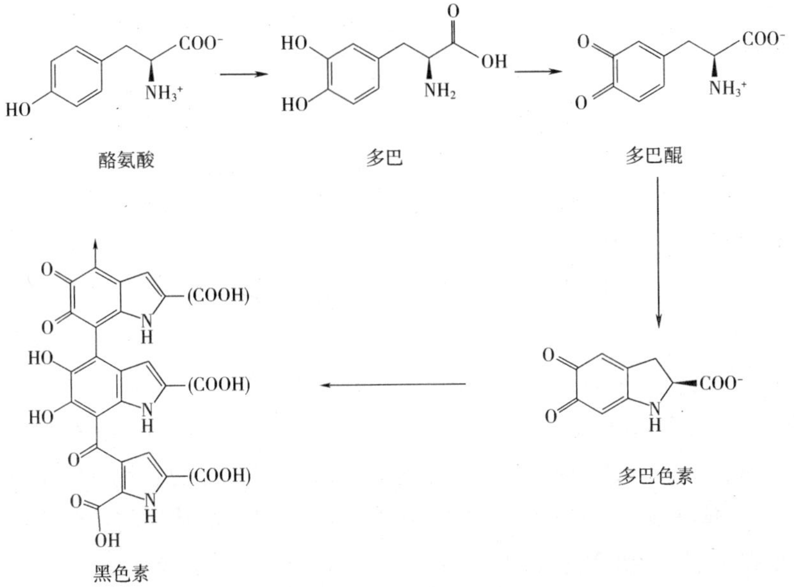

图 6-2 酪氨酸酶催化下黑色素的形成过程

6.9 含银海藻酸盐纤维的制备和生物活性

海藻酸盐纤维和医用敷料是一种重要的高科技医用材料,基于其很高的吸湿性能,欧美市场上这类材料已经被广泛应用于渗出液较多的慢性伤口护理。由于慢性高渗出伤口的创面比较潮湿,伤口感染比较普遍。在海藻酸盐纤维和医用敷料中加入具有抗菌性能的银离子可以使海藻酸盐纤维敷料在具有高吸湿性的同时,还有良好的抗菌性能。

6.9.1 通过化学反应在海藻酸盐纤维中加入银离子

海藻酸是一种高分子酸,可以与银离子结合成盐。由于银离子是一价金属离子,当海藻酸钠水溶液通过喷丝孔挤入硝酸银水溶液后,海藻酸钠不能通过凝胶形成纤维。为了使纤维挤出成型后含有银离子,凝固浴中应该同时含有钙离子和银离子。表 6-3 显示在使用氯化钙和硝酸银混合水溶液作为凝固液时得到的海藻酸盐纤维中的钙和银离子含量及其力学性能。

表 6-3 海藻酸钙银纤维的制备条件及性能

样品序号	纺丝液中海藻酸钠固含量	凝固时间（S）	纤维中银离子含量	纤维中钙离子含量	纤维强度（cN/dtex）	断裂伸长（%）
1	6%	30	5.12%	4.98%	1.09	10.5
2	6%	600	7.30%	6.18%	1.15	8.9

海藻酸钙纤维与硝酸银水溶液反应后可以通过溶液中的银离子替代纤维中的钙离子,这样得到的海藻酸钙银纤维有很强的抗菌性能,但是由于银离子有很强的氧化性,纤维见光后很容易变黑,影响了产品的美观。

在海藻酸盐纤维中加入不溶于水的银化合物颗粒,可以避免纤维的氧化变黑。Le 等开发出了在海藻酸盐纤维中加入磺胺嘧啶银的方法。他们在纺丝溶液中加入水溶性的磺胺嘧啶钠,然后把纺丝液挤入含硝酸银的2%氯化钙水溶液。在纤维成型过程中,海藻酸钠与钙离子反应后形成丝条,而磺胺嘧啶钠与硝酸银反应后在纤维内形成磺胺嘧啶银颗粒。在另一个方法中,首先把磺胺嘧啶钠和海藻酸钠一起溶解,然后向溶液中加入硝酸银,使纺丝液中含有磺胺嘧啶银颗粒。这些颗粒在纺丝过程中与海藻酸钠一起挤出后形成丝条,得到的纤维中包含具有抗菌性能的磺胺嘧啶银颗粒。

6.9.2 通过混合法在海藻酸盐纤维中加入银

前面指出,银离子具有很强的抗菌性能,同时也是一种具有很强氧化活性的材料。在与有机物接触时,银离子可以很容易使载体材料氧化变黑。为了使载体材料保持白色的外观,国际市场上出现了负载银离子的无机盐材料。这些微纳米载银颗粒可以与海藻酸钠水溶液混合后制备纤维,使海藻酸盐纤维在含有银离子的同时具有白色的外观。

美国 Milliken 公司生产的 AlphaSan RC5000 是一种含银的磷酸锆钠盐,是一种无机高分子材料,银离子含量约为 3.8%。由于 AlphaSan RC5000 的颗粒很细,与海藻酸钠水溶液在高剪切下混合时,细小的含银颗粒均匀分布在黏稠的纺丝溶液中,通过湿法纺丝可以使含银颗粒均匀分散在纤维中,即使在 γ 射线灭菌后也能保持白色的外观。图 6-3 显示含银的磷酸锆钠盐颗粒在海藻酸盐纤维内的分布。

6.9.3 银离子从含银海藻酸盐纤维中的释放

当含 AlphaSan RC5000 颗粒的海藻酸盐纤维与伤口渗出液接触时,银离子可以通过三种途径进入伤口渗出液。第一,纤维中的银离子可以与溶液中的钠和钙

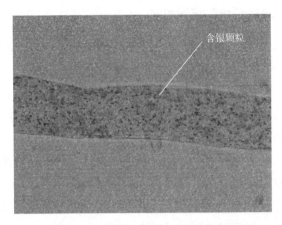

含银颗粒

图 6-3　含银磷酸锆钠盐颗粒在海藻酸盐纤维内的分布

离子发生离子交换;第二,伤口渗出液中的蛋白质分子可以螯合纤维中的银离子,从而加快银离子的释放;第三,附带在纤维表面的含银颗粒可以直接接触伤口渗出液。

表 6-4 和表 6-5 显示了含 1%AlphaSan RC5000 颗粒的海藻酸盐纤维与生理盐水和血清接触后银离子的释放性能。接触液中的银离子浓度随时间延长而升高,说明银离子被缓慢释放出来。血清中的银离子含量比生理盐水中的更高,说明血清中的蛋白质对银离子释放有促进作用。

表 6-4　1g 含银海藻酸盐纤维与 40mL 生理盐水接触后溶液中的银离子浓度

样品	接触时间	接触液中银离子浓度(mg/L)
1	30min	0.50
2	48h	0.40
3	7d	1.32

表 6-5　1g 含银海藻酸盐纤维与 40mL 血清接触后溶液中的银离子浓度

样品	接触时间	接触液中银离子浓度(mg/L)
A	30min	2.18
B	48h	2.74
C	7d	3.74

6.9.4 含银海藻酸盐纤维的抗菌性能

海藻酸钙纤维与伤口渗出液接触时,纤维中的钙离子与渗出液中的钠离子发生离子交换,使不溶于水的海藻酸钙转化成水溶性的海藻酸钠。这个过程的结果是海藻酸钙纤维在与伤口渗出液接触后高度膨胀,使敷料中的毛细空间在纤维膨胀过程中堵塞,伤口渗出液中的细菌也因为纤维的膨胀失去活性,海藻酸钙纤维敷料因此具有一定的抑菌性。

在海藻酸钙纤维中加入银化合物可以进一步提高敷料的抗菌性能。含银的海藻酸钙纤维敷料使用在伤口上时,渗出液被敷料吸收后发生离子交换,释放出来的银离子可以杀死伤口渗出液中的细菌,阻止其繁殖并避免病区内产生交叉感染。图6-4显示含银海藻酸钙纤维敷料的抗菌机理。

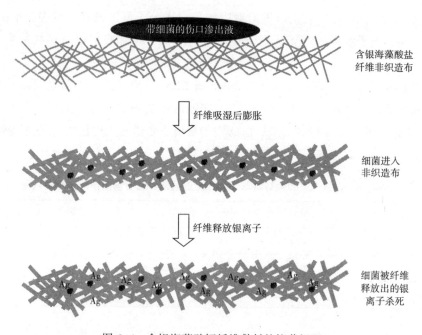

图6-4 含银海藻酸钙纤维敷料的抗菌机理

图6-5显示含银海藻酸钙纤维敷料以及其他几种商业用敷料对大肠杆菌的抗菌效果。含银海藻酸钙纤维敷料在6h内就可以达到100%的杀菌率,其抗菌效果远优于一般的医用敷料。

海藻酸是一种具有特殊化学结构和生物活性的海洋生物高分子,通过湿法纺丝制备的海藻酸盐纤维具有纤维材料的特性以及海藻酸盐的生物活性,在与人体

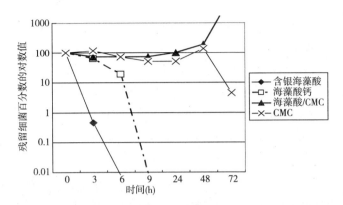

图 6-5　含银海藻酸钙纤维敷料与其他医用敷料对大肠杆菌的抗菌效果比较

接触过程中产生独特的生物活性和美容保健功效,具有吸附和释放金属离子、止血、抑菌、促进伤口愈合、美白等优良使用功效,有很高的应用价值和广阔的市场前景。

参考文献

[1]ATTWOOD A I.Calcium alginate dressing accelerate split graft donor site healing [J].British Journal of Plastic Surgery,1989(42):373-379.

[2]BLAIR S D,BACKHOUSE C M,HARPER R,et al.Comparison of absorbable materials for surgical haemostatis [J].Br J Surg,1988,75(10):969-971.

[3]BORKOW G,GABBAY J,ZATCOFF R C.Could chronic wounds not heal due to too low local copper levels?.Med Hypotheses,2008,70(3):610-613.

[4]BOWLER P G,JONES S A,DAVIES B J,et al.Infection control properties of some wound dressings [J].J Wound Care,1999,8(10):499-502.

[5]CHAMBERLAIN N H,JOHNSON A and SPEAKMAN J B.Some properties of alginate rayons [J].Journal of the Society of Dyers and Colourists,1945,61(1):13-20.

[6]DAVIES M S,FLANNERY M C,MCCOLLUM C N.Calcium alginate as haemostatic swabs in hip fracture surgery [J].J R Coll Surg Edinb,1997,42(1):31-32.

[7]DOYLE J W,ROTH T P,SMITH R M,et al.Effects of calcium alginate on cellular wound healing processes modelled in vitro [J].J Biomed Mater Res,1996,32(4):561-568.

[8]DUDGEON M J,THOMAS R S,WOODWARD F N.The preparation and prop-

erties of some inorganic alginate fibres [J].Journal of the Society of Dyers and Colourists,1954,70(6):230-237.

[9]GROVES A R,LAWRENCE J C.Alginate dressing as a donor site haemostat [J].Annals of the Royal College of Surgeons of England,1986,68:27-28.

[10]HAUG A,MYKLESTAD S,LARSEN B,et al.Correlation between chemical structure and physical properties of alginates [J].Acta Chemica Scandinavica,1967,21:768-778.

[11]KAMMERLANDER G,EBERLEIN T.An assessment of the wound healing properties of Algisite M dressings [J].Nurs Times,2003,99(42):54-56.

[12]KAWAGUCHI H,HIZUTA A,TANAKA N.Role of endotoxin in wound healing impairment [J].Res Commun Mol Pathol Pharmacol,1995,89(3):317-327.

[13]KLOCK G,FRANK H,HOUBEN R,et al.Production of purified alginates suitable for use in immunoisolated transplantation [J].Appl Microbiol Biotechnol,1994,40(5):638-643.

[14]LANSDOWN A B G.Silver 1:its antimicrobial properties and mechanism of action [J].J Wound Care,2002(11):125-131.

[15]LANSDOWN A B G.A review of silver in wound care:facts and fallacies [J].Br J Nurs,2004,13(Suppl):6-19.

[16]LANSDOWN A B,PAYNE M J.An evaluation of the local reaction and biodegradation of calcium sodium alginate (Kaltostat) following subcutaneous implantation in the rat [J].J R Coll Surg Edinb,1994,39(5):284-288.

[17]LANSDOWN A B G,SAMPSON B,LAUPATTARAKASEM P,et al.Silver aids healing in the sterile wound:experimental studies in the laboratory rat [J].Brit J Dermatol,1997(137):728-735.

[18]LANSDOWN A B G,SAMPSON B,ROWE A.Sequential changes in trace metal,metallothionein and calmodulin concentrations in healing skin wounds [J].J Anat,1999(195):375-386.

[19]LANSDOWN A B G,WILLIAMS A,CHANDLER S,et al.Silver absorption and antibacterial efficacy of silver dressings [J].J Wound Care,2005,14(4):205-210.

[20]LEE K Y,MOONEY D J.Alginate:properties and biomedical applications [J].Prog Polym Sci,2012,37(1):106-126.

[21]MATTHEW I R,BROWNE R M,FRAME J W,et al.Kaltostat in dental practice [J].Oral Surg Oral Med Oral Pathol,1994,77(5):456-460.

［22］OTTERLEI M,OSTGAARD K,SKJAK-BRAEK G.Induction of cytokine pro-
duction from human monocytes stimulated with alginate ［J］.J Immunotherapy,1991
(10):286-291.

［23］OTTERLEI M,SUNDAN A,SKJAK-BRAEK G,et al.Similar mechanisms of ac-
tion of defined polysaccharides and lipopolysaccharides:characterization of binding and
tumor necrosis factor alpha induction ［J］.Infection Immunology,1993,61(5):1917-
1925.

［24］Ovington L G.Nanocrystalline silver:where the old and familiar meets a new
frontier ［J］.Wounds,2001,13(suppl B):5-10.

［25］PUEYO M E,DARQUY S,CAPRON F,et al.In vitro activation of human
macrophages by alginate-polylysine microcapsules ［J］.J Biomater Sci Polym Ed,1993,
5(3):197-203.

［26］QIN Y.The ion exchange properties of alginate fibers ［J］.Textile Research
Journal,2005,75(2):165-168.

［27］QIN Y.The characterization of alginate wound dressings with different fiber
and textile structures ［J］.Journal of Applied Polymer Science,2006,100(3):2516-
2520.

［28］QIN Y. Alginate fibres:an overview of the production processes and
applications in wound management ［J］.Polymer International,2008,57(2):171-180.

［29］QIN Y.Gel swelling properties of alginate fibers ［J］.Journal of Applied Poly-
mer Science,2004,91(3):1641-1645.

［30］QIN Y.The gel swelling properties of alginate fibers and their application in
wound management ［J］.Polymers for Advanced Technologies,2008,19(1):6-14.

［31］RAPALA K T,VAHA-KREULA M O,HEINO J J.Tumour necrosis factor-al-
pha inhibits collagen synthesis in human and rat granulation tissue fibroblasts ［J］.Ex-
perimentia,1996,51(1):70-74.

［32］SAYAG J,MEAUME S,BOHBOT S.Healing properties of calcium alginate
dressings ［J］.J Wound Care,1996,5(8):357-362.

［33］SEGAL H C,HUNT B J,GILDING K.The effects of alginate and non-alginate
wound dressings on blood coagulation and platelet activation ［J］.J Biomater Appl,
1998,12(3):249-257.

［34］SKJAK-BRAEK G,ESPEVIK T.Application of alginate gels in biotechnology
and biomedicine ［J］.Carbohydrates in Europe 1996(14):19-25.

［35］SMELCEROVIC A,KNEZEVIC-JUGOVIC Z,PETRONIJEVIC Z.Microbial polysaccharides and their derivatives as current and prospective pharmaceuticals ［J］. Curr Pharm Des,2008,14(29):3168-3195.

［36］SMIDSROD O,HAUG A.Dependence upon the gel-sol state of the ion-exchange properties of alginates ［J］.Acta Chemica Scandinavica,1972(26):2063-2074.

［37］SMIDSROD O,HAUG A AND WHITTINGTON S G.The molecular basis for some physical properties of polyuronides ［J］.Acta Chemica Scandinavica,1972(26): 2563-2564.

［38］SPEAKMAN J B,CHAMBERLAIN N H.The production of rayon from alginic acid ［J］.Journal of the Society of Dyers and Colourists,1944(60):264-272.

［39］SUZUKI Y,NISHIMURA Y,TANIHARA M,et al.Evaluation of a novel alginate gel dressing:cytotoxicity to fibroblasts in vitro and foreign-body reaction in pig skin in vivo ［J］.J Biomed Mater Res,1998,39(2):317-322.

［40］SUZUKI Y,TANIHARA M,NISHIMURA Y,et al.In vivo evaluation of a novel alginate dressing ［J］.J Biomed Mater Res,1999,48(4):522-527.

［41］THOMAS S.Alginate dressings in surgery and wound management—Part 1 ［J］.Journal of Wound Care,2000,9(2):56-60.

［42］THOMAS S.Alginate dressings in surgery and wound management—Part 2 ［J］.Journal of Wound Care,2000,9(3):115-119.

［43］THOMAS S.Alginate dressings in surgery and wound management—Part 3 ［J］.Journal of Wound Care,2000,9(4):163-166.

［44］THOMAS S.Current Practices in the Management of Fungating Lesions and Radiation Damaged Skin ［M］.Bridgend:Surgical Material Testing Laboratory,1992.

［45］WILLIAMS C.Alginate wound dressings ［J］.British Journal of Nursing,1999, 8(5):313-317.

［46］ZIMMERMANN U,KLOCK G,FEDERLIN K,et al.Production of mitogen-contamination free alginates with variable ratios of mannuronic acid to guluronic acid by free flow electrophoresis ［J］.Electrophoresis,1992(13):269-274.

［47］莫岚,陈洁,宋静,等.海藻酸纤维对铜离子的吸附性能［J］.合成纤维, 2009,38(2):34-36.

［48］秦益民,刘洪武,李可昌,等.海藻酸［M］.北京:中国轻工业出版社,2008.

［49］秦益民,陈洁.海藻酸纤维吸附及释放锌离子的性能［J］.纺织学报,2011, 32(1):16-19.

［50］秦益民.含银医用敷料的抗菌性能及生物活性［J］.纺织学报,2006,27
（11）:113-116.

［51］秦益民.在医用敷料中添加银离子的方法［J］.纺织学报,2006,27（12）:
109-112.

［52］秦益民.银离子的释放及敷料的抗菌性能［J］.纺织学报,2007,28（1）:
120-123.

［53］秦益民.含银海藻酸纤维的制备方法和性能［J］.纺织学报,2007,28（2）:
126-128.

第7章 海藻酸盐纤维在医卫美材料中的应用

7.1 引言

海藻酸盐纤维是一种具有可再生特性的纤维新材料,具有高吸湿性、亲肤性、本质自阻燃、生物相容、生物可降解、防辐射、保健等多种功能特性,其优异的性能已引起消费者高度重视。目前,海藻酸盐纤维最大的应用领域是用于伤口护理的医用敷料,许多研究证明伤口愈合的最佳条件是一种温暖、湿润的状态,以海藻酸盐纤维为原料制备的医用敷料在吸收伤口渗出液后会形成凝胶,为创面提供一个湿润的愈合环境,与传统敷料相比能更好地促进伤口愈合。

随着海藻酸盐纤维生产技术的进步和产品质量的提高,其应用领域将从医用纤维材料延伸到个人护理、保健用品、高端日化、高档服装、家用纺织品、产业用品及儿童、妇女和老人服装等特殊领域,特别是在军服、军用被褥、室内装饰等军工、消防、交通工具等领域有重要的发展空间。

7.2 海藻酸盐纤维在功能性医用敷料中的应用

7.2.1 发展历史

1980年代初,英国最早开发出具有独特性能和疗效的海藻酸盐纤维敷料,作为"湿法疗法"市场的一个主要产品应用于慢性伤口护理。当海藻酸盐纤维敷料与伤口渗出液接触时,纤维中的钙离子与渗出液中的钠离子发生离子交换,使不溶于水的海藻酸钙逐渐转换成水溶性的海藻酸钠,大量水分进入纤维后形成一种纤维状的水凝胶体。这种独特的成胶性能赋予海藻酸盐纤维敷料很高的吸湿性、保湿性、不易粘连创面等优良的使用性能。

图7-1示出以褐藻为原料制备海藻酸盐纤维敷料的工艺流程。应该指出的是,在海藻酸盐纤维和医用敷料应用于医疗卫生行业之前,早期的航海家曾使用海

带护理伤口,并且取得良好的效果,海带也因此被认为是海员的护士(Mariner's cure)。在第一和第二次世界大战期间,由于物资紧缺,英国人把干燥的海带做成纱布送往前线,用在战地医院中。第二次世界大战后期,英国人 Blaine 研究了海藻酸盐纤维产品对人体组织的反应,并报道了其作为一种止血材料的良好性能。1951 年,Blaine 探讨了使用海藻酸盐纤维作为手术中可吸收性止血材料的可能性。他在实验中发现,植入体内 10 天后,只有很少的海藻酸盐纤维残留在体内,说明海藻酸盐纤维可以被人体吸收。Blaine 也报道了海藻酸盐纤维对细菌的增长没有促进作用。

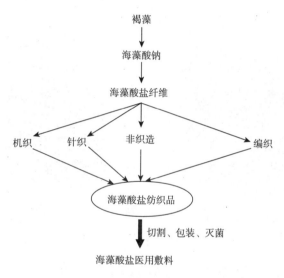

图 7-1　海藻酸盐医用敷料的制作流程

　　Blaine 的研究成果促进了海藻酸盐纤维在英国医疗领域中的应用。由于在湿法纺丝过程中海藻酸盐可以形成长丝纱线,通过针织加工可以直接加工成织物,早期的海藻酸盐纱布是一种海藻酸钙针织物。这种材料在与血液接触后能通过离子交换转换成海藻酸钠并最后溶解,是一种很好的创面接触层。随着纺织技术的不断进步,各种类型的织物被应用于医用敷料的生产。通过纤维铺网和针刺形成的非织造布具有疏松的结构,可以吸收大量伤口渗出液,是目前海藻酸盐纤维敷料生产中普遍采用的材料结构。图 7-2 显示了以海藻酸盐纤维为原料加工制备的各种类型的纺织结构。

7.2.2　国际市场上主要的海藻酸盐医用敷料产品

　　英国 Courtaulds 公司(现 Acordis 公司)是世界上最早生产海藻酸钙纤维的企

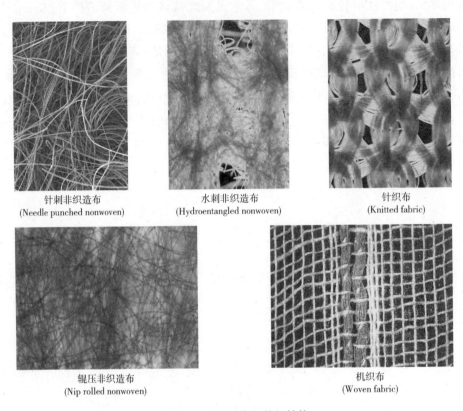

针刺非织造布
(Needle punched nonwoven)　　水刺非织造布
(Hydroentangled nonwoven)　　针织布
(Knitted fabric)

辊压非织造布
(Nip rolled nonwoven)　　　　　　机织布
(Woven fabric)

图7-2　不同种类的纺织结构

业之一,于1981年首次把海藻酸钙纤维非织造布作为医用敷料推上市场,其生产的商品名为Sorbsan的海藻酸盐敷料是目前慢性溃疡伤口护理市场上的一个主要产品。在Sorbsan产品取得商业成功之后,另一家英国公司CV Laboratories开发了一种以高G型海藻酸盐为原料制备的纤维,与高M型的Sorbsan纤维不同,这种以极北海带中提取出的海藻酸盐为原料制备的纤维有很好的湿稳定性,加工成针刺非织造布后以Kaltostat品牌在医用敷料市场上销售。早期的海藻酸盐医用敷料形成以高M型Sorbsan和高G型Kaltostat为主要产品的市场,其中Sorbsan纤维梳棉后形成的纤维网络经辊压形成疏松的织物,敷贴在伤口上后纤维中的钙离子很快被钠离子置换,具有优良的成胶性能。由于纤维与纤维之间没有物理机械缠结,用温暖的生理盐水冲洗即可从创面上去除敷料。高G型海藻酸钙敷料吸湿后仍具有稳定的结构,例如法国Brothier公司生产的商品名为Algosteril的海藻酸盐敷料,与Kaltostat一样采用高G型海藻酸为原料,通过针刺形成的非织造布有较高的抱合力,敷贴在创面后可以用镊子一次性揭除。

高 G 型海藻酸钙纤维与钠离子较难产生离子交换,这类产品的吸湿性、成胶性较差。在 1995 年申请的一项美国专利中,Qin & Gilding 发明了用羧甲基纤维素钠(CMC)与高 G 型海藻酸钠共混后制备纤维的新技术。海藻酸钠和 CMC 都是水溶性高分子,有相似的化学结构,在水溶液中混合后通过湿法纺丝加工可以制备具有很强吸湿性能的海藻酸钙/CMC 共混纤维,有效克服高 G 型海藻酸钙纤维吸湿性低的缺点。以海藻酸/CMC 共混纤维制备的医用敷料的吸湿性达到 19.8g/g,而用同类海藻酸加工的海藻酸钙医用敷料的吸湿性为 14.9g/g。

如图 7-3 所示,在产品的形态上,海藻酸盐纤维可以通过纺织加工后制备非织造布和毛条两种具有不同织物结构的医用敷料。如图 7-4 所示,海藻酸盐纤维非织造布可用于较为平整的创面,毛条主要用于充填腔隙。

从产品的使用性能看,海藻酸盐医用敷料可分为湿完整和湿分散型两大类。英国药典把湿完整的产品定义为可在 A 溶液中保持结构完整的产品,而湿分散型敷料在 A 溶液中成胶后分散,失去其原有的织物形状。国际市场上 Sorbsan 高 M 型海藻酸钙纤维非织造布属于湿分散型产品,可用温暖的生理盐水冲洗后从创面上去除。高 G 型海藻酸钙敷料在吸收伤口渗出液后有很好的结构稳定性,使用后可用手术镊子揭除,这类湿稳定型产品包括法国 Brothier 公司的 Algosteril 和 ConvaTec 公司的 Kaltostat 高 G 型海藻酸钙敷料。

图 7-3　海藻酸盐纤维非织造布和毛条

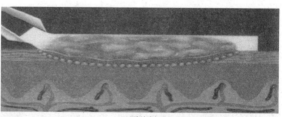

(a)覆盖创面

(b)填充腔隙

图 7-4　海藻酸盐纤维敷料的两个主要用途

7.2.3 海藻酸盐医用敷料的主要性能

海藻酸盐纤维具有独特的离子交换性能。在纺丝成型过程中,海藻酸钠与氯化钙结合后形成不溶于水的海藻酸钙纤维。当与含有钠离子的伤口渗出液接触时,海藻酸钙纤维通过离子交换转换成海藻酸钠后形成纤维状的凝胶,具有很高的吸湿和保湿性能。由于古洛糖醛酸(G)对钙离子的结合力大于甘露糖醛酸(M),G单体含量高的海藻酸盐纤维与生理盐水接触时的离子交换性能低于 M 单体含量高的纤维。高 M 型海藻酸盐纤维比高 G 型纤维更能通过离子交换形成凝胶。

图 7-5 和图 7-6 分别显示了海藻酸盐纤维敷料吸收伤口渗出液后形成纤维状凝胶的性能。

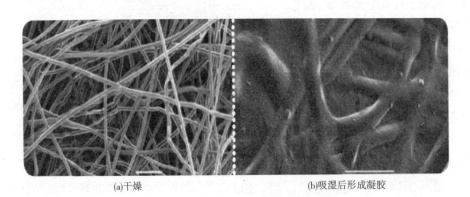

(a)干燥　　　　　　　　　　　　　(b)吸湿后形成凝胶

图 7-5　海藻酸盐纤维敷料的成胶效果图

表 7-1 比较了棉纱布和海藻酸钙纤维非织造布在 A 溶液中的吸湿性能。在同样测试条件下,海藻酸钙纤维非织造布的吸液率达 19.6g/g 模拟伤口渗出液,而棉纱布仅为 5.9g/g 模拟伤口渗出液。对两种材料进行离心脱水后发现,棉纱布的吸湿性不仅很低,其吸收的水分基本保留在纤维与纤维之间形成的毛细空间内,离心脱水后每克纤维保持的水仅为 0.23g/g 模拟伤口渗出液。相比之下,海藻酸钙纤维吸收水分的大部分被保留在纤维内部,很难通过离心脱水去除,纤维本身吸收的水分为 8.14g/g 模拟伤口渗

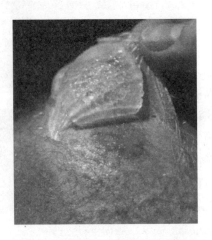

图 7-6　海藻酸盐纤维敷料在创面上
吸收伤口渗出液后形成凝胶

出液。从这些数据可以看出,海藻酸钙纤维非织造布比棉纱布吸液率高的原因有两个,一是纤维与纤维之间松散的结构比棉纱布中的机织结构更能持水,二是纤维本身有很好的亲水性。

表 7-1　棉纱布和海藻酸钙纤维非织造布在 A 溶液中的吸液率

产品	纤维与纤维之间的液体量(g/g)	纤维结构中的液体量(g/g)
棉纱布	6.03	0.23
海藻酸钙纤维非织造布	16.61	8.14

图 7-7 显示了显微镜下观察到的棉纱布和海藻酸钙纤维非织造布吸收液体的效果图。可以看出,棉纱布吸收的液体被保留在相邻纱线交织成的毛细空间内,液体是自由流体,能沿着织物结构很快扩散。海藻酸钙纤维非织造布中的纤维吸湿后高度膨胀,非织造布中纤维与纤维之间的毛细空间在纤维吸湿膨胀后被堵塞,阻断了液体的横向扩散。

(a)棉纱布　　　　　　　　　(b)海藻酸钙纤维非织造布

图 7-7　棉纱布和海藻酸钙纤维非织造布吸收液体的效果图

图 7-8 显示 A 溶液在海藻酸钙纤维非织造布、普通非织造布、棉纱布上爬高的效果图。可以看出,由于纤维吸湿后膨胀阻断了液体的扩散,A 溶液在海藻酸钙纤维非织造布上的扩散明显低于其他两个产品。

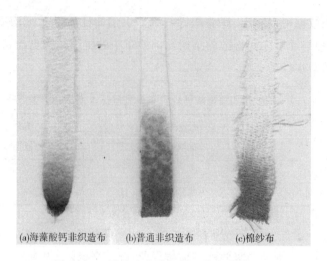

(a)海藻酸钙非织造布　　(b)普通非织造布　　(c)棉纱布

图7-8　A溶液在几种织物上的爬高效果图

7.2.4　海藻酸盐医用敷料的临床应用

如图7-9和图7-10所示,临床上海藻酸盐医用敷料主要用于覆盖创面和充填腔隙。日常生活中伤口的种类繁多,形成的原因各不相同,不同的伤口在尺寸大小、人体上所处的部位、愈合程度等方面有很大变化。针对各种伤口的临床护理要求,医疗卫生企业开发出了种类繁多的医用敷料。具有很高吸湿性的海藻酸盐医用敷料特别适用于渗出液多的慢性创面护理,可以在吸收渗出液后形成柔软的纤维状凝胶,为创面提供湿润的愈合环境,加快伤口愈合。

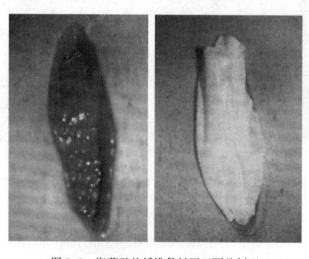

图7-9　海藻酸盐纤维敷料用于覆盖创面

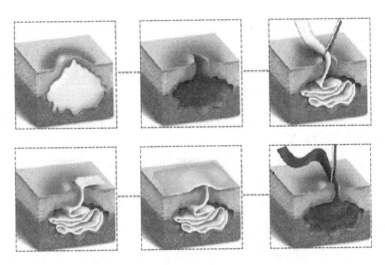

图 7-10　海藻酸盐纤维敷料用于充填腔隙

经过几十年的发展,海藻酸盐医用敷料已经成为一种被医护人员和患者广为接受的高科技医用材料,在伤口护理领域得到广泛应用。图 7-11 显示适用海藻酸盐医用敷料的几种伤口类型。

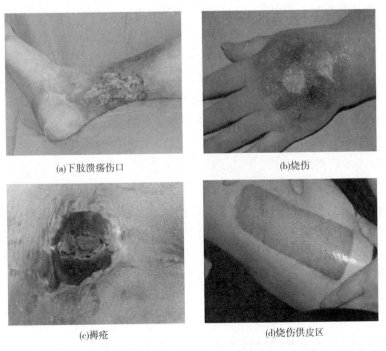

(a)下肢溃疡伤口

(b)烧伤

(c)褥疮

(d)烧伤供皮区

图 7-11　适用海藻酸盐医用敷料的几种伤口类型

（1）下肢溃疡伤口。下肢溃疡一般发生在行动不便的老年人身上，由于血液流动不畅，皮肤组织缺少必要的养分而形成损伤。这类伤口的形成过程慢，对皮肤生理功能的损伤大，并且由于老年人体质差，伤口的愈合过程缓慢。下肢溃疡伤口一般有较多的渗出液，作为一种吸湿性很强的医用敷料，海藻酸盐医用敷料特别适用于这类伤口的护理，一般作为与创面直接接触层使用，临床应用时可用压力绷带把海藻酸盐医用敷料固定在伤口上。

（2）烧伤。烧伤护理包括烧伤创面及烧伤供皮区，后者的创面大、表面平整，很容易与敷料粘连，采用凡士林纱布等传统产品时存在渗血多、患者疼痛、创面易感染等缺点。海藻酸盐医用敷料有很强的吸湿性并且在吸湿后形成水凝胶，特别适用于烧伤及烧伤供皮区创面的护理，可以减轻去除敷料时病人的疼痛以及伤口的二次出血。使用海藻酸盐医用敷料后，用生理盐水冲洗即可把敷料从伤口上去除，为患者和医护人员提供极大的便利。

（3）褥疮。与下肢溃疡伤口类似，褥疮一般流脓较多，严重的褥疮伤口上皮肤腐烂后会形成腔隙。海藻酸盐医用敷料的强吸湿性适用于褥疮的护理，海藻酸盐毛条也可用于充填腐烂严重的腔隙伤口。

（4）糖尿病足溃疡。足溃疡伤口在糖尿病人中较为常见，有 15%~20% 的糖尿病患者会有这种伤口。海藻酸盐医用敷料的强吸湿性和低黏合性适用于糖尿病足溃疡伤口的治疗。

（5）手术伤口。海藻酸盐医用敷料有很好的止血性能，在伤口上形成凝胶后能减轻病人的疼痛，适用于手术伤口的护理。

（6）鼻腔手术。鼻腔手术中使用海藻酸盐医用敷料有良好的疗效。与常用的金霉素油纱条相比，使用海藻酸盐医用敷料填塞术腔的止血效果好、填塞及抽取时间短、鼻腔疼痛及术后鼻腔黏膜水肿轻。

（7）肛瘘术后创面。肛周常见疾病包括混合痔、复杂肛瘘、肛周脓肿、陈旧性肛裂等，大多需要手术治疗。由于肛门生理结构特殊，肛周手术后创面渗血、渗液现象一般较多，肛门局部创口开放，受到大便污染，易发生感染，愈合较迟缓。常用的护理方法是用碘伏纱布或油纱塞入肛门，起到局部压迫止血的作用，但这种填塞方法常因坠胀感导致患者难以耐受。使用海藻酸盐敷料临床操作简易、止血效果好、患者不适感较轻，是肛周疾病术后较理想的填塞物。

7.2.5　海藻酸盐医用敷料的疗效

海藻酸盐医用敷料独特的成胶性能在临床使用过程中产生一系列特殊的护理功效，与棉纱布等传统伤口护理产品相比具有更好的疗效。棉花、黏胶等纤维制备的传统敷料吸收伤口渗出液时,其吸收的液体主要在纤维与纤维之间的毛细空间内,很容易沿织物扩散到伤口周边的健康皮肤,使皮肤长时间浸渍,严重时引起皮肤腐烂。与此相反,海藻酸盐纤维将液体吸入纤维结构中,一方面由于纤维的膨胀而具有很高的吸湿容量,另一方面通过纤维的膨胀使纤维与纤维之间的毛细空间堵塞,阻断液体的横向扩散,产生如图 7-12 所示的"凝胶阻断"效果。这种"凝胶阻断"作用在避免伤口周边健康皮肤受浸渍的同时,通过纤维吸收的水分为创面提供一个湿润的愈合环境,促进细胞迁移和繁殖,加快伤口愈合。

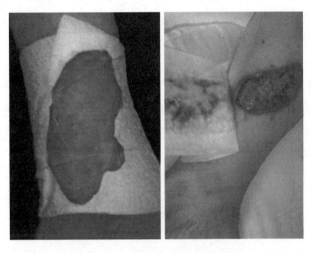

图 7-12　海藻酸盐纤维敷料的"凝胶阻断"效果图

(1)海藻酸盐医用敷料促进伤口愈合的性能。Berven 等的研究结果显示,作为一种海洋生物活性物质,海藻酸具有细胞趋化活性,通过促进细胞的增长繁殖可以改善伤口愈合。有研究比较了海藻酸盐医用敷料与传统纱布在供皮区伤口上的疗效,结果显示,海藻酸盐纤维敷料的疗效明显优于传统纱布,在 107 个病人的 130 个供皮区伤口上进行的临床试验结果表明,伤口平均愈合时间由传统纱布的 10 天缩短到海藻酸盐纤维敷料的 7 天。

在另一项研究中,Sayag 等的研究结果显示,在同样情况下,74% 的病人在使用海藻酸盐敷料后伤口面积缩小 40%,而只有 42% 的病人在使用传统纱布后能达到同样的疗效,海藻酸盐敷料比传统纱布的疗程缩短 8 周。

(2)海藻酸盐医用敷料降低伤口疼痛的性能。Butler 等研究了海藻酸盐敷料在护理供皮区伤口时病人的舒适性。他们发现当海藻酸盐敷料用次氯酸溶液浸润后使用在伤口上时,病人的疼痛感明显下降。Bettinger 等也发现在用海藻酸盐敷料护理烧伤病人时,伤口的疼痛感比使用其他纱布有明显下降。

伤口引起的疼痛是临床上最常见的一种现象。作为亲水性高分子材料,海藻酸盐医用敷料在与创面渗液接触后形成柔软的凝胶,为创面提供良好的保护作用,降低了创面的摩擦,其吸湿后形成的湿性愈合环境可以避免伤口神经末梢暴露、脱水和炎性物质刺激,从而起到止痛效果。

(3)海藻酸盐医用敷料的抗菌性能。海藻酸盐敷料中的纤维吸湿后高度溶胀,纤维与纤维之间的空间在吸湿后受到压缩,伤口渗出液中负载的细菌因此被固定在纤维与纤维之间后失去繁殖能力,这是海藻酸盐敷料减少感染发生的一个主要原因。Bowler 等对海藻酸盐敷料的抗菌性能做了试验,他们把海藻酸盐敷料与含有细菌的溶液接触一定时间后测试溶液中的细菌含量,结果表明,海藻酸盐敷料有隔离细菌的功能。

(4)海藻酸盐医用敷料的充填作用。Barnett,Varley,Dealey 以及 Chaloner 等研究了海藻酸盐医用敷料在护理腔隙型伤口中的作用。护理这类伤口时,海藻酸盐医用敷料的主要功能是其具有很强的吸湿性,能把伤口渗出液从创面去除,同时起到充填腔隙的作用。图 7-13 显示海藻酸盐医用敷料吸湿后在创面上形成柔软的凝胶,具有良好的敷贴功效。

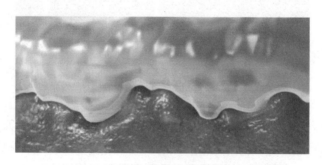

图 7-13　海藻酸盐医用敷料在创面上形成柔软的凝胶

(5)海藻酸盐医用敷料的低黏性。在与伤口渗出液接触后,海藻酸盐医用敷料通过离子交换形成凝胶,这种富含水分的纤维状凝胶黏性低,不容易粘连创面。如图 7-14 所示,更换敷料时只需用生理盐水冲洗即可从创面去除敷料。

(6)海藻酸盐医用敷料降低治伤成本的性能。尽管海藻酸盐医用敷料的单位价格比传统纱布高,但是其优良的性能可以降低临床护理过程中涉及的总费用。由于使用方便、性能优良,从愈合伤口过程中的总成本看,使用海藻酸盐敷料比用传统纱布更经济。Fanucci 和 Seese 的临床应用结果显示,使用海藻酸盐敷料可以减少护理时间、减少敷料更换次数、减少纱布用量、加快病人康复出院,其护理过

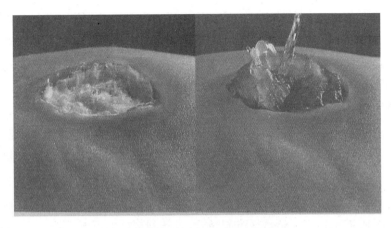

图 7-14　用生理盐水冲洗海藻酸盐医用敷料

程的总费用低于传统纱布。Motta 在使用海藻酸盐敷料的过程中得到同样的结论。

总体来说,海藻酸盐医用敷料具有以下几点优良性能:

第一,促进愈合:吸收伤口渗出液后形成的湿润微环境有利于伤口愈合。

第二,避免感染:原位形成的水凝胶可透氧、阻菌。

第三,快速止血:钙离子的释放,可加速止血。

第四,减轻疼痛:不粘连创面,避免伤口二次损伤。

第五,阻止扩散:有凝胶阻断特性,阻止伤口渗出液的横向扩散。

第六,使用安全:具有良好的组织相容性,对人体无毒性。

7.3　海藻酸盐纤维在面膜材料中的应用

随着社会的进步和生活水平的提高,以美容、保健、舒适、休闲等功能为代表的美容纺织材料呈现强劲的市场需求,护肤品领域中面膜材料得到快速发展。在提供美容、润肤等功效的同时,面膜制品具有消除疲劳、缓解压力等特殊功效,是现代纺织材料的一个重要应用领域。

面膜制品包括一次性面贴膜、水洗式面膜膏、面膜粉等不同形态的产品,其功效涵盖营养、抗皱、冷冻、防晒、祛斑、祛脂、祛除粉刺、增白等。基于其使用方便的特点,以水刺非织造布为基材负载精华液的面膜产品是面膜行业的主流产品。水刺法制备的纯棉、天丝、铜氨纤维面膜基布具有高度缠结的纤维结构和平整的表面形态,特别适用于负载精华液的面膜基材。

海藻酸盐纤维在与含钠离子的溶液接触后通过离子交换使纤维转换成水溶性的海藻酸钠,其具有很强的吸水性,是制备高吸湿性功能性面膜的优质材料。以海藻酸盐纤维为原料制备的水刺非织造布具有很高的吸湿、保湿性能,在与精华液结合后制备的面膜产品具有良好的敷贴性能,有很好的美容护肤功效。图 7-15 显示以海藻酸盐纤维水刺非织造布为原料制备的面膜产品。

图 7-16 显示水刺海藻酸盐纤维非织造布的结构。水刺工艺使非织造布中的纤维高度缠结并形成平整的表面结构,适用于负载各种类型的精华液后制备面膜类产品。表 7-2 比较了以纯竹纤维和竹纤维与海藻酸盐纤维混合后制备的水刺非织造布在四种不同类型精华液中的吸液率。含有海藻酸盐纤维的面膜材料在四种精华液中的吸液率均高于纯竹纤维制品,可以起到更好的保湿功效。

图 7-15 海藻酸盐纤维
水刺非织造布面膜

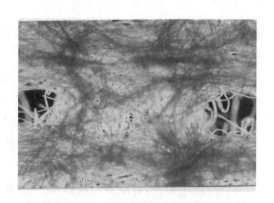

图 7-16 水刺海藻酸盐纤维
非织造布的显微结构

表 7-2 两种水刺非织造布材料在不同精华液中的吸液率比较

精华液	吸液率(g/g)		吸液率(%)
	纯竹纤维	竹纤维+海藻酸盐纤维	
柔皙	17.79	27.63	55.2
保湿	15.86	22.36	41.0
柔肤	17.39	40.02	130.1
抗衰	17.46	37.83	116.6

以水刺非织造布为基材负载精华液是目前面膜制品领域的一个主要技术手段,其中非织造布的吸液率、透明度等性能决定了使用过程中的保湿时间和美观效

果。在精华液的各种组分中,增稠剂通过与纤维的化学、物理作用对非织造布吸液率起重要作用。作为精华液中常用的增稠剂,透明质酸钠是一种阴离子型水溶性高分子,对金属离子有很强的离子交换能力,其含有的钠离子与海藻酸钙纤维中的钙离子交换后使非织造布中的海藻酸钙纤维更容易转换成水溶性的海藻酸钠,增强其吸收水分的能力。

图 7-17 显示纯竹纤维水刺非织造布以及海藻酸钙纤维与竹纤维共混水刺非织造布在不同浓度透明质钠水溶液中的吸液率,其中透明质酸钠浓度分别为 0、0.1%、0.2%、0.3%、0.4%、0.5%时,吸液率分别为 11.31g/g、14.32g/g、16.04g/g、18.82g/g、21.83g/g、24.37g/g,而在同样测试条件下,纯竹纤维水刺非织造布的吸液率分别为 8.85g/g、10.93g/g、13.54g/g、15.58g/g、18.01g/g、20.16g/g。通过海藻酸钙纤维与透明质酸钠的相互作用可以有效提高面膜基材的吸液率,对改善面膜制品的保湿性能起重要作用。

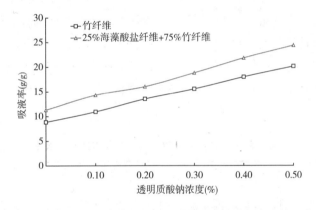

图 7-17　两种水刺非织造布对不同浓度透明质钠水溶液的吸液率

图 7-18 显示海藻酸钙纤维与竹纤维共混水刺非织造布在增稠剂透明质酸钠、羧甲基甲壳胺、聚乙烯醇水溶液中的吸液率,其中前两种高分子为阴离子型,后者为非离子型。可以看出,由于阴离子型高分子对海藻酸钙纤维中钙离子的交换作用,在相同的溶液浓度下产生的吸液率高于非离子型增稠剂,质量浓度同为 0.5%的透明质酸钠、羧甲基甲壳胺、聚乙烯醇水溶液的吸液率分别为 24.37g/g、22.47g/g 和 11.75g/g,含透明质酸钠的精华液的吸液率是含聚乙烯醇的 2 倍以上。与此同时,对于阴离子型增稠剂,随着溶液浓度的增大,其离子交换作用加强,吸液率有很大提高。对于非离子型增稠剂,精华液中的增稠剂含量对吸液率影响不大。

表 7-3 比较了三种水刺非织造布面膜基材在含有羧甲基纤维素钠(CMC)溶

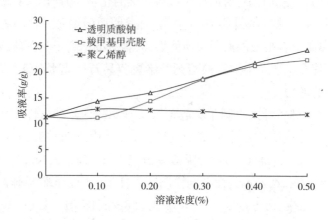

图 7-18　海藻酸钙纤维与竹纤维共混水刺非织造布在三种介质中的吸液率

液中的吸液率。对于纯棉水刺非织造布,CMC 浓度的增加使溶液的黏度有所提高,其吸液率有一定的提高。对含有 15% 海藻酸钙纤维的纯棉和天丝水刺非织造布,由于海藻酸钙纤维与 CMC 中的钠离子之间的交换,其吸液率随着浓度的增加有很大提升,85% 纯棉+15% 海藻酸钙纤维以及 85% 天丝+15% 海藻酸钙纤维制成的水刺非织造布在含 1% CMC 溶液中的吸液率分别是纯水中的 2.41 倍和 2.56 倍。

表 7-3　羧甲基纤维素钠浓度对三种水刺非织造布吸液率的影响

CMC 浓度（%）	吸液率（g/g）		
	纯棉水刺非织造布	85%纯棉+ 15%海藻酸钙纤维	85%天丝+ 15%海藻酸钙纤维
0	11.61	9.43	9.89
0.125	10.93	10.56	10.56
0.25	12.07	13.00	15.04
0.5	14.71	20.11	20.23
1	16.85	22.75	25.37

　　在面膜的使用过程中,湿润的基材与皮肤密切接触,除了水分等营养成分从面膜向皮肤转移,面膜中的活性成分与皮肤中的各种成分也具有互动性。作为一种高分子羧酸,海藻酸有优良的离子结合性能,对皮肤中的重金属离子有很强的吸附性能。

表 7-4 显示在含有铜离子的水溶液中加入 25% 海藻酸钙纤维与 75% 竹纤维共混水刺非织造布后测试出的铜离子吸附量。海藻酸钙纤维对铜离子有很强的吸附性能,并且由于非织造布松散的结构使铜离子很快被纤维吸附,加入纤维后溶液中铜离子浓度迅速下降,其对铜离子的吸附作用在 30min 内基本达到平衡,24h 后每克非织造布可以吸附 21.4mg 铜离子。

表 7-4　海藻酸钙纤维与竹纤维共混水刺非织造布对铜离子的吸附量

接触时间(h)	吸附铜离子的量(mg/g)	接触时间(h)	吸附铜离子的量(mg/g)
0	0	3	20.7
0.5	19.4	8	21.2
1	20.2	24	21.4

与铜离子相似,含海藻酸钙纤维的水刺非织造布对铅离子也有很强的吸附作用。表 7-5 显示海藻酸钙纤维与纯棉纤维共混水刺非织造布对铅离子的吸附量。结果显示,海藻酸钙纤维与铅离子溶液接触 30min 后即可吸收大量的铅离子。接触 24h 后,每克共混水刺非织造布可吸收 44.8mg 铅离子。

表 7-5　海藻酸钙纤维与纯棉纤维共混水刺非织造布对铅离子的吸附量

接触时间(h)	吸附铅离子的量(mg/g)	接触时间(h)	吸附铅离子的量(mg/g)
0	0	3	42.8
0.5	41.8	8	43.1
1	42.5	24	44.8

海藻酸盐纤维是一种具有独特结构和性能的生物活性纤维,在功能性医用敷料和面膜制品中有很强的应用价值。以海藻酸盐纤维为原料制备的医用敷料具有很强的吸湿、保湿性能,在与伤口渗出液接触后能形成柔软的凝胶,为伤口愈合提供理想的湿润环境。临床研究证明,海藻酸盐医用敷料安全、无毒,具有强吸湿性、止血性、成胶性、抑菌性,能促进伤口愈合、减轻局部疼痛、减少疤痕形成,适用于处理创面渗液和局部止血,对中、重度渗出液以及有腔隙的伤口,如褥疮、糖尿病足溃疡伤口、下肢静脉/动脉溃疡伤口、烧伤科烧伤供皮区创面及难愈性烧伤创面、肛肠科肛瘘术后创面渗血、渗液等有良好的疗效。

在水刺非织造布的制备过程中加入海藻酸盐纤维可以有效提高其对精华液的吸液率,改善面膜制品的保湿性能,同时具有清除皮肤表面重金属离子的功效。

参考文献

[1]ARMSTRONG S H AND RUCKLEY C V.Use of a fibrous dressing in exuding leg ulcers [J].J Wound Care,1997,6(7):322-324.

[2]ATTWOOD A I.Calcium alginate dressing accelerate split graft donor site healing [J].British Journal of Plastic Surgery,1989(42):373-379.

[3]BARNETT S E,VARLEY S J.The effects of calcium alginate on wound healing [J].Annals of the Royal College of Surgeons of England,1987(69):153-155.

[4]BASSE P,SIIM E,LOHMANN M.Treatment of donor sites:calcium alginate versus paraffin gauze [J].Acta Chir Plast,1992,34(2):92-98.

[5]BERVEN L,SOLBERG R,TRUONG H H T,et al.Alginates induce legumain activity in RAW 264.7 cells and accelerate autoactivation of prolegumain [J].Bioactive Carbohydrates and Dietary Fibre,2013(2):30-44.

[6]BETTINGER D,GORE D,HUMPHRIES Y.Evaluation of calcium alginate for skin graft donor sites [J].J Burn Care Rehabil,1995,16(1):59-61.

[7]BLAIR S D,BACKHOUSE C M,HARPER R,et al.Comparison of absorbable materials for surgical haemostatis [J].Br J Surg,1988,75(10):969-971.

[8]BORKOW G,GABBAY J,ZATCOFF R C.Could chronic wounds not heal due to too low local copper levels? [J].Med Hypotheses,2008,70(3):610-613.

[9]BOWLER P G,JONES S A,DAVIES B J,et al.Infection control properties of some wound dressings [J].J Wound Care,1999,8(10):499-502.

[10]BRADSHAW T.The use of Kaltostat in the treatment of ulceration in the diabetic foot [J].Chiropodist,1989(9):204-207.

[11]BUTLER P E,EADIE P A,LAWLOR D,et al.Calcium alginate dressing accelerates split skin graft donor site [J].British Journal of Plastic Surgery,1993,46(6):523-524.

[12]CHALONER D.Treating a cavity wound [J].Nursing Times,1991(87):67-69.

[13]CHAPUIS A,DOLLFUS P.The use of calcium alginate dressings in the management of decubitus ulcers in patients with spinal cord lesions [J].Paraplegia,1990,28(4):269-271.

[14]CLARK M.Rediscovering alginate dressings [J].Wounds International,2012,

3(1):1-4.

[15]DAVIES M S,FLANNERY M C,MCCOLLUM C N.Calcium alginate as hae-mostatic swabs in hip fracture surgery [J].J R Coll Surg Edinb,1997,42(1):31-32.

[16]DAWSON C,ARMSTRONG M W,FULFORD S C.Use of calcium alginate to pack abscess cavities [J].J Roy Coll Surg Edinb,1992,37(3):177-179.

[17]DEALEY C.Management of cavity wounds [J].Nursing,1989,3(39):25-27.

[18]DOYLE J W,ROTH T P,SMITH R M,et al.Effects of calcium alginate on cellular wound healing processes modelled in vitro [J].J Biomed Mater Res,1996,32(4):561-568.

[19]FANUCCI D,SEESE J.Multi- faceted use of calcium alginates [J].Ostomy and Wound Management,1991(37):16-22.

[20] FRASER R, GILCHRIST T. Sorbsan calcium alginate fibre dressings in footcare [J].Biomaterials,1983(4):222-224.

[21]GROVES A R,LAWRENCE J C.Alginate dressing as a donor site haemostat [J].Annals of the Royal College of Surgeons of England,1986(68):27-28.

[22]GUPTA R,FOSTER M E AND MILLER E.Calcium alginate in the manage-ment of acute surgical wounds and abscesses [J].J Tiss Viab,1991,1(4):115-116.

[23]HIGGINS L,WASIAK J,SPINKS A,et al.Split-thickness skin graft donor site management:a randomized controlled trial comparing polyurethane with calcium alginate dressings [J].Int Wound J,2012,9(2):126-131.

[24] KAMMERLANDER G,EBERLEIN T.An assessment of the wound healing properties of Algisite M dressings [J].Nurs Times,2003,99(42):54-56.

[25] KAWAGUCHI H, HIZUTA A, TANAKA N. Role of endotoxin in wound healing impairment.Res Commun Mol Pathol Pharmacol,1995,89(3):317-327.

[26]LANSDOWN A B,PAYNE M J.An evaluation of the local reaction and bio-degradation of calcium sodium alginate (Kaltostat) following subcutaneous implantation in the rat [J].J R Coll Surg Edinb,1994,39(5):284-288.

[27]LANSDOWN A B G,SAMPSON B,ROWE A.Sequential changes in trace metal,metallothionein and calmodulin concentrations in healing skin wounds [J].J Anat,1999,195:375-386.

[28]LAWRENCE J E,BLAKE G B.A comparison of calcium alginate and Scarlet Red dressings in the healing of split thickness skin donor sites [J].British Journal of Plastic Surgery,1991,44(4):247-249.

[29] LEE K Y, MOONEY D J. Alginate: properties and biomedical applications [J]. Prog Polym Sci, 2012, 37(1) : 106-126.

[30] MATTHEW I R, BROWNE R M, FRAME J W, et al. Kaltostat in dental practice [J]. Oral Surg Oral Med Oral Pathol, 1994, 77(5) : 456-460.

[31] MOFFATT C J, OLDROYD M I, FRANKS P J. Assessing a calcium alginate dressing for venous ulcer of the leg [J]. J Wound Care, 1992, 1(4) : 22-24.

[32] MORRIS C. Celebrating 25 years of Sorbsan and its contribution to advanced wound management [J]. Wounds UK, 2008, 4(4) : 1-4.

[33] MOTTA G J. Calcium alginate topical wound dressings [J]. Ostomy and Wound Management, 1989(25) : 52-56.

[34] QIN Y. Alginate fibres: an overview of the production processes and applications in wound management [J]. Polymer International, 2008, 57(2) : 171-180.

[35] QIN Y. The ion exchange properties of alginate fibers [J]. Textile Research Journal, 2005, 75(2) : 165-168.

[36] QIN Y. The characterization of alginate wound dressings with different fiber and textile structures [J]. Journal of Applied Polymer Science, 2006, 100(3) : 2516-2520.

[37] QIN Y. The gel swelling properties of alginate fibers and their application in wound management [J]. Polymers for Advanced Technologies, 2008, 19(1) : 6-14.

[38] QIN Y. Gel swelling properties of alginate fibers [J]. Journal of Applied Polymer Science, 2004, 91(3) : 1641-1645.

[39] QIN Y, GILDING D K. Alginate fibers and wound dressings [J]. Medical Device Technology, 1996, 7(9) : 32-41.

[40] RAPALA K T, VAHA-KREULA M O, HEINO J J. Tumour necrosis factor-alpha inhibits collagen synthesis in human and rat granulation tissue fibroblasts [J]. Experimentia, 1996, 51(1) : 70-74.

[41] RAVNSKOG F A, ESPEHAUG B, INDREKVAM K. Randomised clinical trial comparing Hydrofiber and alginate dressings post - hip replacement [J]. Journal of Wound Care, 2011, 20(3) : 136-142.

[42] RIVES J M, PANNIER M, CASTEDE J C. Calcium alginate versus paraffin gauze in the treatment of scalp graft donor sites [J]. Wounds, 1997, 9(6) : 199-205.

[43] SAYAG J, MEAUME S, BOHBOT S. Healing properties of calcium alginate dressings [J]. J Wound Care, 1996, 5(8) : 357-362.

［44］SCURR J H,WILSON L A,COLERIDGE-SMITH P D.A comparison of calcium alginate and hydrocolloid dressings in the management of chronic venous ulcers ［J］. Wounds,1994,6(1):1-8.

［45］SEGAL H C,HUNT B J,GILDING K.The effects of alginate and non-alginate wound dressings on blood coagulation and platelet activation ［J］.J Biomater Appl, 1998,12(3):249-257.

［46］SKJAK-BRAEK G,ESPEVIK T.Application of alginate gels in biotechnology and biomedicine ［J］.Carbohydrates in Europe 1996; 14:19-25.

［47］SMIDSROD O,HAUG A.Dependence upon the gel-sol state of the ion-exchange properties of alginates ［J］.Acta Chem.Scand.,1972(26):2063-2074.

［48］SMITH J.Comparing sorbsan and polynoxylin melolin dressing after toenail removal ［J］.J Wound Care,1992,1(3):17-19.

［49］SMITH J,LEWIS J D.Sorbsan and leg ulcer ［J］.Pharm J,1990(244):468.

［50］SUZUKI Y, NISHIMURA Y, TANIHARA M, et al. Evaluation of a novel alginate gel dressing:cytotoxicity to fibroblasts in vitro and foreign-body reaction in pig skin in vivo ［J］.J Biomed Mater Res,1998,39(2):317-322.

［51］SUZUKI Y, TANIHARA M, NISHIMURA Y, et al. In vivo evaluation of a novel alginate dressing ［J］.J Biomed Mater Res,1999,48(4):522-527.

［52］THOMAS S.Observations on the fluid handling properties of alginate dressings ［J］.Pharm J,1992(248):850-851.

［53］THOMAS S.Wound Management and Dressings ［M］.London:The Pharmaceutical Press,1990.

［54］THOMAS S. Alginate dressings in surgery and wound management—Part 1 ［J］.Journal of Wound Care,2000,9(2):56-60.

［55］THOMAS S. Alginate dressings in surgery and wound management—Part 2 ［J］.Journal of Wound Care,2000,9(3):115-119.

［56］THOMAS S. Alginate dressings in surgery and wound management—Part 3 ［J］.Journal of Wound Care,2000,9(4):163-166.

［57］THOMAS S,TUCKER C A.Sorbsan in the management of leg ulcers ［J］. Pharm J,1989(243):706-709.

［58］WILLIAMS C.Alginate wound dressings ［J］.British Journal of Nursing,1999, 8(5):313-317.

［59］YOUNG M J.The use of alginates in the management of exudating,infected wounds:case studies[J].Dermatol Nurs,1993,5(5):359-363.

[60]叶溱,陈炯.藻酸盐敷料在烧伤供皮区创面的应用[J].浙江医学,2001,23(4):248-249.

[61]刘颖,郑春泉.藻酸钙敷料在鼻内镜术后术腔填塞效果的临床观察[J].耳鼻咽喉-头颈外科,2003,10(4):211-215.

[62]方美珍,兰龙江.Sorbalgon藻酸钙敷料用于鼻内填塞效果观察[J].临床医学,2004,24(1):51-52.

[63]方美珍,兰龙江.藻酸钙敷料用于鼻内填塞的效果观察[J].护理研究,2004,18(3):517-518.

[64]谢民强,许庚,李源,等.四种鼻腔填塞材料的疗效比较[J].中国内镜杂志,2003,9(12):19-22.

[65]韩飞,梁辉,王启荣.藻酸钙棉条在鼻腔手术中的应用[J].山东生物医学工程,2002(21):47-48.

[66]吴可克.功能性化妆品[M].北京:化学工业出版社,2005.

[67]彭富兵,焦晓宁,莎仁.新型水刺美容面膜基布[J].纺织学报,2007,28(12):51-53.

[68]栾琪,孙静,李强,等.几丁多糖面膜在激光术后创面护理的临床评价[J].中国美容医学,2011,20(10):1588-1590.

[69]何佳.化妆品体系粘度的影响因素[J].中国化妆品,2010(3):85-90.

[70]张怡,王珊珊,龚盛昭,等.几种复合防腐剂在化妆品中的防腐效果及评价[J].广东化工,2014,41(6):78-80.

[71]莫岚,陈洁,宋静,等.海藻酸纤维对铜离子的吸附性能[J].合成纤维,2009,38(2):34-36.

[72]秦益民.功能性海藻酸纤维[J].国际纺织导报,2010,(8):15-16.

[73]秦益民.新型医用敷料,Ⅰ.伤口种类及其对敷料的要求[J].纺织学报,2003,24(5):113-115.

[74]秦益民.新型医用敷料,Ⅱ.几种典型的高科技医用敷料[J].纺织学报,2003,24(6):85-86.

[75]秦益民,陈洁.海藻酸纤维吸附及释放锌离子的性能[J].纺织学报,2011,32(1):16-19.

[76]秦益民,李可昌,邓云龙,等.先进技术在医用纺织材料中的应用[J].产业用纺织品,2015,33(5):1-6.

[77]秦益民,刘洪武,李可昌,等.海藻酸[M].北京:中国轻工业出版社,2008.

第8章 甲壳素与壳聚糖纤维

8.1 引言

　　甲壳素及其脱乙酰衍生物壳聚糖(又称甲壳胺)是一类与纤维素有相似结构的线型高分子材料,具有良好的成纤性能。在人造纤维开发的初期,甲壳素被认为是制造人造真丝的理想材料。20 世纪 20~30 年代,曾有许多科学家尝试用不同的溶剂溶解甲壳素后制取纤维。30 年代后期锦纶的发明使化学纤维行业进入一个全新的时代,合成高分子的优异性能和商业价值把化纤行业的注意力从基于甲壳素、海藻酸等天然高分子的再生纤维转向锦纶、涤纶、腈纶、维纶、丙纶等合成纤维,并随后重点发展具有抗静电、阻燃、高强度、高模量等特性的各种功能纤维。

　　在 70 年代后的几十年中,随着人们更多关注纤维材料的可持续发展以及环保理念的加强,具有可再生特性的甲壳素和壳聚糖纤维在世界各地受到重视,其优异的生物活性和使用功效也极大地推动了各种新产品的开发和应用,使甲壳素和壳聚糖纤维及其制品成为生物质新纤维产品的一个典型案例。

8.2 甲壳素和壳聚糖纤维的生产工艺

8.2.1 甲壳素和壳聚糖的溶剂

　　甲壳素分子间乙酰氨基的氢键作用强、结构紧密、结晶度高,很难溶解于普通有机溶剂。在早期研究中,浓盐酸、浓硫酸等被用来溶解甲壳素。但是这类无机强酸的腐蚀性大,溶解后得到的甲壳素溶液很不稳定。

　　1936 年,Clark 和 Smith 使用硫氰酸锂溶解甲壳素,向 60℃下饱和硫氰酸锂水溶液中加入甲壳素后加热至 95℃使甲壳素溶解。Thor 在 NaOH 浓溶液中得到碱性甲壳素后加入二硫化碳,低温下搅拌后可以制备纺丝用甲壳素黄原酸盐溶液。

　　20 世纪 70 年代后,在对甲壳素的大量研究过程中诞生了很多有机溶剂体系。

Austin 在 1975 年报道了一种对甲壳素有良好溶解性能的有机溶剂与酸溶液混合体,由 40%三氯乙酸、40%水合三氯乙醛和 20%二氯甲烷组成的混合溶剂可以有效溶解甲壳素。Tokura 等用二氯乙酸和异丙醚组成的混合溶剂也可以溶解甲壳素。Capozza 在 1976 年用六氟异丙醇溶解甲壳素,3g 甲壳素与 97g 六氟异丙醇混合后加热至 55℃,溶解后得到的纺丝液可用于干法纺制甲壳素纤维。

Agboh 在对甲壳素纤维的研究中使用了一种优良的中性有机溶剂,首先把甲壳素在间硫酸甲苯(p-toluene solphonic acid)的异丙醇溶液中进行降解处理,得到的甲壳素可以溶解在含 7%氯化锂的二甲基乙酰胺中形成均匀、稳定的纺丝溶液。

与甲壳素不同的是,壳聚糖是一种很容易溶解的高分子材料。除了硫酸,绝大多数有机和无机酸的水溶液都可用于溶解壳聚糖,目前工业上一般用 0.5%~2%的醋酸水溶液溶解壳聚糖。

8.2.2 甲壳素纤维的生产工艺

1926 年,Kunike 最早报道了甲壳素纤维的生产过程。他用浓硫酸作为溶剂制备了固含量为 6%~10%的甲壳素溶液后把纺丝液挤入水、稀酸、碱或醇溶液中形成丝条,水洗后在张力下干燥,得到的甲壳素纤维的强度为 $3.43×10^5$kPa(35kgf/mm^2)。假设纤维的密度为 1.4g/cm^3,这个强度约折合为 2.5g/dtex。同年,Knecht 和 Hibbert 用浓盐酸溶解甲壳素,尽管生产纤维的过程很不稳定,他们还是成功制成甲壳素薄膜。

1936 年,Clark 和 Smith 用硫氰酸锂溶解甲壳素后把纺丝液挤入丙酮与水的混合溶液,牵伸后得到强度很好的甲壳素纤维。

甲壳素与纤维素一样可以与二硫化碳反应生成黄原酸盐,通过类似黏胶纤维的生产工艺制备纤维。Thor 以及 Thor 和 Henderson 在 1939~1940 年报道了把甲壳素黄原酸盐挤入凝固浴制成的纤维、薄膜等产品。将 150g 甲壳素加入 3L 40%的 NaOH 水溶液中,于室温下放置 2h 后把过剩的 NaOH 溶液压出,所剩甲壳素约为初始重量的 3 倍,这样得到的碱性甲壳素放在一个封闭容器中,加入 60mL 二硫化碳后于 25℃下搅拌 4h,然后在这个混合体中加入 1.6kg 碎冰,搅拌 1h 后混合体再放置 12~16h 后形成均匀、稳定的纺丝溶液,再经过脱泡、过滤后挤出成型。

1978 年,Balassa 和 Prudden 用以上办法制备了甲壳素纤维。他们把甲壳素黄原酸盐挤入含有 8%硫酸、25%硫酸钠和 3%硫酸锌的水溶液,得到的纤维强度为 5.29~8.82cN/tex(0.6~1.0gf/旦)。这些纤维加工成非织造布后应用于临床试验,结果证明甲壳素纤维有促进伤口愈合的功效。

Tokura 等报道了一个用甲酸作溶剂的纺丝过程。他们在甲酸中加入少量的二氯乙酸和异丙醚后溶解甲壳素,用直径为 90μm 的喷丝孔挤出,得到的纤维强度为 6.00~14.02cN/tex(0.68~1.59gf/旦)、伸长率为 2.7%~4.3%。

以上生产过程用的溶剂一般是腐蚀性较大的无机或有机酸性溶剂。Rutherford 和 Austin 最早报道了用中性溶剂制备甲壳素纤维的办法,他们用含有 2%~5%氯化锂的二甲基乙酰胺溶解甲壳素。Agboh 对该溶剂作了详细研究,发现为了使甲壳素更好地溶解,有必要在溶解前先把甲壳素在间硫酸甲苯的异丙醇溶液中降解,相对分子质量从 2×10^6 降至 1.5×10^6 后,甲壳素很容易溶解在含有 5%~9%氯化锂的二甲基乙酰胺中。Agboh 在研究中发现甲醇或 75%二甲基乙酰胺与 25%水的混合物是极好的凝固液,制备的甲壳素纤维的强度为 0.7~2.2g/dtex。Nakajima 同样把甲壳素溶解在氯化锂和二甲基乙酰胺的混合液中,用丁醇作为凝固剂,得到的纤维强度为 4.90×10^5 kPa(50kgf/mm^2)。

中国专利 CN1109530A 提供了一种用湿法纺丝制备甲壳素纤维的办法。精品甲壳素和氯化锂、二甲基乙酰胺(也可以用 N-甲基吡咯烷酮代替)按 1:(0.5~5):(2~10)质量比配制,得到固含量为 2%~10%的甲壳素纺丝溶液,过滤和真空脱泡后用计量泵输送到纺丝头挤出。所用喷丝板的孔径为 0.08mm、孔数为 60~1000 孔,丝束经温度为 10~35℃的凝固浴(二甲基乙酰胺和乙醇质量比 3:7 的混合液)边凝固、边拉伸至 1:2,纤维通过沸水热处理,卷绕后用碱处理,在充分洗涤、干燥后得到的甲壳素纤维的单丝线密度为 0.5~5dtex、干态强度达 2.0cN/dtex。

甲壳素纤维也可以用干法纺丝来制备。Capozza 用六氟异丙醇为溶剂,把 3 份甲壳素放置在 97 份溶剂中,在 55℃搅拌到甲壳素溶解,得到的纺丝液从 16 孔、孔径为 100μm 的喷丝头挤入氮气中,通过溶剂挥发得到甲壳素纤维,纤维卷在筒子上真空干燥数天后可用于制作手术缝合线。Szosland 用高氯酸作催化剂把甲壳素与丁酸酐反应后制备的丁酸酐化甲壳素(Butyryl Chitin)溶于丙酮,配制成固含量为 20%~22%的纺丝液后通过干法纺丝制备了性能良好的纤维。该纤维具有抗 γ 射线能力,碱性条件下水解后得到再生甲壳素纤维。

8.2.3　壳聚糖纤维的生产工艺

尽管壳聚糖比甲壳素更容易溶解,20 世纪 80 年代以前很少有关于壳聚糖纤维的报道。最早的试验用 0.5%醋酸水溶液溶解壳聚糖后得到固含量为 3%的纺丝液,挤入 5%的 NaOH 水溶液形成纤维,这样制备的纤维强度可达 2.44g/天。壳聚糖纤维的制备也可以用三氯乙酸作为溶剂,把纺丝液挤入含有 5%NaOH 的水和乙醇的混合液中,这样制备的纤维有较高的强度,0.36tex(3.2旦)单纤维的断裂强度为 33.60cN/tex(3.81gf/旦)、断裂伸长为 17.2%。

Tokura 等把不同乙酰度的壳聚糖用 2%~4% 的醋酸水溶液溶解后纺丝,他们把纺丝液挤入 $CuSO_4/NH_4OH$ 或 $CuSO_4/H_2SO_4$ 溶液中,得到的纤维是 Cu(Ⅱ)与壳聚糖的复合物。纤维成型后把而 Cu(Ⅱ)洗脱,得到的壳聚糖纤维的表面含有丰富的—NH_2 基团。

East 和 Qin 报道了用 2% 醋酸水溶液溶解壳聚糖后制备纤维,研究了凝固浴中 NaOH 浓度、喷丝头牵伸率、热牵伸率等工艺参数对纤维性能的影响。表 8-1 和表 8-2 分别显示凝固浴中 NaOH 浓度、喷丝头牵伸率等纺丝条件对壳聚糖纤维性能的影响。

表 8-1　凝固浴中 NaOH 浓度对壳聚糖纤维性能的影响

NaOH 浓度	最高牵伸倍率(%)	单纤维线密度(dtex)	拉伸强度(g/dtex)	断裂伸长率(%)
5%	57.4	3.90	1.81	10.4
4%	77.8	3.59	1.98	7.5
3%	70.4	3.83	1.93	7.0
2%	74.1	3.87	2.02	7.8

表 8-2　喷丝头牵伸率对壳聚糖纤维性能的影响

喷丝头牵伸率	最高牵伸倍率(%)	单纤维线密度(dtex)	拉伸强度(g/dtex)	断裂伸长率(%)
0.20	60.0	7.36	1.73	4.9
0.32	39.6	5.29	1.80	5.6
0.41	37.1	4.25	1.93	5.4
0.46	23.2	4.25	1.81	5.6
0.67	12.7	3.18	1.70	8.7

8.3　甲壳素和壳聚糖纤维的结构和性能

甲壳素和壳聚糖纤维具有独特的生物医学性能和良好的舒适性,应用在人体上可以使皮肤表面处于良好的微生物平衡和微气候舒适状态,是理想的贴肤纤维材料,可用于纺织服装、医用卫生和美容化妆等诸多领域,对改善人类健康有重要作用。

8.3.1　甲壳素和壳聚糖纤维的力学性能

甲壳素和壳聚糖纤维的力学性能取决于纤维的高分子结构,而高分子结构又受到纺丝成型过程中加工条件的影响。由于乙酰胺基团有很高的氢键形成能力,甲壳素是一种结晶度很高的高分子材料。甲壳素的结晶结构有 α、β 和 γ 三种,其中 α 甲壳素中的高分子链以一正一反的形式排列,β 甲壳素中的高分子链排列在同一个方向,γ 甲壳素中的高分子链以两个正方向和一个反方向的形式组成。甲壳素纤维的结晶度随着纤维中乙酰度的提高而提高,结晶度的增加可以使纤维强度增加。当纤维部分乙酰化时,纤维的高分子结构变得无规则,影响纤维的结晶度,使湿强度下降。

通过湿法纺丝制备的甲壳素和壳聚糖纤维具有与普通黏胶纤维相似的性能,拉伸断裂强度在 17.64cN/tex(2gf/旦)左右。采用液晶纺丝、干湿法纺丝等特殊的加工方法可以获取很高强度的纤维。在干湿法纺丝过程中,成纤高分子溶液挤入一个空气间隔层后再进入凝固液,可以得到结构均匀、取向度较高的纤维。

乙酰度对甲壳素和壳聚糖类纤维的性能有较大影响。理论上,纯甲壳素纤维中氨基葡萄糖单体上的氨基全部被乙酰化,而纯壳聚糖纤维中的氨基葡萄糖单体处于脱乙酰状态。实际生产中,甲壳素纤维的氨基 50% 以上处于乙酰化状态,而壳聚糖纤维中 50% 以上的单体是氨基葡萄糖。East 和 Qin 报道了用乙酸酐处理壳聚糖纤维使氨基乙酰化后把壳聚糖纤维转化成再生甲壳素纤维。处理过程中随着乙酰度的增加,纤维的湿强度开始有所下降,之后随着乙酰度的增加而有很大的增加。

作为亲水性很强的纤维材料,环境湿度对甲壳素和壳聚糖纤维的性能有很大影响。壳聚糖纤维受潮时的强度很低,完全潮湿状态下纤维的强度只是干燥条件下的 20%。表 8-3 显示环境湿度对壳聚糖纤维性能的影响。表 8-4 显示甲壳素、壳聚糖和其他纺织纤维的基本性能。

表 8-3　环境湿度对壳聚糖纤维性能的影响

相对湿度(%)	回潮率(%)	纤维拉伸力(gf)	断裂伸长率(%)
20	8.8	162.8	5.8
65	16.2	128.2	6.1
90	29.2	89.4	5.6
100	48.9	29.0	11.5

表 8-4　甲壳素、壳聚糖和其他纺织纤维的基本性能

纤维种类	密度（g/cm³）	回潮率（%）	强度（g/dtex）	断裂伸长率（%）
棉纤维	1.54	7~8.5	2.3~4.5	3~10
毛纤维	1.32	14~16	0.9~1.8	30~45
黏胶纤维	1.52	12~16	1.5~4.5	9~36
醋酯纤维	1.30	6~6.5	1.0~1.26	23~45
腈纶	1.17	1.5	1.8~4.5	16~50
涤纶	1.38	0.4	2.5~5.5	10~45
锦纶	1.14	4~4.5	3.6~8	16~45
海藻酸盐纤维	1.78	17~23	0.9~1.8	2~14
甲壳素纤维	1.39	10~12.5	1.2~2.2	7~33
壳聚糖纤维	1.39	16.2	0.61~2.48	5.7~19.3

8.3.2　甲壳素和壳聚糖纤维的螯合性能

由于纤维结构中有氨基，甲壳素和壳聚糖纤维对金属离子有很强的螯合性。用 $CuSO_4$ 和 $ZnSO_4$ 水溶液处理纤维后，吸附在壳聚糖纤维上的 Cu（Ⅱ）和 Zn（Ⅱ）离子可以达到纤维重量的 9.0% 和 6.2%。随着铜和锌离子的吸附，纤维强度也有明显增加，含 9.0% 铜离子的壳聚糖纤维的湿强度是初始纤维的 2 倍以上。

壳聚糖纤维对金属离子的螯合性能主要源自纤维中的自由氨基。用乙酸酐把壳聚糖纤维乙酰化后，纤维的螯合性能随乙酰度的增加而下降。表 8-5 显示乙酰度对壳聚糖纤维螯合性能的影响。

表 8-5　乙酰度对壳聚糖纤维螯合性能的影响

壳聚糖的乙酰度（%）	纤维上的铜离子含量（%）	纤维上—NH₂与铜离子的摩尔比
0.86	8.2	2.9
36.6	5.4	2.9
60.8	3.6	2.8
97.2	0.6	1.2

8.3.3　甲壳素和壳聚糖纤维的抗菌性能

壳聚糖纤维有良好的抗菌作用。壳聚糖对细菌和霉菌的抗菌作用是由其所带

的阳离子与构成微生物细胞壁的唾液酸或磷脂质中的阴离子发生离子结合后束缚了微生物的自由度、阻碍其发育。此外,壳聚糖分解成低分子寡糖后渗透到微生物细胞壁内,阻碍遗传因子从 DNA 到 RNA 的转移,阻止微生物的发育。壳聚糖对大肠杆菌、金黄色葡萄球菌的最小生育阻止浓度为 $10\sim20\mathrm{mg/kg}$,对灰霉菌、斑点病菌的最小生育阻止浓度为 $10\mathrm{mg/kg}$,均显示出极高的抗菌性。

董瑛等的研究结果显示,壳聚糖纤维含量为 2.5% 的棉织物和涤棉混纺织物的染色和漂白产品均具有明显抗菌效果,且因为这种抗菌效果源自壳聚糖纤维而具有耐久性。如表 8-6 所示,含壳聚糖纤维的棉织物和涤棉混纺织物对大肠杆菌的平均抑菌率分别为 92.86% 和 93.27%,对金黄色葡萄球菌的平均抑菌率分别为 99.92% 和 98.23%。

表 8-6　壳聚糖纤维含量为 2.5% 的棉织物和涤棉混纺织物的抗菌效果

样品序号	平均抑菌率(%)			
	大肠杆菌		金黄色葡萄球菌	
	5min	20min	5min	20min
1	91.91	94.27	100.00	100.00
2	93.18	93.36	95.81	96.45
3	91.73	93.18	99.03	100.00
4	91.36	91.45	98.06	99.84

注　采用抗菌实验方法 GB 15979—2002(一次性卫生用品卫生标准)。实验菌液浓度 $=2.2\times10^{4}\mathrm{cfu/mL}$,检测温度为 20℃,相对湿度为 56%。1# 为活性染料染色的壳聚糖纤维棉织物;2# 为分散/还原染料轧染壳聚糖纤维涤棉织物;3/4# 为分散/活性染料轧染壳聚糖纤维。

冯小强等的研究显示,由于人体皮肤表面存留着尿素、尿酸、盐分、乳酸、氨基酸、游离脂肪酸等酸性物质,皮肤表面的 pH 在 4.5~6.5 之间。壳聚糖纤维与人体接触时,其结构中的氨基在微酸性介质中带正电荷,可以中和细菌细胞表面的负电荷,使细菌细胞胶合在一起后失去活性。pH 对壳聚糖的抑菌作用有很大影响,随着 pH 的升高,壳聚糖的溶解性和质子化程度降低,抗菌能力逐渐减弱,pH>7 时壳聚糖不再具有杀菌能力。与此相反,随着 pH 的降低,壳聚糖分子所带正电荷增加,导致抑菌活性的增加。

8.3.4　甲壳素和壳聚糖纤维的生物医学性能

甲壳素和壳聚糖纤维的生物医学性能包括两个方面,即甲壳素和壳聚糖材料本身的性能和它们作为纤维材料的性能。作为天然高分子材料,甲壳素、壳聚糖及其衍生物具有良好的生物相容性和生物可降解性,还具有广谱抗菌、很强的凝血作用、促进伤口愈合、调节血脂和降低胆固醇、增强免疫力、抗肿瘤等多种生理活性作用。壳聚糖的毒性极低,植入人体不会引起纤维性包囊膜,也不会导致慢性炎症。作为包含生物信息的天然高分子材料,甲壳素、壳聚糖及其衍生物可被生物体内的溶菌酶分解,在生物医用材料领域有很高的应用价值。

作为一种纤维材料,甲壳素和壳聚糖纤维可加工成纱线、机织物、针织物、非织造布等各种类型的材料。甲壳素和壳聚糖纱线可用作医用缝合线,通过调节纤维的脱乙酰度可以调节降解时间。甲壳素和壳聚糖纤维制成的机织物和针织物可用于细胞移植和组织再生的多孔结构支架。甲壳素和壳聚糖纤维加工成非织造布后可用于制备医用敷料,在伤口护理领域有重要的应用价值。

甲壳素和壳聚糖的衍生化反应为增强生物活性和改善力学性能提供新的途径,例如,壳聚糖分子结构中的羟基和氨基容易进行化学修饰,在壳聚糖侧链引入功能基团后破坏结晶区结构、增加非结晶区部分,不但可以改变溶解性,还可以改变理化性质。通过超高分子作用形成物理或化学交联网络制备配合物,可以设计成为对温度、pH、离子强度、电场强度等环境条件刺激做出应答反应的智能材料。

壳聚糖纤维结构中的氨基葡萄糖赋予纤维优异的生物活性,其独特的性能包括:

(1)保湿。壳聚糖中的氨基和羟基具有很强的亲水性,并且电荷、极性基密度大,有超强的保湿能力,与人体接触时提供一种舒适的湿润感和柔和的感触。

(2)防静电。壳聚糖纤维富含极性基团、亲水性高、吸湿性强,能防止静电产生。

(3)促进新陈代谢。壳聚糖纤维与皮肤接触后可使皮肤上消灭杂菌的溶解酵素增加 1.5~2.0 倍,并抑制感染、改善新陈代谢、保持皮肤的洁净。

(4)促进皮肤再生。壳聚糖能活化老化细胞,使之转化成健康细胞,还有促进衰弱细胞或免疫细胞活性化的作用。

(5)抗霉。脱乙酰度为 99% 的壳聚糖在 0.15% 的低浓度下对霉培养 4 天,仍不出现霉孢子繁殖的现象,说明壳聚糖有抗霉作用,并且浓度和纯度越高其作用越大。

(6)抑制细菌繁殖。壳聚糖的抗菌能力接近于抗生物质,对各种细菌和真菌有抑制作用。

(7)除臭。壳聚糖纤维能帮助皮肤消除汗味,保持清洁。

(8)增强人体免疫力。壳聚糖纤维可以通过刺激人体的免疫机制,起到增强免疫力的作用。

8.4　甲壳素和壳聚糖在纺织服装行业中的应用

甲壳素和壳聚糖可以通过交联法、涂层法、湿法纺丝法、共混纺丝法、混纺纱线法等很多种方法应用于纺织服装领域。

（1）交联法。交联法利用交联剂使甲壳素和壳聚糖与棉纤维等结合后制成，但该方法由于采用化学助剂而失去了天然产品的部分特性。

（2）涂层法。涂层法是将普通纤维在甲壳素和壳聚糖溶液中浸渍后，经脱水、干燥制得，该方法存在随洗涤次数增加抗菌效果下降的问题。

（3）湿法纺丝法。湿法纺丝法是将甲壳素和壳聚糖溶解在溶剂中配成纺丝原液，经喷丝于凝固浴中制成初生纤维后通过牵伸、洗涤、干燥等后处理得到纤维。目前一般用脱乙酰度为 80%～90% 的壳聚糖为原料，得到的壳聚糖纤维可以加工成纱线后用于机织和针织，或直接加工成非织造布后应用于医疗卫生领域。

（4）共混纺丝法。共混纺丝有两种方法。日本富士纺织株式会社生产的 Chitopoly 产品首先把壳聚糖磨成直径小于 5μm 的微细粉末后加入再生纤维素纤维的纺丝溶液中，然后通过湿法纺丝制成共混纤维，这个方法由于微细粒子的混入，引起纤维部分物理指标下降。日本 Omikenshi 公司生产的 Crabyon 纤维是将人造纤维原料与甲壳素混合后利用共同的溶剂溶解，经湿法纺丝制成纤维。由于生产中采用的是甲壳素，其抗菌效果低于壳聚糖类纤维。图 8-1 显示 Chitopoly 纤维的表面结构，可以看出分散在纤维中的壳聚糖颗粒。

图 8-1　Chitopoly 纤维的表面结构

(5)混纺纱线法。混纺纱线法是将甲壳素和壳聚糖纤维与其他纺织用纤维按照一定比例混合后纺成纱线,并进一步加工成各种类型的面料。

8.5 甲壳素和壳聚糖纤维制品

甲壳素和壳聚糖纤维具有一系列优良的使用性能和独特的生物活性,在服装、家纺、医疗、卫生、美容、保健等领域应用广泛,尤其在生物医学领域有极大的发展潜力,通过纺织和材料加工可以制成许多种类的健康产品。

8.5.1 服用面料领域

甲壳素和壳聚糖纤维具有良好的生物相容性,可使皮肤上的溶菌酶增长 1~1.5 倍,同时具有广谱抑菌、吸湿祛异味、防霉、保湿透气等优点,适用于保健内衣裤、袜子、婴儿服装、床上用品等。

(1)贴身服装。

①内衣:包括棉毛内衣、衬衫、背心、短裤、T 恤衫等。甲壳素和壳聚糖纤维对引起妇女疾病的细菌如念珠菌等具有很好的抑制作用。

②文胸:甲壳素和壳聚糖纤维可以改善化学纤维引起的过敏反应。

③婴幼儿内衣和尿布:甲壳素和壳聚糖纤维是目前唯一能够应用于婴幼儿内衣后对皮肤无刺激、不过敏的材料,可以改善尿湿疹和红臀。

④睡衣:甲壳素和壳聚糖纤维可以与棉混纺,应用于睡衣。

⑤老年人内衣:甲壳素和壳聚糖纤维对老年人皮肤干燥、瘙痒等具有很好的改善作用。

⑥运动服装:甲壳素和壳聚糖纤维可以充分吸收汗液、抑制微生物繁殖和由此产生的异味。

⑦毛衫:甲壳素和壳聚糖纤维可以拓宽毛衫原料范围,改善其服用性能,对羊毛、蚕丝等蛋白质类纤维制品可以消除异味。

(2)童装。婴幼儿用嘴舔吸衣服的情况较多,儿童的抵抗力弱,容易受到外来病菌的侵害。甲壳素和壳聚糖纤维由于其良好的抗菌性能特别适用于童装的生产。

(3)工作服。甲壳素和壳聚糖纤维对耐甲氧西林金黄色葡萄球菌有抑制作用,加入工作服中可以有效抑制医院、食品加工厂中常见的耐药菌引起的交叉感染。

(4)牛仔服装。甲壳素和壳聚糖纤维优异的吸湿、保湿性和柔软性可以改善牛仔服装的服用性能,其抗菌性能可以保证服装处于清洁、无异味的状态。

（5）袜子。脚部产生的水分超过一般皮肤表面几倍甚至几十倍,加上鞋子的束缚,细菌极易繁殖,产生臭味,导致脚气。甲壳素和壳聚糖纤维与棉混纺后可制成舒适抗菌的保健袜。

（6）巾被。甲壳素和壳聚糖纤维柔软舒适、吸湿性高、吸附性强,是巾被织物的理想材料。甲壳素和壳聚糖纤维与棉混纺制成毛巾和被服,可以抑制细菌在巾被上的繁殖,保持清洁。

（7）室内装饰。在酸性条件下,甲壳素和壳聚糖上的氨基可吸附甲醛,利用此特点可以通过甲壳素和壳聚糖纤维抑制室内装修造成的甲醛污染,具体可用于地毯、窗帘、沙发罩等家纺面料。

8.5.2　卫生领域

甲壳素和壳聚糖纤维具有天然抑菌、除螨、保湿、护肤等功能,在与皮肤接触时,可激活人体体液中的溶菌酵素、活化皮肤组织,是理想的卫生保健、美容护肤材料,可用于护垫、防护口罩、面膜、卫生巾、纸尿裤、成人失禁等用品的生产,对金黄色葡萄球菌、表皮葡萄球菌、大肠艾希氏菌、绿脓假单胞菌、白色念珠菌等都有抑制作用,特别是对革兰氏阳性细菌效果显著。由于甲壳素和壳聚糖纤维的吸湿、抑菌、柔软、无刺激和不过敏等性能特别适用于卫生材料的生产。

8.5.3　医疗领域

甲壳素和壳聚糖纤维具有良好的生物相容性和抑菌作用,可防止伤口感染,具有止血促愈的功能,被广泛应用于治疗烧伤、烫伤、创伤的医用敷料。与此同时,纱布、手术巾、床单、工作服等均有可能成为细菌的传播媒介,在医院病区内造成细菌污染和交叉感染,甚至引发其他更严重的疾患。卫生部提供的资料显示,目前住院病人的医院感染率为 9.7%,在医院死亡病例中有 1/3 ~ 1/4 与医院的细菌感染有关。感染的病原体以金黄色葡萄球菌为主,其次为大肠杆菌、绿脓杆菌等。病菌大量繁殖后,能分解人体排出物(汗液、体液)产生氨等刺激性气体,造成皮肤过敏,污染生物与医疗环境。因此有必要通过甲壳素和壳聚糖纤维等抗菌纤维赋予医用纺织材料抗菌功能,消除或减轻医疗过程中细菌造成的危害。

（1）医用敷料。甲壳素和壳聚糖纤维制成的医用敷料有以下特点:

①给病人凉爽之感以减轻伤口的疼痛感。

②具有极好的氧涌透性,防止伤口缺氧。

③吸收水分并通过体内酶自然降解。

④降解产生可加速伤口愈合的氨基葡萄糖,大大提高伤口愈合速度。

甲壳素和壳聚糖纤维制成的各种医用敷料供烧伤、烫伤、擦伤、皮肤裂伤等的临床应用具有止血、消炎和促进组织生长作用,可以缩短治疗周期,而且愈合后的创面与正常组织相似,无疤痕。通过控制甲壳素的脱乙酰度和相对分子质量,制成的水溶性甲壳素具有更好的加快伤口愈合的能力。

(2)人工皮肤。甲壳素纤维首先用血清蛋白质进行处理以提高其吸附性,然后用水作分散剂、聚乙烯醇作黏合剂,制成非织造布后切割、灭菌即可用作人工皮肤,其密着性好,便于上皮细胞长入,具有镇痛止血、促进伤口愈合的功效,还可用作基材大量培养表皮细胞,负载细胞后贴于深度烧伤表面,随着甲壳素纤维的降解形成完整的新生真皮。

(3)硬组织修复材料。用在骨折伤口上的可吸收材料必须直接与人体组织、血液和体液接触,因此要求其不但应具备生物相容性,还应具备一定的力学性能、成型加工性能以及与骨组织间弹性模量相配的物理性能。甲壳素和壳聚糖可作为硬组织激发剂,刺激硬组织尤其是骨组织的恢复和再生。以改性甲壳素纤维为增强纤维、高分子量聚乳酸为树脂基体,采用卷绕成型工艺和模压可以制备改性甲壳素纤维增强的聚乳酸复合材料,用于骨折修复材料。酰化改性甲壳素纤维增强的聚乳酸复合板材的初始弯曲强度为 114.72MPa、初始弯曲模量为 3980.05MPa。37℃下在乳酸钠林格组织液中浸泡 16 周后其弯曲强度降至 31.42MPa,有明显的体外耐水解特性及耐强度减少特性,远高于 PGA/PLA 和 PGA 自增强复合材料。

(4)人工肾膜。人工肾膜通过清除血液中的溶质净化血液,以维持慢性肾恶化病人的生命。壳聚糖是天然阳离子聚合物,制成的人工肾透析膜有足够的机械强度,可以透过尿素、肌苷等小分子有机物,却不透过 Na^+、K^+ 等无机离子和血清蛋白,并且透水性好,是一种理想的人工肾用膜。

(5)药物缓释材料。药物控制释放技术正在越来越受到人们的重视,甲壳素、壳聚糖及其衍生物在人体内可生物降解并且具有良好的生物相容性,是理想的缓控释材料。壳聚糖的游离氨基对各种蛋白质的亲和力非常高,可用作固定化酶、抗原、抗体等的载体。

(6)手术缝合线。作为天然高分子材料,甲壳素和壳聚糖可在人体酶的作用下降解后被人体吸收,是制备可吸收性手术缝合线的良好材料。目前可吸收性手术缝合线主要用于消化系统外科和整形外科等体内手术,理想的产品应该在愈合前与组织相容,愈合过程中的所有缝合线无须拆除,可被人体吸收。目前市场上的产品较难在酸、烷基锂和酶的作用下满足上述三个要求。研究表明,甲壳素对烷基锂、消化酶和受感染的尿的抵抗力比聚乳酸和羊肠好,甲壳素纤维的强度能满足手术操作的要求,没有毒性、生物相容性好,不会产生过敏反应,可以加速伤口愈合,因此甲壳素纤维缝合线是理想的可吸收手术缝合线。

8.5.4　过滤防护领域

甲壳素和壳聚糖纤维表面存在大量的氨基,能吸附许多种类的重金属离子,可用于净水器、烟草过滤嘴及空气过滤器的滤材,也可用作特殊污染的防止布、辐射能防御布等。

（1）工业过滤和吸附材料。由于甲壳素和壳聚糖可吸附难以处理的重金属、染料、氯等环境污染物,其制品可用于制作工业过滤材料,用于水净化、环保污水处理等领域。甲壳素和壳聚糖纤维具有比活性炭材料更大的吸附能力,具有安全、清洁、选择性吸附、产品形式丰富、成本低等特点。

（2）香烟过滤嘴。甲壳素和壳聚糖纤维安全、无毒、抗菌、除臭,具有高吸附、聚阳离子性质,可与阴离子性的毒性致癌物质通过静电结合。

8.5.5　军品领域

甲壳素和壳聚糖纤维是经国际权威认证机构 SGS 和国家质检总局共同认证的天然抑菌健康纤维,对抑制真菌生长和繁殖有特殊功效,可用于军袜、内衣、战靴里料等产品。

8.5.6　航空航天领域

甲壳素和壳聚糖纤维与阻燃纤维一起制成的特种功能布具有无毒、阻燃、防静电、抗菌、防霉功能,作为航空航天内饰材料已成功应用于航天领域。

8.5.7　美容化妆用品

以壳聚糖纤维为原料制备的水刺非织造布可吸附重金属离子、胆固醇、甘油三酯、胆酸、有机汞等物质,还具有天然的抑菌、除螨、保湿功能,在与皮肤接触时,可激活人体中的溶菌酵素、活化皮肤组织,有效预防及辅助治疗各种皮肤病、保持人体皮肤的细腻和弹性,是一种理想的卫生保健、美容护肤材料。

甲壳素和壳聚糖纤维是一类具有良好环保和服用性能的绿色纤维,其原料来源于虾、蟹、昆虫等甲壳类动物,是一种具有可再生特性的纤维材料。甲壳素和壳聚糖纤维具有良好的吸附性、杀菌性和透气性等优良性能,制成的纺织品可以抵抗细菌感染并能防治皮肤病,还能防臭、吸汗、保湿。以甲壳素和壳聚糖纤维为原料制成的医用敷料可以使肉芽新生、促进伤口愈合,临床上具有镇痛、止血的功效。甲壳素和壳聚糖纤维废弃物可自然降解,对环境不造成污染。甲壳素和壳聚糖纤维在服装、家纺、医疗、卫生、美容等领域正在得到越来越广泛的应用。

参考文献

[1]AGBOH O C.The production of fibers from chitin [D].Leeds:University of Leeds,1986.

[2]AGBOH O C,QIN Y.Chitin and chitosan fibers [J].Polymers for Advanced Technologies,1997(8):355-365.

[3]CLARK G L & SMITH A F.A new solvent for wet spinning of chitin fibers [J]. J Phys Chem,1936(40):863.

[4]DUMONT M,VILLET R,GUIRAND M,et al.Processing and antibacterial properties of chitosan-coated alginate fibers [J].Carbohydr Polym,2018(190):31-42.

[5]EAST G C,QIN Y.Wet-spinning of chitosan and the acetylation of chitosan fibres [J].Journal of Applied Polymer Science,1993(50):1773-1779.

[6]HIRANO S.Preparation of N-acyl chitosan fibers [J].Carbohydrate Polymers, 1997(33):1-4.

[7]ITAYA M.Study of poly-vinyl alcohol fibers blended with chitosan [J].Kobunshi Kakou,1966(15):128-135.

[8]ITAYA M.Study of cellulosic fibers blended with chitosan [J]. Kobunshi Kakou,1965(14):198-205.

[9]IZUMI S,SHIMIZU Y,HIGASHIMURA T.Absorption behavior of metal ions on chitin/cellulose composite fibers with chemical modification by EDTA [J].Textile Res J,2002(72):515-519.

[10]LI J,REVOL J F,MARCHESSAULT R H.Effect of degree of deacetylation of chitin on the properties of chitin crystallites [J].J Appl Polym Sci,1997(65):373-380.

[11]KNECHT E,HIBBERTE.Wet spinning of chitin fibers [J].J Soc Dyers Colourists,1926(42):343.

[12]KUNIKE G.Regenerated fibers from chitin [J].J Soc Dyers Colourists,1926 (42):318.

[13] LANCINA M G, SHANKAR R K, YANG H. Chitosan nanofibers for transbuccal insulin delivery [J].J Biomed Mater Res A,2017,105(5):1252-1259.

[14]MIRABEDINI A,AZIZ S,SPINKS G M,et al.Wet-spun biofiber for torsional artificial muscles [J].Soft Robot,2017,4(4):421-430.

［15］MUZZARELLI R A A.Natural Chelating Polymers ［M］.Oxford：Pergamon Press,1973.

［16］MUZZARELLI R A A.Chitin ［M］.Oxford：Pergamon Press,1977.

［17］NOGUCHI J,WADA S,SEO H,et al.Investigation of cellulose fibers blended with chitin fibers or chitin ［J］.Kobunshi Kagaku,1973(30)：326-331.

［18］PAVINATTO A,PAVINATTO F J,BARROS-TIMMONS A,et al.Electrostatic interactions are not sufficient to account for chtosan bioactivity ［J］.ACS Appl Mater Interfaces,2010,2(1)：246-251.

［19］QIN Y.The preparation and characterization of chitosan wound dressings with different degrees of acetylation ［J］.Journal of Applied Polymer Science,2008,107(2)：993-999.

［20］QIN Y.The chelating properties of chitosan fibres ［J］.Journal of Applied Polymer Science,1993(49)：727-732.

［21］ROBERTS G A F.Chitin Chemistry ［M］.London：Macmillan,1992.

［22］SEO H.Antimicrobial fiber from chitosan ［J］.Senshoku Kougyou,1993(41)：177-183.

［23］SIBAJA B,CULBERTSON E,MARSHALL P,et al.Preparation of alginate-chitosan fibers with potential biomedical applications ［J］.Carbohydr Polym,2015(134)：598-608.

［24］SZOSLAND L J.Dry spinning of dibutyl chitin fibers ［J］.Journal of Bioactive and Compatible Polymers,1996(11)：61-71.

［25］THOR C J B,HENDERSON W F.Production of fibers from chitin ［J］.Am Dyestuff Rep,1940(29)：461.

［26］TOKURA S,NISHI N,NOGUCHI J.Preparation of chitin fiber ［J］.Polymer Journal,1979(11)：781-786.

［27］TOKURA S,NISHI N,NOGUCHI J.Preparation of chitosan fibers ［J］.Sen-i Gakkaishi,1987(43)：288.

［28］YOSHIKAWA M.Crabyon ［J］.Chemistry(Japanese),1999(54)：34-36.

［29］董瑛.论壳聚糖纤维织物及其性能［J］.纺织科学研究,2003,6(2)：35-38.

［30］董瑛,李传梅,韩杨.甲壳素纤维抗菌织物的染整工艺［J］.浙江印染信息与技术,2003(7-8)：74-77.

［31］冯小强,李小芳,杨声,等.壳聚糖抑菌性能影响因素、机理及其应用研究进展［J］.中国酿造,2009(1)：19-23.

[32]冯小强,杨声,李小芳,等.不同分子量壳聚糖对五种常见茵的抑制作用研究[J].天然产物研究与开发,2008(20):335-338.

[33]朱长俊,冯德明,陆优优,等.乙酰化处理对甲壳胺医用敷料性能的影响[J].纺织学报,2008,29(4):18-21.

[34]陈洁,宋静,李翠翠,等.羧甲基甲壳胺纤维对铜离子的吸附性能[J].合成纤维,2008,37(5):1-4.

[35]秦益民.甲壳素与甲壳胺纤维:1.纤维的制备[J].合成纤维,2004,33(2):19-21.

[36]秦益民.甲壳素与甲壳胺纤维:2.纤维的性能[J].合成纤维,2004,33(3):22-23.

[37]秦益民,朱长俊.甲壳素与甲壳胺纤维:3.纤维的化学改性[J].合成纤维,2004(4):17-19.

[38]秦益民.甲壳素与甲壳胺纤维:4.纤维在生物医学领域中的应用[J].合成纤维,2004(5):34-35.

[39]秦益民.甲壳胺纤维的螯合性能[J].合成纤维,2003,32(5):5-7.

[40]秦益民.间接法生产甲壳素纤维[J].合成纤维,2005,34(7):5-7.

[41]秦益民.纺织用甲壳素纤维的研究进展[J].合成纤维,2006,35(2):6-9.

[42]秦益民,朱长俊,陈洁.含锌及含铜甲壳胺纤维的抗菌性能[J].国际纺织导报,2010(1):12-15.

[43]秦益民,朱长俊,周晓庆,等.甲壳胺纤维的改性处理[J].合成纤维,2007,36(8):29-31.

第9章 壳聚糖纤维的生物活性

9.1 引言

壳聚糖是一种具有优良生物活性的天然高分子材料,其分子结构为 β-(1,4) 聚氨基-D-葡萄糖,是甲壳素的脱乙酰衍生物。壳聚糖分子结构中的氨基葡萄糖单体以 β-(1,4) 糖苷键相互连接成聚合度为 1000~3000 的线型高聚物,具有良好的成纤特性,可以通过湿法纺丝加工制备具有优良生物相容性、生物可降解性、亲水性等特性的纤维材料,在医疗卫生领域被证明具有止血、抗菌、促进伤口愈合等优异性能,是一种具有可持续发展特性的绿色纤维材料。

壳聚糖纤维可以通过其特殊的理化性能激化生物体中细胞、组织、器官、系统等生物活性,在影响酶活性、细胞活性、组织活性、系统活性的基础上产生特殊的保健功效。作为一种纤维材料,壳聚糖纤维可以被加工成纱线、机织物、针织物和非织造布材料,壳聚糖纱线可用于医用缝合线,通过调节纤维的脱乙酰度控制其降解和吸收时间。以壳聚糖纤维为原料制备的机织物和针织物可用于细胞移植和组织再生的多孔结构支架,其非织造布可加工成医用敷料后用于伤口护理。壳聚糖纤维水刺非织造布在功能性美容化妆品领域具有特殊的应用价值,其良好的吸湿性、保湿性以及排毒、养颜特性深受消费者的喜爱。

9.2 壳聚糖纤维的离子交换性能

壳聚糖分子结构中富含氨基,在与人体接触过程中对体液中的铜、锌等金属离子有很强的螯合作用。研究显示,当壳聚糖纤维与含有 $CuSO_4$ 和 $ZnSO_4$ 的水溶液接触后,溶液中的 $Cu(II)$ 和 $Zn(II)$ 离子很快被纤维吸附,充分吸附后两种金属离子分别占纤维质量的 9.0% 和 6.2%。图 9-1 显示纤维中铜离子含量随接触时间的变化,接触 40min 和 24h 后纤维中 $Cu(II)$ 的含量分别为 7.6% 和 9.0%,说明壳聚糖纤维对 Cu(Ⅱ)的螯合是一个相当快的过程。

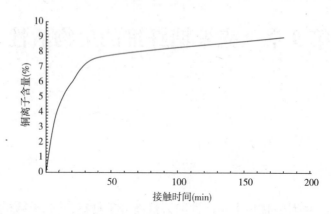

图9-1　壳聚糖纤维与硫酸铜水溶液接触后纤维中铜离子含量随时间的变化

　　体液中铜离子的含量约为 1mg/g,壳聚糖纤维对铜离子的吸附作用临床上有特殊的意义。研究显示,铜离子是人体生理和代谢过程中的一个重要元素,尤其在诱导血管内皮生长因子、血管生成、皮肤细胞外蛋白的表达和稳定过程中起关键作用。对于患有糖尿病足溃疡、褥疮、静脉溃疡等创面循环不良的患者,较低的局部铜离子含量延缓伤口愈合,通过创面局部补充铜离子可以促进血管生成和皮肤再生。壳聚糖纤维通过在创面上局部富集对伤口愈合有促进作用的铜离子,可以有效促进伤口愈合。

　　在创面上局部富集铜离子和锌离子的同时,纤维的理化性能也得到改善。表9-1和表9-2分别显示随着纤维中铜离子和锌离子含量的增加,纤维的强度也明显增加。

表 9-1　铜离子含量对壳聚糖纤维性能的影响

测试项目	纤维中铜离子含量(%)					
	0	2.8	4.4	6.0	7.6	9.0
干强(N)	1.15	1.15	1.21	1.30	1.34	1.45
干断裂伸长率(%)	6.3	12.8	14.0	15.0	14.6	14.8
湿强(N)	0.28	0.42	0.52	0.65	0.72	0.77
湿断裂伸长率(%)	11.5	16.6	19.4	20.8	22.1	19.8

表 9-2　锌离子含量对壳聚糖纤维性能的影响

测试项目	锌离子含量(%)					
	0	0.6	2.0	3.4	5.2	6.2
干强(N)	1.15	1.22	1.32	1.35	1.40	1.45
干断裂伸长率(%)	6.3	11.7	12.4	11.1	11.6	11.5
湿强(N)	0.28	0.29	0.31	0.34	0.38	0.46
湿断裂伸长率(%)	11.5	12.8	14.4	17.8	18.6	16.0

壳聚糖的乙酰度对其螯合铜离子和锌离子的性能有重要的影响。研究显示，壳聚糖吸附的铜离子与结构中氨基的摩尔比约为 3∶1，说明氨基在螯合铜离子的过程中起主要作用。铜离子和锌离子是人体中重要的微量金属元素，对伤口愈合和皮肤健康有重要作用。张海峰等的研究结果表明，在糖尿病伴有皮肤创面上局部涂抹硫酸锌后，创面组织微血管密度比对照组更大，增殖性细胞核抗原阳性细胞表达增高，基质金属蛋白酶 MMP-2 在第 5 和第 10 天时间点减少并低于涂抹生理盐水的对照组，创面的基质金属蛋白酶组织抑制剂含量在第 5 和第 10 天时约为对照组的 2 倍。这些数据表明，在创面环境中局部富集锌离子对慢性创面愈合有良好的促进作用。

9.3　壳聚糖纤维的生物相容性

作为一种天然高分子材料，壳聚糖有良好的生物相容性，其在体内和体外可通过各种化学催化作用使大分子链上的 β-(1,4)糖苷键断裂后逐步降解为单糖片断。在生物体内，壳聚糖在溶菌酶、脂肪酶、淀粉酶等催化下分解为氨基葡萄糖后被组织细胞吸收，其降解速度与温度、时间、酸碱度等密切相关。程友等研究了壳聚糖非织造布在体外、体内的降解性能及其生物相容性。他们将壳聚糖非织造布称重后分组置于 1%溶菌酶和 0.1%溶菌酶溶液中，在 37℃恒温震荡水浴中放置后按时间顺序取出，通过观察非织造布重量的变化跟踪体外降解速度，并将壳聚糖非织造布植入兔皮下后分别于 2 周、4 周、8 周、12 周取材进行大体观察和染色光镜检查。结果显示，壳聚糖非织造布在 1%溶菌酶溶液中 1 周和 2 周的平均降解失重分别为 5.52% 和 9.36%，体内植入大体观察及组织形态学检查显示其具有良好的可降解性和生物相容性。植入体内后，纤维结缔组织长入壳聚糖非织造布内，早期在壳聚糖非织造布周围虽然有一定的非感染性炎症，可见有淋巴细胞浸润，但壳聚糖非织造布周围无结节、肉芽组织形成,且随时间延长,淋巴细胞浸润减少,证明其具有良好的远期生物相容效果。

9.4 壳聚糖纤维的细胞活性

壳聚糖纤维的细胞活性体现在其与细胞接触后的黏附、形态、生长、增殖、分化、再生等状况。当壳聚糖纤维与细胞接触时,蛋白黏附是首先进行的反应,并且在随后的细胞反应中起重要作用,在此过程中纤维表面黏附的蛋白质种类、数量、构象和分布主要取决于纤维表面的理化性质。闵翔等将不同配比的壳聚糖/聚己内酯混合溶液通过旋转涂膜法成膜后分别通过原子力显微镜、滴形分析仪、石英晶体天平和 MTT 比色法测量膜的表面形貌、亲疏水性、蛋白吸附和细胞增殖活性。结果显示,细胞在壳聚糖上有较好的伸展形态,虽然壳聚糖膜表面黏附的蛋白量较小,其亲水性表面有利于保持蛋白的原有构象和生物活性。图 9-2 显示人骨髓间充质干细胞在羧甲基壳聚糖/聚乙烯醇支架表面黏附 12h、24h 和 48h 后的形态。

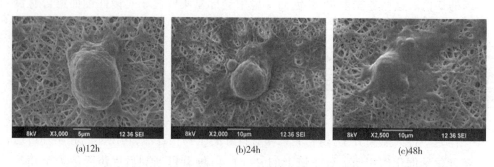

(a)12h (b)24h (c)48h

图 9-2 人骨髓间充质干细胞在羧甲基壳聚糖/聚乙烯醇支架表面的形态

丁勇等的研究结果显示,壳聚糖对细胞行为有明显影响,尤其对巨噬细胞的活性起重要作用,可以通过活化巨噬细胞促进其分泌多种有利于伤口愈合的细胞因子,在慢性伤口愈合过程中有重要作用。壳聚糖可以促进上皮细胞增殖,使其从创面外周向中间迁移后逐渐生成新的上皮,从而加快伤口愈合。张文达等使用壳聚糖溶液培养人体上皮细胞的实验结果表明,当培养液中壳聚糖浓度不断增加时,上皮细胞的数量不断增加且生长良好,壳聚糖溶液浓度为 0.6g/L 时能明显促进兔膀胱上皮细胞的增殖,且在 1.2g/L 时达到高峰。杨红等制备了一系列不同浓度的壳聚糖溶液并研究其对神经细胞的影响,通过实验发现,体外培养的 SD 乳鼠视网膜神经细胞在有壳聚糖存在的环境中不仅生长良好,且在一定浓度范围内生长得更旺盛,存活的神经细胞数量以及细胞存活的时间均优于空白对照组。Heinemann 等的研究结果显示,壳聚糖纤维制成的支架对小鼠成骨细胞的增殖分化有促进作用,适合制作组织工程支架。

壳聚糖的细胞活性可以通过各种理化改性技术的应用得到进一步改善。Budiraharjo 等通过共价键结合的方法把骨形态发生蛋白结合到壳聚糖结构中,研究结果显示,改性壳聚糖可以促进成骨细胞在壳聚糖上的黏附、增殖和分化。Yang 和 Zaharoff 的研究结果显示,把壳聚糖与白细胞介素等细胞因子结合后可以有效增强其抗肿瘤作用。Custodio 等的研究结果显示,壳聚糖及其衍生物可以通过影响上皮细胞的通道来提高细胞的通透性,对一些可以使活性物质降解的酶具有抑制作用,又由于其生物黏附性强,可以增强亲水化合物的通透作用,提高跨膜转运能力,因此,可作为生物活性物质的促进吸收因子,其中用纤连蛋白改性的壳聚糖可以促进细胞的黏附,负载生长因子后的壳聚糖具有更好的止血性能。Jiang 等的研究显示,物理包埋及化学键合蛋白质、寡肽等生物活性分子可以改善细胞与壳聚糖的相容性,交联后的壳聚糖在具有细胞活性的同时具有更好的稳定性及刚性结构,在组织工程中有特殊的应用价值。

应该指出的是,作为一种天然高分子,纯度对壳聚糖的生物活性有重要影响,内毒素等杂质的存在会严重影响壳聚糖的生物活性。

9.5　壳聚糖纤维的止血性能

理想的止血材料能够迅速停止动脉和静脉大量流血,甚至可应用于血泊止血,并且轻便、耐用、在不同温度和湿度下稳定、不会对受伤者和施救者造成伤害。壳聚糖具有无毒、无抗原性、生物相容性、抑菌、促进伤口愈合以及易于形成凝胶等特性,具备止血材料应该拥有的各种优良性能。国内外大量研究结果已经证实了壳聚糖优良的止血性能。

壳聚糖可以加工成粉末、溶液、凝胶、薄膜、海绵、纤维等多种形式的材料后用于伤口止血。自 Malette 等于 1983 年首次发表壳聚糖止血功能的研究后,以壳聚糖为原料制备的止血材料及止血性能越来越受到人们的关注,目前有多种形态和种类的止血材料应用于伤口出血治疗。壳聚糖的止血效果与其相对分子质量、脱乙酰度、质子化程度和物理形式等密切相关。当壳聚糖纤维与血液接触时,白蛋白、Y-球蛋白、血纤维蛋白原和凝血原酶等血浆蛋白迅速吸附在纤维表面,介导了血小板在材料表面的黏附。随后,血小板发生形变并被激活,同时引起包括 β-血小板球蛋白、5-羟色胺、腺苷核苷酸和促凝血激活物等血小板内容物的释放。其中,腺苷核苷酸能促使更多的血小板在纤维表面的黏附,最终形成的血小板聚集体和不溶性血纤维蛋白以及被截留的血细胞共同形成血栓。黏多糖、磷脂及细胞外基质蛋白等许多生物大分子显负电性,在 pH≤6.8 的环境中,壳聚糖质子化而显正电性,壳聚糖的血栓形成能力部分归结于它与生物大分子之间的静电作用。图 9-3 显示壳聚糖在弱酸条件下质子化的示意图。

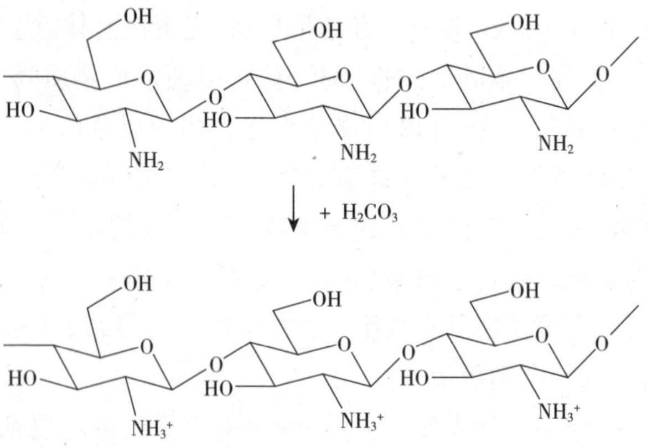

图 9-3　壳聚糖在弱酸条件下质子化的示意图

　　血小板是血液凝固中的主要成分,可被多种异物材料活化后介导凝血过程,同时释放出多种促进伤口愈合的细胞因子。壳聚糖纤维对血小板的黏附聚集作用与其分子链上很高的正电荷密度相关,血小板活化后,其表面出现的大量呈负电性的磷脂酰丝氨酸与壳聚糖发生静电吸引,在中和壳聚糖的正电荷后,血小板的黏附数目急剧下降。在血小板的活化和聚集过程中,Ca^{2+} 是决定血小板功能最主要的次级信号之一,吸附到壳聚糖材料上的血小板细胞内液中 Ca^{2+} 含量明显提高,其提高程度与壳聚糖的用量有关。

　　Segal 等在研究海藻酸盐纤维的止血性能时发现海藻酸盐纤维的止血性能主要源于凝血效应和对血小板的激化作用,海藻酸盐纤维释放出的 Ca^{2+} 在激化血小板后使其释放出纤维蛋白链而形成血栓,因此产生良好的止血功效。对于壳聚糖纤维,马军阳等的研究显示,壳聚糖通过蛋白质介导黏附血小板后形成的壳聚糖与血小板复合物,可以加速血纤维蛋白单体的聚合并共同形成凝块。与此同时,壳聚糖通过诱导红细胞聚集刺激血管收缩,最终形成血栓后封合伤口。在血栓形成过程中起重要作用的细胞因子包括白细胞介素(IL)、肿瘤坏死因子(TNF)、转化生长因子(TGF)等。

高金伟等研究了壳聚糖纤维对肝脏的止血效果,试验组使用壳聚糖纤维贴敷创面,对照组使用可吸收止血纱布(速即纱,是由美国强生公司生产,由再生氧化纤维素制成,其性质如织物),空白组不使用任何材料,术后记录各组的总出血量和止血率。结果显示,试验组、对照组和空白组的止血率分别为 100%、25% 和 0%,出血量分别为 (0.443 ± 0.030) g/kg、(0.702 ± 0.056) g/kg 和 (2.121 ± 0.190) g/kg,壳聚糖纤维敷料的止血效果明显优于对照组和空白组。

9.6　壳聚糖纤维的抑菌性能

壳聚糖是一种天然抗菌材料,具有广谱抗菌、抗菌活性高等特点,在很多领域已经证明可以有效抑制细菌和真菌的生长和繁殖。Amin & Abdel-Raheem 在研究壳聚糖水凝胶敷料的抗菌性能时发现,由于人体皮肤表面存留着尿素、尿酸、盐分、乳酸、氨基酸、游离脂肪酸等酸性物质,其 pH 在 4.5~6.5 之间。当壳聚糖应用于人体表面时,其分子结构中的氨基在与酸性介质接触后形成带正电荷的分子链,可以中和细菌细胞表面所带的负电荷,使细菌细胞胶合在一起而凋亡。pH 对壳聚糖的抑菌作用有很大影响,随着 pH 升高,壳聚糖的溶解性和质子化程度降低,其抗菌能力逐渐减弱,pH>7 时壳聚糖不再具有杀菌能力。与此相反,随着 pH 的降低,壳聚糖分子所带的正电荷增加,导致抑菌活性的增强。张丽霞和马建伟的研究结果显示,pH 对壳聚糖纤维的抗菌性能有较大影响,随着 pH 的下降,壳聚糖纤维的抑菌性能逐步增强。

目前关于壳聚糖的抑菌特性和抑菌机理有多种解释。

第一种观点认为,壳聚糖在酸性介质中成为阳离子型生物絮凝剂,絮凝过程中使菌体细胞聚沉,其高分子链密集于细菌菌体表面形成一层高分子膜,通过影响细菌对营养物质的吸收、阻止代谢废物的排泄而导致菌体新陈代谢紊乱,起到抑菌和杀菌作用。这个过程中相对分子质量的增大可以使壳聚糖分子链的卷曲和缠结程度增大,使有效基团—NH^{3+}被包埋在絮凝体中而降低其对菌体的吸附和杀菌能力。与此相反,低分子量壳聚糖可以通过渗透作用穿过多孔细胞壁,尤其是革兰阴性菌的细胞壁较薄、交联松散,在低分子量壳聚糖进入细菌内部后通过破坏细胞质中内含物的胶体状态使其絮凝、变性而无法进行正常的生理活动,或者直接干扰其带负电荷的遗传物质 DNA 和 RNAm,抑制细菌繁殖、导致微生物死亡。如果相对分子质量进一步降低,则有效基团减少,壳聚糖的絮凝能力降低后使其失去抗菌能力,并且通过渗透作用进入细菌细胞后被几丁质酶或壳聚糖酶降解,成为营养物质被利用后反而促进菌体的生长。

第二种观点认为,壳聚糖的有效基团—NH^{3+}可以与细菌细胞膜上的类脂、蛋白质复合物反应,使蛋白质变性后改变细胞膜的通透性、损坏细胞壁的完整性,使细胞壁趋于溶解,直至细胞死亡。

第三种观点认为,壳聚糖分子结构中的自由氨基可以选择性地螯合对微生物生长起关键作用的金属离子,尤其是铜和锌等酶的辅助因子,从而抑制微生物的生长和繁殖。壳聚糖浓度足够高时能激活部分微生物本身的几丁质酶活性或使几丁质酶过分表达,导致其对自身细胞壁几丁质的降解而损伤细胞壁,最终导致细菌死亡。

壳聚糖纤维的抗菌功效在临床上有很高的实用价值,可用于预防感染、抑制创面细菌繁殖、促进伤口愈合。魏莹等在 42 例供皮区和浅二度创面的研究中发现,壳聚糖医用敷料在保护创面的同时减少创面物质的丢失,降低感染的发生概率,有助于内环境的稳定,可明显减少换药次数、减少出血、减轻疼痛感,而且临床证明其无毒、无排斥反应,也无占位作用。

9.7 壳聚糖纤维对酶活性的抑制性能

酶在细胞和组织的生命活动中起重要作用。人体中存在的酶的种类很多,其中与皮肤相关的主要有基质金属蛋白酶(MMPs)、丝氨酸蛋白酶、半胱氨酸蛋白酶等。自 1962 年 Gross & Lapiere 在蝌蚪中发现能分解胶原蛋白的间质胶原酶 MMP-1 后,各国科学家已经相继发现了 25 种各不相同的细胞外肽链内切酶。这些酶的共同特征是其前结构域中的半胱氨酸序列和催化区域中的锌离子结合区,它们对细胞外基质的大多数组分显示一定的水解活性并调控一系列生物学进程,过多的合成和表达会加快基质降解,导致癌症、关节炎等一系列疾病的发生,因此 MMPs 的抑制剂对于疾病治疗有重要意义。

根据与锌离子结合的化学基团的不同,目前研究比较广泛的 MMPs 抑制剂有四大类,即氧肟酸盐类、羧酸类、硫醇类以及磷酸和次磷酸类。根据来源,目前已有的 MMPs 抑制剂可分四种:组织中分泌的天然基质金属蛋白酶抑制剂、人工合成的MMPs 抑制剂、从天然产物中筛选得到的 MMPs 抑制剂、通过筛选噬菌体展示肽库和抗体得到的 MMPs 抑制剂。

壳聚糖纤维对锌离子有很强的吸附性能,可以通过与锌离子的交换对 MMPs产生抑制作用,在伤口愈合过程中起重要作用。朱世振等的研究结果表明,壳聚糖能明显抑制 IL-1B 诱导的软骨细胞 MMP-1mRNA 和蛋白的表达,从而抑制 IL-1B 介导的软骨细胞 TIMPs/MMPs 比例的失衡,减轻骨关节炎软骨退变。王海斌等观察了高脱乙酰度羧甲基壳聚糖经关节腔注射对实验性兔膝骨关节炎软骨退变的影响,对比两组兔股骨髁关节软骨的大体改变和病理变化,并用免疫组化的方法对比两组的基质金属蛋白酶-1(MMP-1)及基质金属蛋白酶-3(MMP-3)的表达情况。结果显示,高脱乙酰度羧甲基壳聚糖能明显降低骨关节炎软骨中 MMP-1 和 MMP-3 的表达,能诱导软骨细胞再生,所生成的软骨细胞保持了正常的软骨组织结构,且有大量 I 型胶原及蛋白多糖等细胞外基质产生,显示壳聚糖在软骨损伤修复方面有广阔的临床应用前景。

9.8　壳聚糖纤维的促愈性能

壳聚糖纤维在伤口护理领域有重要的应用价值,在预防感染、降低疼痛的同时具有促进伤口愈合的作用。伤口愈合涉及炎症反应、血管生成、肉芽组织增殖、上皮化等一系列生理过程。肉芽组织的形成促进了纤维组织增生,其中血管生成、纤维组织形成和胶原合成需要巨噬细胞的活化。肉芽组织被白介素-1(IL-1)或肿瘤坏死因子-α(TNF-α)促进,而被 IL-4 或 γ-干扰素(IFN-γ)抑制。这些细胞因子由巨噬细胞、淋巴细胞和纤维母细胞等释放。壳聚糖纤维可刺激移行的巨噬细胞分泌与组织修复有关的 IL-1 等调节因子,诱导成纤维细胞增生、提高细胞外基质对成纤维细胞产生的作用。

在炎症反应的早期,多形核细胞(PMN)、巨噬细胞等各种炎症细胞浸润到创面部位以清除外来成分,在此阶段,壳聚糖纤维通过加速炎症细胞浸润到伤口部位起到促进伤口清洁的作用。Ueno 等通过对正常小猎犬的腹部进行开放性皮肤伤口实验,发现与对照组相比,壳聚糖组在组织学上有更明显的 PMN 浸润,还能促进和激活一种强的 PMN 趋化剂补体 c5a 的产生和补充。壳聚糖还能诱导局部巨噬细胞增生,并使其活性增强,其机制是:

(1)壳聚糖是巨噬细胞的阳性趋化剂,能吸引单核细胞从血管中游出,聚集在组织中形成巨噬细胞。

(2)壳聚糖直接刺激局部组织细胞增生,演变为巨噬细胞。除壳聚糖本身的作用外,被壳聚糖激活的 PMN 趋化剂补体 c5a 也可加速巨噬细胞的移行,其增生及活性的增强有利于伤口抵抗感染,加速肉芽组织生长,促进伤口愈合。

Ali 等的研究显示,壳聚糖纤维与血清的互动作用可以刺激成纤维细胞增殖、强化巨噬细胞的活性,具有促进伤口愈合的功效。

大量临床研究证明了壳聚糖纤维敷料对伤口愈合的促进作用。李珂等在研究壳聚糖敷料对溃疡期压疮的治疗效果中将60例溃疡期压疮患者随机分为对照组和观察组各30例,彻底清创后对照组采用甲硝唑、庆大霉素混合液湿敷创面,观察组将壳聚糖湿敷于创面。结果显示,观察组治疗效果显著优于对照组,创面愈合时间、换药次数均显著低于对照组,证实壳聚糖纤维敷料可促进压疮创面愈合、缩短愈合时间、减少换药次数。Ohshima等把壳聚糖非织造布制成的敷料应用于91个病人的伤口上,包括烧伤供皮区、植皮区、皮肤擦伤、溃疡等创面。结果显示,壳聚糖敷料在缓解疼痛、减轻创面粘连程度、促进愈合等方面有良好的疗效。冯丽等选取新西兰白兔30只作为实验动物,随机分为实验组和对照组,并对壳聚糖促进伤口愈合的作用进行对比分析,结果显示,实验组与对照组相比,伤口愈合时间明显缩短,壳聚糖对伤口愈合有明显的促进作用,其促进伤口愈合的机制主要是:加速PMN细胞渗出到伤口区,加速渗出以形成稠纤维蛋白并激活成纤维细胞移行到伤口区,刺激巨噬细胞移行,刺激成纤维细胞增生和Ⅲ型胶原纤维产生。

壳聚糖纤维是一种具有特殊生物活性的纤维材料,在医疗卫生领域有很高的应用价值。壳聚糖的氨基葡萄糖结构赋予纤维优良的螯合性能和聚阳离子特性,通过与血液、伤口渗出液的接触对人体组织产生独特的生物活性,其与生物体的亲和性能体现在细胞水平上,对受损伤的生物体能诱生特殊细胞,加快伤口愈合。壳聚糖纤维对血清蛋白质等血液成分的吸附能力很大,其产生抗原的可能性很小,具有消炎、止血、镇痛、抑菌等特殊生物活性。

参考文献

［1］AGBOH O C,QIN Y.Chitin and chitosan fibers［M］.Polymers for Advanced Technologies,1997(8):355-65.

［2］ALI S A M,SHAH F,HAMLYN P F,et al.Bioactive fibres for enhanced wound-healing［J］.J Text Inst,2003,94(3):42-45.

［3］AMIN M A,ABDEL-RAHEEM I T.Accelerated wound healing and anti-inflammatory effects of physically cross linked polyvinyl alcohol-chitosan hydrogel containing honey bee venom in diabetic rats［J］.Arch Pharm Res,2014(37):1016-1031.

［4］BOONKONG W,PETSOM A,THONGCHUL N.Rapidly stopping hemorrhage by enhancing blood clotting at an opened wound using chitosan/polylactic acid/polycaprolactone wound dressing device [J].J Mater Sci:Mater Med,2013(24):1581-1593.

[5]BORKOW G,GABBAY J,ZATCOFF R C.Could chronic wounds not heal due to too low local copper levels? [J].Med Hypotheses,2008,70(3):610-613.

[6]BUDIRAHARJO R,NEOH K G,KANG E T.Enhancing bioactivity of chitosan film for osteogenesis and wound healing by covalent immobilization of BMP-2 or FGF-2 [J].J Biomater Sci Polym Ed,2013,24(6):645-662.

[7]CHEN P,PARKS W C.Role of matrix metalloproteinases in epithelial migration [J].J Cell Biochem,2009,108:1233-1243.

[8]CUSTODIO C A,ALVES C M,REIS R L,et al.Immobilization of fibronectin in chitosan substrates improves cell adhesion and proliferation [J].J Tissue Eng Regen Med.2010,4(4):316-323.

[9]FRANCESKO A,TZANOV T.Chitin,chitosan and derivatives for wound healing and tissue engineering [J].Adv BiochemEngin/Biotechnol,2011(125):1-27.

[10]GROSS J,LAPIERE C M.Collagenolytic activity in amphibian tissues:a tissue culture assay.Proc Natl Acad Sci USA,1962(8):1014-1022.

[11]HEINEMANN C, HEINEMANN S, BERNHARDT A, et al. Novel textile chitosan scaffolds promote spreading,proliferation,and differentiation of osteoblasts [J]. Biomacromolecules,2008,9(10):2913-2920.

[12]JAYAKUMAR R,PRABAHARAN M,NAIR S V,et al.Novel chitin and chitosannanofibers in biomedical applications [J].Biotechnol Adv,2010(28):142-150.

[13]JAYAKUMAR R,PRABAHARAN M,NAIR S V,et al.Novel carboxymethyl derivatives of chitin and chitosan materials and their biomedical applications [J]. Progress in Materials Science,2010(55):675-709.

[14]JAYAKUMAR R,PRABAHARAN M,SUDHEESH KUMAR P T,et al.Biomaterials based on chitin and chitosan in wound dressing applications [J].Biotechnology Advances,2011(29):322-337.

[15]JIANG T,KUMBAR S G,NAIR L S,et al.Biologically active chitosan systems for tissue engineering and regenerative medicine [J].Curr Top Med Chem,2008,8(4):354-364.

[16]JOHNSEN M,LUND L R,ROMER J,et al.Cancer invasion and tissue remodeling:common themes in proteolytic matrix degradation [J].Curr Opin Cell Biol,1998(10):667-671.

[17]KAUR S,DHILLON G S.The versatile biopolymer chitosan:potential sources,

evaluation of extraction methods and applications [J].Crit Rev Microbiol,2014,40(2):155-175.

[18]KINGKAEW J,KIRDPONPATTARA S,SANCHAVANAKIT N,et al.Effect of molecular weight of chitosan on antimicrobial properties and tissue compatibility of chitosan-impregnated bacterial cellulose films [J].Biotechnology and Bioprocess Engineering,2014(19):534-544.

[19]LIEDER R,GAWARE V S,THORMODSSON F,et al.Endotoxins affect bioactivity of chitosan derivatives in cultures of bone marrow-derived human mesenchymal stem cells [J].Acta Biomater,2013,9(1):4771-4778.

[20]MALETTE W G,QUIGLEY H J,GAINES R D,et al.Chitosan:a new hemostatic[J].AnnThorac Surg,1983,36(1):55-58.

[21]MARTINS V L,CALEY M,O'TOOLE E A.Matrix metalloproteinases and epidermal wound repair [J].Cell Tissue Res,2013(351):255-268.

[22]MI F L,SHYU S S,WU Y B,et al.Fabrication and characterization of a sponge-like asymmetric chitosan membrane as a wound dressing[J].Biomaterials,2001,22(4):165-173.

[23]MICHALSKA M,KOZAKIEWICZ M,BODEK K H.Polymer angiogenic factor carrier.Part I.Chitosan-alginate membrane as carrier PDGF-AB and TGF-beta [J].Polim Med,2008,38(4):19-28.

[24]MIGNATTI P,RIFKIN D B.Biology and biochemistry of proteinases in tumor invasion [J].Physiol Rev,1993(73):161-195.

[25]OHSHIMA Y,NISHINO K,YONEKURA Y,et al.Clinical application of chitin nonwoven fabric as wound dressing [J].Eur J Plast Surg,1987(10):66-69.

[26]OVERALL C M,LOPEZ-OTIN C.Strategies for MMP inhibition in cancer:innovations for the post-trialera [J].Nat Rev Cancer,2002(2):657-672.

[27]PAVINATTO A,PAVINATTO F J,Barros-Timmons A,et al.Electrostatic interactions are not sufficient to account for chitosan bioactivity [J].ACS Appl Mater Interfaces,2010,2(1):246-251.

[28]PIERRE G,SALAH R,GARDARIN C,et al.Enzymatic degradation and bioactivity evaluation of C-6 oxidized chitosan [J].Int J Biol Macromol,2013(60):383-392.

[29]PUSATERI A E,HOLCOMB J B,KHEIRABADI B S,et al.Making sense of preclinical literature on advanced hemostatic products[J].Trauma,2006(60):674-682.

[30]PUSATERI A E,MCCARTHY S J,GREGORY K W,et a1.Effect of a chitosan based hemostatic dressing on blood loss and survival in a model of severe venous hemorrhage and hepatic injury in swine [J].Trauma,2003(54):177-182.

[31]QIN Y.The chelating properties of chitosan fibers [J].J Appl Polym Sci,1993(49):727-733.

[32]QIN Y.Medical Textile Materials [M].New York:Elsevier,2016.

[33]RABEA E I,BADAWY M E T,STEVENS C V,et al.Chitosan as antimicrobial agent:applications and mode of action [J].Biomacromolecules,2003,4(6):1457-1465.

[34]SCHNEIDER A,VODOUHE C,RICHERT L,et al.Multifunctional polyelectrolyte multilayer films:combining mechanical resistance, biodegradability, and bioactivity [J].Biomacromolecules,2007,8(1):139-145.

[35]SEGAL H C,HUNT B J,GILDING K.The effects of alginate and non-alginate wound dressings on blood coagulation and platelet activation [J].JBiomater Appl,1998,12(3):249-257.

[36]UENO H,YAMADA H,TANAKA I,et al.Accelerating effects of chitosan for healing at early phase of experimental open wound in dogs [J].Biomaterials,1999,20(15):1407-1414.

[37]YANG L,ZAHAROFF D A.Role of chitosan co-formulation in enhancing interleukin-12 delivery and antitumor activity [J].Biomaterials,2013,34(15):3828-3836.

[38]张海峰,吕游,王洪莎,等.硫酸锌对糖尿病皮肤损伤的修复作用[J].中国老年学杂志,2016(36):5777-5780.

[39]程友,黄金中,杜江,等.甲壳胺非织造布的降解性及生物相容性观察[J].中国耳鼻咽喉颅底外科杂志,2005,11(4):229-231.

[40]程友,王秋萍,薛飞,等.PLGA/甲壳胺非织造布三维生物支架的安全性及组织相容性观察[J].实用医学杂志,2007,23(18):2833-2835.

[41]闵翔,唐敏健,焦延鹏,等.壳聚糖/聚己内酯共混膜的制备及性能[J].中国组织工程研究与临床康复,2011,15(21):3887-3890.

[42]丁勇,徐锦堂,陈剑,等.兔角膜缘上皮细胞在体外壳聚糖共混膜上的培养及生物学鉴定[J].暨南大学学报(自然科学与医学版),2005,26(2):205-209.

[43]张文达,郑军华.壳聚糖体外促进兔膀胱黏膜上皮细胞的增殖[J].第二军医大学学报,2007,28(11):1248-1251.

[44]杨红,赵燕.壳聚糖促进体外培养 SD 乳鼠视网膜神经细胞生长的初步研究[J].华中科技大学学报(医学版),2010,39(1):116-119.

[45]石凉,汪涛,吴大洋.壳聚糖止血材料及最新研究进展[J].蚕业科学,2009,35(4):929-934.

[46]马军阳,陈亦平,李俊杰,等.甲壳素/壳聚糖止血机理及应用[J].北京生物医学工程,2007,26(4):442-445.

[47]宋炳生,李汉宝,陈家英.壳糖止血海绵的药效学研究[J].医学研究生学报,2005,18(7):601-602.

[48]高金伟,刘万顺,韩宝琴.壳聚糖基纤维止血效果研究[J].安徽农业科学,2012,40(11):6458-6459.

[49]冯小强,李小芳,杨声,等.壳聚糖抑菌性能影响因素、机理及其应用研究进展[J].中国酿造,2009(1):19-23.

[50]冯小强,杨声,李小芳,等.不同分子量壳聚糖对五种常见菌的抑制作用研究[J].天然产物研究与开发,2008(20):335-338.

[51]刘雪梅,朱艳丽.甲壳胺体内外抑菌试验及其抑菌机理的研究[J].山东农业大学学报(自然科学版),2008,39(3):365-370.

[52]张丽霞,马建伟.甲壳胺纤维抗菌试验性方法及影响因素的初步研究[J].山东纺织科技,2002,(2):1-3.

[53]魏莹,赵耀华,牛希华,等.甲壳质医用敷料在烧伤治疗中的应用[J].医药论坛杂志,2004,25(7):58-59.

[54]李岱霖,郑清川,张红星,等.基质金属蛋白酶的新型抑制剂效能的理论研究[J].高等学校化学学报,2009,30(8):1592-1595.

[55]房学迅,杨金刚,史秀娟。来源于天然产物的基质金属蛋白酶(MMPs)抑制剂[J].化学进展,2007,19(12):1991-1998.

[56]朱世振,邱波,门海龙,等.壳聚糖对软骨细胞基质金属蛋白酶 1 及其抑制因子表达的影响[J].中华风湿病学杂志,2014,18(12):828-831.

[57]王海斌,刘世清,彭昊,等.高脱乙酰度羧甲基壳聚糖对兔骨关节炎软骨 MMP-1,3 表达的作用[J].武汉大学学报(医学版),2005,26(1):21-24.

[58]陈煜,窦桂芳,罗运军,等.甲壳素和壳聚糖在伤口敷料中的应用[J].高分子通报,2005(2):94-100.

[59]刘亚,贺丹丹.甲壳质水刺医用敷料的开发研究[J].非织造布,2005,13(4):28-31.

[60]王华明,王江.壳聚糖伤口敷料的研究进展[J].华南热带农业大学学报,

2007,13(2):48-53.

　　[61]何静,刘彦群.壳聚糖与伤口愈合[J].徐州医学院学报,2001,21(3):255-258.

　　[62]李珂,张福卿,孙淼,等.甲壳胺治疗溃疡期压疮效果观察[J].护理学杂志,2007,22(11):47-48.

　　[63]冯丽,赫英娟,张全明,等.甲壳胺对伤口愈合作用的观察[J].齐齐哈尔医学院学报,2008,29(10):1258.

第10章　壳聚糖纤维的功能化改性

10.1　引言

作为一种功能性纤维材料,壳聚糖纤维的一个主要缺点是吸湿性差。与海藻酸钙纤维相比,壳聚糖纤维在与伤口渗出液接触后,不能形成具有保湿作用的凝胶,其吸收液体的能力也大大低于海藻酸钙医用敷料。从对纤维进行改性的角度看,壳聚糖与纤维素有很相似的化学结构。纤维素结构中葡萄糖环的 2 号位上的—OH 基团在壳聚糖中被自由氨基取代,具有更强的化学反应活性,可以通过各种化学改性技术的应用有效改善纤维的性能。

10.2　壳聚糖的化学改性

化学改性是提高材料性能、拓宽材料用途的一个有效途径,包括两个基本方法,即复合物的制备和化学修饰。复合物可以通过共混、螯合、化学吸附等方法制备,得到的改性产物具有形成复合物的基础材料的综合性能。化学修饰是通过化学反应使材料的化学结构发生根本变化,得到的衍生物具有与初始材料很不相同的性能。

10.2.1　壳聚糖的复合物

壳聚糖的复合物是通过螯合、离子交换、键合等方式与其他活性成分结合后形成的新产物,其不同于壳聚糖与反应试剂的简单混合物,在材料的性能上体现复合物的协同作用。例如,将壳聚糖用碘—碘化钾水溶液处理后可以制备碘—壳聚糖复合物,碘与壳聚糖非织造布结合后得到的碘壳聚糖非织造布可以释放出碘,具有良好的热稳定性和消毒杀菌功效。

壳聚糖纤维也可以与酶形成复合物,包括 D-葡萄糖异构酶在内的很多种酶可以用壳聚糖固定化并长期保存、反复使用。壳聚糖纤维在与药物结合后可用于缓控释放药物的载体,例如,将小分子抗肿瘤药物载接到壳聚糖后,可通过水解或酶解在体内释出药物,具有缓释、低毒甚至靶向功能。

壳聚糖与海藻酸钠复合后可以制备性能优良的药物缓释材料。壳聚糖是一种高分子聚阳离子电解质,而海藻酸钠是一种聚阴离子电解质,当海藻酸钠—壳聚糖高分子电解质复合物的结合摩尔数比为 1∶1.2 时,释药速率不受 pH、离子强度的影响。有研究发现当两者比例为 1∶1 或 3∶2 时,缓释骨架片在酸性的人工胃液和碱性的人工肠液中的释药规律相近,不受 pH 影响。海藻酸钠为阴离子型化合物,酸性介质不利于释药,中性介质有利于释药。壳聚糖为阳离子型化合物,其释药性能与海藻酸钠恰好相反,通过调整壳聚糖与海藻酸钠复合物的比例可满足特定环境的释药要求。

壳聚糖对金属离子的螯合作用已经广为人知,主要通过其结构中的—NH_2和—NH 基团与金属离子结合后形成复合体。Qin 在对壳聚糖纤维的螯合性能的研究中发现,纤维吸附铜离子的量与纤维中的氨基含量成正比,把壳聚糖纤维中的氨基全部乙酰化后纤维对铜离子失去吸附能力,计算结果显示纤维吸附的铜离子与纤维中的氨基的摩尔比约为 3,显示壳聚糖中的氨基在其螯合金属离子的过程中起主要作用。

金属离子与壳聚糖纤维的螯合在纤维上产生明显的颜色变化,铜离子的吸附使纤维变为蓝色,其他金属离子的吸附也伴随明显的颜色变化,如钛形成红色、钒形成棕红色、三价铬形成绿色、六价铬形成棕红色、二价铁形成棕黄色、钴形成粉红色、镍形成绿色等。不同金属离子对壳聚糖有不同的结合力,Muzzarelli 发现在 0.1mol/L 氯化钠溶液中结合力的次序 Cu>Ni>Zn>Co>Fe>Mn。

10.2.2　壳聚糖的化学衍生物

壳聚糖分子结构中含有—NH_2、—OH 等活性基团,具有很好的化学反应活性,可以通过化学改性制备一系列化学衍生物。

(1)壳聚糖的盐。壳聚糖含有碱性的自由氨基,可以与有机和无机酸结合后形成盐。除硫酸外,大多数壳聚糖盐是水溶性的。盐酸、醋酸等与壳聚糖形成的水溶液在过滤、干燥、磨碎后得到的粉末可用作高纯度的水溶性高分子。

(2)O 和 N 位的酰化。壳聚糖与不同相对分子质量的脂肪族或芳香族酰基反应后可提高其脂溶性,其中酰化反应可在羟基或/和氨基上进行。溶解在稀酸水溶液中的壳聚糖在酰化后逐渐失去溶解性,形成一种水凝胶体。这种凝胶化的最好条件是在水和甲醇的混合溶液中,酸酐与自由氨基的摩尔比必须大于 2.5 才能形成凝胶体。

壳聚糖与乙酸酐反应后可以得到再生甲壳素,这个反应的速度比较快,在均匀的溶液中进行反应,73%的乙酰度可在 1min 内达到。East 和 Qin 对壳聚糖纤维进行乙酰化反应后发现,当壳聚糖纤维在甲醇溶液中与乙酸酐反应后,通过氨基的乙酰化可以把壳聚糖纤维转化为再生甲壳素纤维,所得再生甲壳素纤维的理化性能与天然甲壳素制成的纤维相似。

(3)羧酰化衍生物。带有羧基的酰化基团与壳聚糖反应后生成的羧酰化衍生物具有很多特异的性能,例如,顺丁烯二酸酐与壳聚糖反应后得到的羧酰化衍生物含有羧基,可进一步与丙烯酰胺共聚后得到在水中易溶胀、凝胶机械强度强且不受 pH 影响的一种共聚物,在亲水性凝胶控释给药领域有良好的应用前景。

(4)羧烷基化衍生物。壳聚糖与氯乙酸反应后得到的羧甲基壳聚糖是一种典型的羧烷基化衍生物,该反应可在羟基或/和氨基上进行,得到的 $O-$ 或/和 $N-$ 羧甲基壳聚糖具有较强的亲水性以及螯合金属离子的性能,可用于制作药膜剂、缓释剂、中药澄清剂等。

(5)羟烷基化衍生物。在碱性条件下用环氧丙烷为醚化剂与壳聚糖反应可以制备羟丙基壳聚糖,红外光谱分析显示取代反应主要发生在—NH_2 基团上。羟丙基壳聚糖具有良好的水溶性和成膜性。用环氧乙烷作醚化剂,在乙醇/异丙醇溶剂中与壳聚糖反应可以制备羟乙基壳聚糖。

(6)希夫(Schiff)反应及还原产物。壳聚糖中的自由氨基很容易与含有醛基的化合物反应后制备 $N-$烷基衍生物。壳聚糖溶解于醋酸水溶液后与酮酸或醛酸反应后可以在其结构中引入羧酸基,使高分子链同时拥有羧酸、一级胺、二级胺和羟基,具有非常优异的螯合性能。

(7)与卤代化合物的反应。壳聚糖结构中的—OH 和—NH_2 都可以与含卤素的有机化合物反应后在分子结构中引入各种有机基团。含卤素的有机化合物与壳聚糖的反应一般是在碱性条件下进行的。由于—NH_2 比—OH 反应活性高,如果需要在—OH 上进行化学改性,有必要通过希夫反应等技术手段保护—NH_2,在—OH 与含卤素的有机化合物反应后再用酸把—NH_2 基团释放出来。

(8)氧化改性。在首先与高氯酸成盐、C_2 上的氨基被质子化保护后,壳聚糖可以被 CrO_3 氧化后使 C_6 成为羧基,氧化产物具有一定的抗凝血作用。

图 10-1 总结了通过复合物制备和化学修饰得到的各种壳聚糖衍生物。

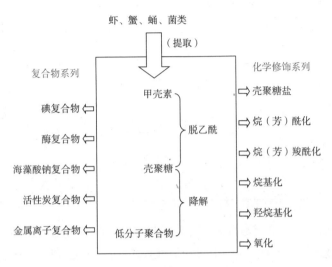

图 10-1　壳聚糖衍生物的制备

10.3　壳聚糖纤维的共混改性

纯壳聚糖纤维存在吸湿性较差的缺点,把壳聚糖与其他水溶性高分子共混后纺丝可以有效改善其吸湿性能。例如,中国专利 200410018449.7 通过壳聚糖与羟丙基纤维素的共混有效提高了纤维及非织造敷料的吸湿性能,在渗出液较多的慢性创面上使用,可以延长产品的使用时间,减少敷料的更换次数,促进伤口愈合。

藻酸丙二醇酯是海藻酸与环氧丙烷酯化后得到的一种水溶性高分子材料,是一种无毒、无害、可生物降解的生物材料,具有增稠性、乳化性、稳定性、耐酸性等优良的理化性能。由于海藻酸中的羧酸基团被酯化,藻酸丙二醇酯是一种非离子型水溶液高分子,可溶于微酸性介质中。中国专利 201210553968.8 利用藻酸丙二醇酯的耐酸性实现其与壳聚糖的共混后改善薄膜和纤维制品的吸湿性。在制备薄膜的过程中,首先把壳聚糖和藻酸丙二醇酯分别溶解在醋酸水溶液和纯水中,按照表10-1 的比例将两种溶液充分混合后在平底塑料容器中,于 65℃下干燥脱水后得到共混薄膜,再用 4% NaOH 水溶液中和共混膜中的醋酸后得到具有原位交联特性的薄膜材料。测试结果显示,随着藻酸丙二醇酯用量的增加,共混膜的吸湿性有明显提高。

表 10-1 壳聚糖与藻酸丙二醇酯质量比对共混膜吸湿性的影响

样品序号	3%壳聚糖溶液用量（g）	3%藻酸丙二醇酯用量（g）	吸湿性（g/g）
1	200	2	3.45
2	180	20	4.25
3	150	50	5.15
4	100	100	6.50
5	50	150	7.84
6	25	175	9.23
7	20	200	10.45

表 10-2 显示壳聚糖与藻酸丙二醇酯质量比对共混纤维溶胀率的影响。壳聚糖与藻酸丙二醇酯在微酸性介质中形成均匀、稳定的纺丝溶液，通过喷丝孔挤入碱性凝固浴后形成初生纤维，在此过程中藻酸丙二醇酯中的一部分酯键与壳聚糖中的氨基结合成酰胺键后形成原位交联，剩余的酯键水解后在纤维结构中形成亲水性很强的羧酸钠基团，使共混纤维在具有很强湿稳定性的同时，具有很强的吸湿性。

表 10-2 壳聚糖与藻酸丙二醇酯的质量比对共混纤维溶胀率的影响

样品序号	壳聚糖与藻酸丙二醇酯质量比	纤维在生理盐水中的溶胀率（g/g）
1	100∶0	2.88
2	100∶5	3.10
3	100∶10	4.15
4	100∶20	4.65
5	100∶30	5.22

银离子有很好的抗菌、杀菌性能，对人体的毒性低，在制备抗菌医用卫生材料中有很高的应用价值。银的磷酸锆钠化合物是一种不溶于水的含银化合物，由于银离子被包埋在磷酸锆钠颗粒中，这类材料的微纳米粉末加入纤维后，银离子不对纤维的理化性能造成影响，纤维在具有抗菌性能的同时仍能保持白色的外观。

中国专利200410024868.1把磷酸锆钠银粉末分散在壳聚糖纺丝溶液中，通过湿法纺丝制备含银壳聚糖纤维。图 10-2 显示纤维的表面结构，可以看出，含银壳聚糖纤维表面分布着细小的含银颗粒。由于湿法纺丝得到的壳聚糖纤维的直径约20μm，而经过超细粉碎后的含银化合物颗粒直径<1μm，加工过程中可以很方便地混入纺丝溶液，对溶解和过滤不造成影响。由于含量较低，其对纤维力学性能的影

响也很小。图 10-3 显示含银壳聚糖纤维中均匀分布着含银颗粒。

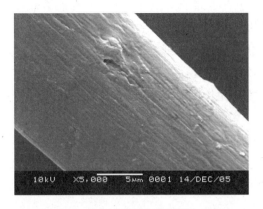

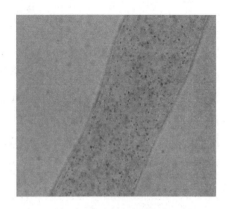

图 10-2　含银壳聚糖纤维的表面结构　　　　图 10-3　含银壳聚糖纤维的显微结构

在测试含银壳聚糖纤维释放银离子的性能时,称取 1g 纤维分别与 40g 蒸馏水、A 溶液以及含大豆蛋白质的水溶液接触,放置在 37℃ 恒温培养箱中,在不同时间段取出一部分溶液过滤后用原子吸收光谱测定溶液中银离子含量。英国药典规定的 A 溶液模仿了体液中钙和钠离子的含量,可以用 8.300g 氯化钠和 0.277g 无水氯化钙溶于 1L 蒸馏水中配制。

图 10-4 显示将含银壳聚糖纤维于 37℃ 下放置在三种溶液中后溶液中银离子浓度的变化。蒸馏水中银离子的浓度比其他两种溶液低,并且在很长时间内维持在 0.137μg/mL。A 溶液中银离子的浓度从接触 30min 的 0.402μg/mL 上升到 24h 后的 0.654μg/mL。在 2.9%蛋白质水溶液中,接触 24h 后银离子浓度已经达到 1.31μg/mL,约为 A 溶液中的 2 倍。

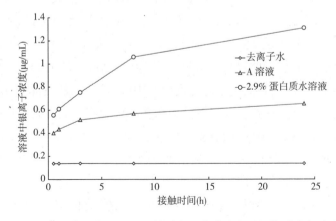

图 10-4　将含银壳聚糖纤维于 37℃ 下放置在三种溶液中后银离子浓度随时间的变化

当含银壳聚糖纤维与溶液接触后,纤维中的银离子可以通过三种途径进入溶液。第一,银离子与介质中的其他金属离子发生离子交换;第二,银离子与介质中的一些物质产生螯合作用;第三,附在纤维表面的银化合物脱落进入介质溶液。从图10-4可以看出,接触液中的蛋白质加快了银离子从纤维上的释放。

图10-5显示将含银壳聚糖纤维于37℃下放置在三种含不同浓度蛋白质的溶液中后,溶液中银离子浓度随接触时间的变化。可以看出,随着蛋白质浓度的升高,溶液中的银离子含量也有相应的升高。30min时,5%蛋白质溶液中的银离子浓度约是1%蛋白质溶液中的4倍,接触液中的蛋白质对含银壳聚糖纤维释放银离子有很大的影响。

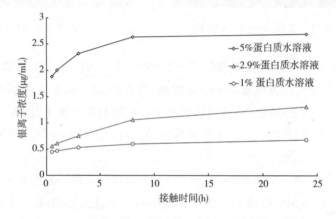

图10-5 将含银壳聚糖纤维于37℃下放置在三种含
不同浓度蛋白质溶液中后溶液中银离子浓度的变化

实际应用中,由于人体表皮及体液中含有丰富的蛋白质成分,在与含银壳聚糖纤维接触后可以促进银离子的释放。银离子与细菌酶蛋白上的活性部分巯基(—SH)、氨基(—NH$_2$)等发生反应,使酶蛋白沉淀后失去活性、病原细菌的呼吸代谢被迫终止、细菌的生长和繁殖得到抑制。银离子也可以与DNA和RNA结合后阻止它们的复制。此外,银离子通过与蛋白质中的半胱氨酸结合使6-磷酸甘露糖异构酶失去活性,由于6-磷酸甘露糖异构酶在细菌细胞壁的合成过程中起重要作用,受到破坏后细胞内的磷酸盐、谷氨酰胺和其他重要的氧分流失,因此破坏了细菌细胞的繁殖能力。因为银离子可以与细胞中的很多部位结合,它对几乎所有的细菌都有很强的抗菌性能,并且不会产生耐药性。

表10-3显示含银壳聚糖纤维对三种常见细菌的抑制作用,三种情况下的杀菌率均高于98%。表10-4显示普通壳聚糖纤维和含银壳聚糖纤维对白色念珠菌的

抑制作用,在同样情况下,普通壳聚糖纤维的杀菌率为 78.62%,含银壳聚糖纤维的杀菌率为 97.22%,明显优于不含银的壳聚糖纤维。

表 10-3　含银壳聚糖纤维对三种常见细菌的抑制作用

细菌种类	细菌浓度(cfu/mL)		抑菌率(%)
	对照组	受试样品	
白色念珠菌	$1.46×10^5$	2005	98.63
金黄色葡萄球菌	$1.2×10^4$	168	98.60
绿脓假单胞菌	$7.16×10^6$	1	100

表 10-4　普通壳聚糖纤维与含银壳聚糖纤维对白色念珠菌的抑制作用

样品	对照组	普通壳聚糖纤维	含银壳聚糖纤维
细菌浓度(cfu/mL)	$5.4×10^3$	1155	150
抑菌率(%)	—	78.62	97.22

　　壳聚糖纤维的抗菌性能可以用不同方法测定。在定性抑菌试验中,将已扩培好的菌种制成菌悬液,控制细菌个数在 $1×10^8$ cfu/mL 左右。在灭菌的装有 10mL 营养肉汤培养基的试管中,加入 0.1mL 菌悬液。取一支做空白对照,在另外的试管中装入($0.08±0.002$)g 已灭菌的纤维后固定在恒温振荡器中,在 36℃、120r/min 下振荡 12~15h 后观察溶液的澄清度。

　　在定量抑菌试验中,将已扩培好的菌种用 1/20 的营养肉汤培养基配制成菌悬液,控制细菌数在 $1.5×10^4$ ~ $1.5×10^5$ cfu/mL。在装有 35mL 的 1/20 营养肉汤培养基的 100mL 三角瓶中加入 2.5mL 如上配制的菌悬液,使瓶内菌液浓度在 $1×10^3$ ~ $1×10^4$ cfu/mL。将已灭菌的($0.375±0.002$)g 纤维放入三角瓶中(每样 3 支重复),另外取 3 支做空白对照。将三角瓶固定于恒温振荡器上,在 36℃、180r/min 下振荡 8h 后取出三角瓶,将做空白对照的三角瓶中的溶液用 1/20 营养肉汤培养基稀释至 10^{-3} mg/kg、10^{-4} mg/kg、10^{-5} mg/kg 三种浓度,然后各吸取 0.1mL 于营养琼脂平板培养基上培养 40~48h,记下菌落数。将放有壳聚糖纤维的三角瓶中溶液稀释至 10^{-2}、10^{-3}、10^{-4} 三种浓度,然后吸取 0.1mL 于营养琼脂平板培养基上培养 40~48h,记下菌落数。将放有含银壳聚糖纤维的三角瓶中溶液不稀释和稀释 10 倍两种浓度,吸取 0.1mL 于营养琼脂平板培养基上培养 40~48h,记下菌落数。

　　抑菌率由以下方法计算:

$$抑菌率=\frac{A-B}{A}×100\%$$

式中　A——振荡后空白试样的菌浓度平均值,cfu/mL;

　　　B——振荡后受试试样的菌浓度平均值,cfu/mL。

10.4　壳聚糖纤维与金属离子的复合物

把壳聚糖纤维用 $CuSO_4$ 或 $ZnSO_4$ 水溶液处理,通过控制处理时间可以使纤维吸附不同量的铜和锌离子。研究显示,吸附铜和锌离子对壳聚糖纤维的力学性能有明显影响,纤维的干强和湿强都有明显增加。

壳聚糖纤维吸附锌离子的性能在医疗卫生领域有特殊的应用价值。锌是人体必需的微量金属元素,体重 60kg 的成人全身含有的锌约为 2g,是人体多种蛋白质的核心组成部分。目前已知 25 种人体蛋白质含有锌离子,其中多半是酶,如碳酸酐酶、酸肽酶、脱氢酶等,在生命活动过程中起着转运物质和交换能量的"生命齿轮"作用。锌能增强人体免疫力,研究表明,对于易感冒的人,每天补充 25mg 锌可增强免疫力,缩短头痛、咳嗽、鼻塞、咽喉炎等病程。锌广泛分布在血液的红细胞、胃黏膜、胃皮层,缺锌可影响胃黏膜的修补,引起食欲减退、吸收障碍综合征、肠胃性肢皮炎、口腔炎、皮肤粗糙以致角质化皮炎。锌也有较强的抗菌性能,且浓度越高其抗菌性越强。

表 10-5 显示在 25℃ 和 37.5℃ 下用 $ZnSO_4$ 处理过的含锌壳聚糖纤维在 2.9% 蛋白质水溶液中释放锌离子的性能。用 $ZnSO_4$ 水溶液处理壳聚糖纤维时,纤维通过氨基的螯合作用从溶液中吸取锌离子。当这种含锌壳聚糖纤维与含蛋白质的水溶液接触后,锌离子可以从纤维上释放到溶液中,制作成医用敷料后可以为创面局部补锌。

表 10-5　含锌壳聚糖纤维在 2.9%蛋白质水溶液中释放锌离子的性能

接触时间(h)	接触液中锌离子浓度(mg/L)	
	25℃	37.5℃
0.5	7.4	10.4
1	8.1	10.4
5	9.0	11.6
10	9.9	11.8

用 AgNO₃ 水溶液处理壳聚糖纤维后可以制备负载银离子的含银壳聚糖纤维。在与生理盐水接触时,纤维上的银离子被释放到溶液中,起到抗菌作用。实验结果表明,含银壳聚糖纤维比未处理的壳聚糖纤维有更强的抗菌性能。

表 10-6 显示处理过程中 AgNO₃ 浓度对纤维中银离子含量的影响,纤维中的银离子含量随溶液中 AgNO₃ 浓度的提高而提高,AgNO₃ 浓度为 0.5g/L 时,纤维中的银离子含量可达 0.1496%。

表 10-6 处理液中 AgNO₃ 浓度对纤维中银离子含量的影响

AgNO₃浓度(g/L)	纤维中银离子含量(μg/g)	50mL 生理盐水中银离子总量(mg)	纤维对生理盐水中银的吸附率
0.01	5	0.32	1.56%
0.02	20.6	0.64	3.22%
0.03	47.2	0.95	4.97%
0.05	69	1.59	4.34%
0.5	1496	15.9	9.4%

图 10-6 显示在把不同类型的壳聚糖纤维与含大肠杆菌的溶液一起浸泡后得到的效果图。空白对照液中细菌的增长繁殖使溶液变混浊,在放置含铜壳聚糖纤维的溶液中,由于大量铜离子从纤维上释放到溶液中,细菌的增长得到抑制,溶液呈透明状。含锌和含银壳聚糖纤维接触的溶液中均可以观察到明显的抑菌圈。

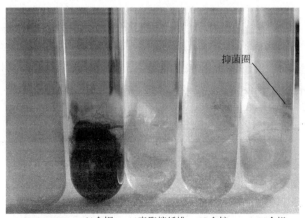

(a)空白对照　(b)含铜壳聚糖纤维　(c)壳聚糖纤维　(d)含锌壳聚糖纤维　(e)含银壳聚糖纤维

图 10-6 不同类型的壳聚糖纤维与含大肠杆菌的溶液一起浸泡后的效果图

10.5　壳聚糖纤维的乙酰化改性

　　壳聚糖纤维中的氨基与乙酸酐反应后,通过氨基的乙酰化可以制备再生甲壳素纤维。甲壳素的结晶度高、分子间氢键作用强,较难溶解于普通溶剂,因此湿法纺丝工艺复杂、成本高。与此相反,壳聚糖可以很容易溶解在稀酸水溶液中,其纺丝液挤入稀碱溶液中可以很方便形成丝条后得到壳聚糖纤维。通过壳聚糖纤维的乙酰化可以间接生产甲壳素纤维,图 10-7 显示出直接和间接法生产甲壳素纤维的工艺路线。

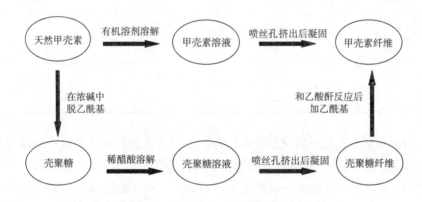

图 10-7　直接和间接法生产甲壳素纤维的工艺路线图

　　表 10-7 显示在不同的反应时间下得到的再生甲壳素纤维的乙酰化度。随着反应时间的增加,越来越多的氨基被乙酰化,纤维的氮含量随之下降,通过元素分析得到的 N/C 比例由反应 15min 时的 0.175 下降到反应 120min 时的 0.145,纤维中的氨基在 40℃下反应 120min 后被完全乙酰化。

表 10-7　乙酰化反应时间对壳聚糖纤维乙酰度的影响

反应时间(min)	碳含量(%)	氮含量(%)	N/C 比例	乙酰化度(%)
15	42.05	7.35	0.175	33.6
20	39.8	6.4	0.161	62.5
30	43.8	6.65	0.152	84.1
120	43.8	6.35	0.145	102.1
240	43.75	6.35	0.145	101.8

表 10-8 显示在不同的反应温度下得到的再生甲壳素纤维的乙酰化度。可以看出,40℃下的反应速率比 20℃下有明显的改善,40℃以上继续升高温度对反应速率没有很大的影响。表 10-8 的结果显示,40℃下反应 30min 后即可以得到 88.5% 的乙酰化度,使纤维从壳聚糖纤维转化成再生甲壳素纤维。

表 10-8　反应温度对壳聚糖纤维乙酰化度的影响

反应温度(℃)	碳含量(%)	氮含量(%)	N/C 比例	乙酰度(%)
20	42.40	7.40	0.174	34.1
30	41.30	6.40	0.155	76.4
40	42.30	6.35	0.150	88.5
50	42.75	6.45	0.151	86.7
60	41.90	6.40	0.153	81.8

壳聚糖纤维在通过乙酰化转化成再生甲壳素纤维后的溶解性能有很大变化,初始的壳聚糖纤维中含有很多氨基,用 2%醋酸水溶液可以很容易溶解纤维。乙酰化后的再生甲壳素纤维不溶于 2%醋酸水溶液,有很好的湿稳定性。由于反应过程中纤维中的氨基上加入乙酰基团,纤维重量随反应程度的增加而增加,充分乙酰化的再生甲壳素纤维的重量比反应初始的纤维重量增加 19.29%。

图 10-8 显示未处理的壳聚糖纤维和乙酰化处理后的再生甲壳素纤维的 X 射线衍射图。可以看出,初始壳聚糖纤维的结晶度相对较低,经过乙酰化反应后得到的再生甲壳素纤维有明显的结晶态结构。

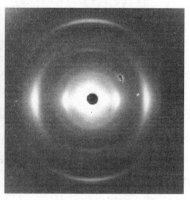

(a)壳聚糖纤维　　　　　　(b)再生甲壳素纤维

图 10-8　X 射线衍射图

10.6　壳聚糖纤维的羧甲基化改性

　　壳聚糖纤维可以与氯乙酸反应后制备羧甲基壳聚糖纤维,可有效提高纤维和医用敷料的吸湿性。如图 10-9 所示,用氯乙酸处理壳聚糖纤维,在纤维结构中引入具有很强吸湿性能的羧甲基后可以大大改善壳聚糖纤维吸收液体的能力,并且随着羧甲基化取代度的提高,改性处理后样品的吸湿性比未处理样品有明显提高。实验中观察到,当水溶液与纯壳聚糖纤维非织造布接触时,液体很难被吸收进入非织造布,而羧甲基化处理后的非织造布遇水后很容易湿润。从图 10-9 可以看出,羧甲基壳聚糖纤维遇水湿润后把大量的水分吸收进纤维结构中,使纤维转变成一种含水量很高的水凝胶体。

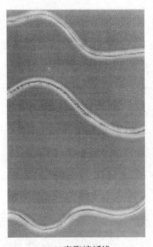 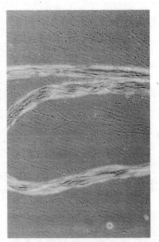

(a)壳聚糖纤维　　　　　　　(b)羧甲基壳聚糖纤维

图 10-9　壳聚糖和羧甲基壳聚糖纤维遇水湿润后的表面结构

　　通过控制壳聚糖纤维与氯乙酸的质量比可以制备具有不同羧甲基取代度的羧甲基壳聚糖纤维和医用敷料。表 10-9 显示羧甲基取代度对羧甲基壳聚糖纤维和非织造布吸湿性能的影响。在测试吸湿性能时,首先将 5cm×5cm 的非织造布室温下放置 24h 后测得初始重量为 W,然后放置在比自身重 40 倍的 A 溶液中,在直径为 90mm 的培养皿中于 37℃下放置 30min 后,用镊子夹住非织造布的一角空中挂 30s 后测取湿重为 W_1。随后把非织造布样品包在一块涤纶长丝织物中离心脱水 5min,脱水后测定非织造布的重量为 W_2。非织造布的干重(W_3)在 105℃下干燥至恒重后测得。利用公式 $(W_1-W)/W$ 计算出每克初始样品吸收的液体量,可分为两部分,即吸收进纤维内部的和吸收在纤维之间的液体。吸收在纤维之间的液体在离心脱水后与非织造布分离,是以上测试中得到的 (W_1-W_2)。105℃下干燥使吸收在纤维内部的液体与纤维分离,即 (W_2-W_3)。为了方便比较,利用公式 $(W_1-W_2)/W_3$ 和 $(W_2-W_3)/W_3$ 分别计算出每克干重的纤维吸收在纤维之间和纤维内部的液体。

表 10-9　羧甲基取代度对羧甲基壳聚糖纤维吸湿性能的影响

羧甲基度(%)	$(W_1-W)/W(g/g)$	$(W_1-W_2)/W_3(g/g)$	$(W_2-W_3)/W_3(g/g)$
0	10.8	10.0	1.20
4.33	11.4	10.5	2.76
20.93	15.0	11.1	6.65
41.72	22.1	12.6	12.47
62.22	6.10	3.3	3.41

表 10-9 的数据显示,未受处理的纯壳聚糖纤维非织造布样品的吸湿性为 10.8g/g,随着羧甲基化取代度的提高,处理后样品的吸湿性比未处理样品有明显提高。当羧甲基化取代度为 41.72% 时,吸湿性达到 22.1g/g,比初始样品提高 104.6%。实验中可以观察到,当水与纯壳聚糖纤维非织造布接触时,由于材料具有一定的疏水性,液体很难吸收进非织造布。羧甲基化改性后的纤维和非织造布的结构中含有亲水性很强的羧甲基钠基团,与水接触后可以把大量水分吸收进纤维的结构中,使纤维高度膨胀后形成一种纤维状的水凝胶。

从表 10-9 也可以看出,不同样品吸收在纤维与纤维之间的液体量在处理中没有很大变化。羧甲基化取代度为 62.22% 的样品的吸湿性与其他样品相比明显下降,其主要原因是充分羧甲基化后部分纤维被转化成水溶性的羧甲基壳聚糖,遇水后溶解于水中。从吸收进纤维内部的液体量来看,对于纯的壳聚糖样品,每克干重的纤维只能吸收 1.20g 水分,而羧甲基度为 41.72% 的样品为 12.47g/g,说明羧甲基钠基团可以把大量水分引入纤维内部。

图 10-10 显示羧甲基壳聚糖纤维非织造布遇水湿润后的结构。在未处理的样品中,纤维遇水湿润后轻度膨胀,纤维与纤维之间保留了大量的毛细空间,其吸收的液体保持在这些毛细空间中。在羧甲基化处理后的非织造布中,纤维遇水后把大量的液体吸收进纤维内部,使纤维高度膨胀。从图 10-10 可以看出,羧甲基壳聚糖非织造布遇水湿润后,纤维与纤维之间的空间被堵塞,整片非织造布转换成一种纤维状的水凝胶体。

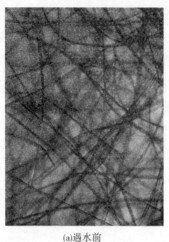

(a)遇水前　　　　　　　　　　(b)遇水后

图 10-10　羧甲基壳聚糖非织造布遇水后形成的凝胶态结构

临床上,当伤口渗出液被覆盖在上面的敷料吸收后,如果液体被吸收在纤维与纤维之间的毛细空间内,则液体会沿着织物结构扩散,把脓血等流体从创面带到伤口周边的健康皮肤,引起创缘的浸渍,严重时使创面扩大。如果敷料中的纤维吸湿后膨胀,一方面,大量的液体被固定在纤维内部,提高了敷料的总体吸湿性能;另一方面,纤维的吸湿膨胀使织物结构中的毛细空间堵塞,因此阻断了液体的横向扩散,避免伤口周边健康皮肤受到浸渍,这就是成胶性纤维的"凝胶阻断"性能。吸收在凝胶化纤维中的水分使创面保持在一个湿润的环境中,现代医疗实践证明,湿润的环境有利于细胞的迁移和繁殖,能有效促进伤口愈合。

羧甲基壳聚糖纤维具有优良的吸湿性能的同时,还可以通过氨基的螯合作用和羧酸基团的成盐反应,对金属离子形成超强的吸附。表 10-10 显示不同羧甲基化取代度的壳聚糖纤维对铜离子的吸附性能。可以看出,经过羧甲基化处理的壳聚糖纤维比初始纤维具有更好的吸附能力。在同样的条件下,未经处理的壳聚糖纤维对铜离子的吸附容量为 41.3mg/g,对铜离子的去除率为 51.7%,经过羧甲基化处理的壳聚糖纤维的吸附量都在 70mg/g 以上,对铜离子的去除率大于 90%。这种现象可以从两个方面来理解,一方面,羧甲基化处理后的壳聚糖纤维中同时含有—NH_2 和—COONa 基团,—NH_2 可以通过螯合吸附铜离子,而—COONa 可以通过形成不溶于水的盐结合金属离子;另一方面,经过羧甲基化处理的壳聚糖纤维结构中的—COONa 在水中离子化产生很强的吸湿性,在与水溶液接触后,羧甲基壳聚糖纤维把大量的水分吸入纤维后使纤维高度膨胀,有助于铜离子向纤维内部扩散,从而加快吸附速度、提高吸附容量。

表 10-10　不同羧甲基化取代度的壳聚糖纤维对铜离子的吸附性能

羧甲基度(%)	滤液中铜离子浓度(mg/L)	铜离子的去除率(%)	吸附容量(mg/g)
0	77.3	51.7	41.3
4.33	10.8	93.2	74.6
20.93	7.4	95.4	76.3
41.72	1.2	99.3	79.4

表 10-11 显示羧甲基壳聚糖纤维的用量对其吸附铜离子性能的影响。用量较小时,纤维可以与铜离子充分结合,对铜离子的吸附容量可以达到 148.1mg/g,相当于单位重量的纤维可以吸附 14.8%的铜离子。随着纤维用量的增加,溶液中铜离子的去除率有很大提高,但是单位重量纤维吸附的铜离子量有所减小。

表 10-11　羧甲基壳聚糖纤维的用量对吸附铜离子性能的影响

纤维用量(g)	滤液中铜离子浓度(mg/L)	铜离子的去除率(%)	吸附容量(mg/g)
0.05	85.9	46.3	148.1
0.10	34.2	78.6	125.7
0.15	8.7	94.5	100.8
0.20	14.3	91.1	72.9
0.25	8.1	95.0	60.8

表 10-12 显示接触时间对羧甲基壳聚糖纤维吸附铜离子性能的影响。由于在水中有很好的溶胀性能,羧甲基壳聚糖纤维对铜离子的吸附是一个很快的过程。纤维与溶液接触 15min 后,其对铜离子的吸附容量即达到 48.9mg/g,对铜离子的去除率达到 61.1%,此后吸附量增加很小。应该指出的是,在纤维与溶液接触 5h 后,溶液中的铜离子浓度有所回升。这种现象的一种解释是在羧甲基壳聚糖纤维中有小部分壳聚糖被过度羧甲基化,形成的水溶性羧甲基壳聚糖长时间与水溶液接触后从纤维中渗出,使部分铜离子稳定在溶液中,导致接触液中铜离子浓度升高。

表 10-12　时间对羧甲基壳聚糖纤维吸附铜离子性能的影响

接触时间(h)	滤液中铜离子浓度(mg/L)	铜离子的去除率(%)	吸附容量(mg/g)
0.25	62.2	61.1	48.9
0.5	75.3	53.0	42.4
1	50.4	68.5	54.8

续表

接触时间(h)	滤液中铜离子浓度(mg/L)	铜离子的去除率(%)	吸附容量(mg/g)
2	44.2	72.3	57.9
5	7.7	95.2	76.1
8	9.8	93.9	75.1
15	17.0	89.4	71.5
24	14.2	91.1	72.9

表10-13显示,pH对羧甲基壳聚糖纤维吸附铜离子的影响。pH在4~11时,纤维对铜离子的吸附能力变化不大,表明羧甲基壳聚糖纤维可应用于酸和碱性条件。未经改性的壳聚糖纤维由于在酸性条件下能溶解,其应用范围受到一定的限制。羧甲基化改性后的壳聚糖纤维在酸性和碱性条件下都能保持其结构稳定性,比初始壳聚糖纤维有很大的优越性。

表10-13　pH对羧甲基壳聚糖纤维吸附铜离子性能的影响

pH	滤液中铜离子浓度(mg/L)	铜离子的去除率(%)	纤维对铜离子的吸附容量(mg/g)
2	49.4	69.1	55.3
4	22.2	86.1	68.9
7	22.2	86.1	68.9
9	33.6	79.0	63.2
11	24.9	84.4	67.5

壳聚糖纤维的性能可以通过多种物理和化学改性技术的应用得到进一步提升。在纺丝溶液中加入磷酸锆钠银颗粒可以制备含银壳聚糖纤维,在与含蛋白质和金属离子的溶液接触后可以通过螯合和离子交换作用释放出具有抗菌作用的银离子。壳聚糖纤维与氯乙酸反应后得到的羧甲基壳聚糖纤维的结构中含有亲水性和吸附性很强的—COONa基团,在具有很高吸湿性能的同时,对铜、锌、银等金属离子有很强的吸附性能。

参考文献

[1]EAST G C,QIN Y.Wet-spinning of chitosan and the acetylation of chitosan fibres [J].Journal of Applied Polymer Science,1993(50):1773-1779.

［2］HIRANO S.Wet-spinning and applications of functional fibers based on chitin and chitosan［J］.Macromolecular Symposia,2001,168(1):21-30.

［3］MUZZARELLI R A A.Chitin［M］.New York:Pergamon Press,1977.

［4］MUZZARELLI R A A.Natural Chelating Polymers［M］.Oxford:Pergamon Press,1973.

［5］QIN Y.The chelating properties of chitosan fibres［J］.Journal of Applied Polymer Science,1993(49):727-732.

［6］QIN Y.The preparation and characterization of chitosan wound dressings with different degrees of acetylation［J］.Journal of Applied Polymer Science,2008,107(2):993-999.

［7］QIN Y.Functional modifications of chitosan fibers［J］.Chemical Fibers International,2006(3):159-161.

［8］QIN Y.Gelling fibers from cellulose,chitosan and alginate［J］.Chemical Fibers International,2008(3):30-32.

［9］QIN Y,ZHU C,CHEN J,et al.Chitosan fibers with enhanced antimicrobial properties［J］.Chemical Fibers International,2009(3):154-156.

［10］QIN Y,ZHU C,CHEN J,et al.The absorption and release of silver and zinc ions by chitosan fibers［J］.Journal of Applied Polymer Science,2006,101(1):766-771.

［11］QIN Y,ZHU C,CHEN J,et al.Preparation and characterization of silver containing chitosan fibers［J］.Journal of Applied Polymer Science,2007,104(6):3622-3627.

［12］ROBERTS G A F.Chitin Chemistry［M］.London:Macmillan,1992.

［13］THOMAS S.An in vitro analysis of the antimicrobial properties of 10 silver-containing dressings［J］.J Wound Care,2003,12(8):305-311.

［14］刘文辉,刘晓亚.壳聚糖基生物医用材料及应用研究进展[J].功能高分子学报,2001,14(4):493-498.

［15］徐健,金鑫荣.天然高分子甲壳素/壳聚糖在生物和医药方面的应用[J].大学化学,1994,9(3):22-25.

［16］杨文鸽,裘迪红.壳聚糖羧甲基化条件的优化[J].广州食品工业科技,2003,19(1):48-49.

［17］高光,吴朝霞.羧甲基甲壳素的结构与性能研究[J].高分子材料科学与工程,2004,20(3):107-110.

［18］蒋挺大.壳聚糖［M］.北京:化学工业出版社,2001.

［19］黄晓佳,王爱勤,袁光谱.壳聚糖对 Zn^{2+} 的吸附性能研究［J］.离子交换吸附,2000,16(1):60-65.

［20］陈世清.甲壳素与壳聚糖在工业水处理中的应用［J］.工业水处理,1996,16(2):1-2.

［21］黄玉萍.生物多聚物—壳聚糖的开发前景［J］.深圳大学学报,1995,12(1):86-87.

［22］鲁道荣.壳聚糖吸附重金属离子 Cu(Ⅱ)机理研究［J］.安徽化工,1998(4):29-30.

［23］张平,蔡水洪,张秋华.壳聚糖吸附金属离子的研究［J］.湿法冶金,1994(1):16-20.

［24］朱长俊,秦益民.甲壳胺纤维和含银甲壳胺纤维的抗菌性能比较［J］.合成纤维,2005,34(3):15-17.

［25］朱长俊,冯德明,陆优优,等.乙酰化处理对甲壳胺医用敷料性能的影响［J］.纺织学报,2008,29(4):18-21.

［26］陈洁,宋静,李翠翠,等.羧甲基甲壳胺纤维对铜离子的吸附性能［J］.合成纤维,2008,37(5):1-4.

［27］朱长俊,冯德明,陆优优,等.乙酰化处理对甲壳胺医用敷料性能的影响［J］.纺织学报,2008,29(4):18-21.

［28］秦益民.甲壳胺纤维的螯合性能［J］.合成纤维,2003(5):5-7.

［29］秦益民.甲壳素与甲壳胺纤维:1.纤维的制备［J］.合成纤维,2004,33(2):19-21.

［30］秦益民.甲壳素与甲壳胺纤维:2.纤维的性能［J］.合成纤维,2004,33(3):22-23.

［31］秦益民,朱长俊.甲壳素与甲壳胺纤维:3.纤维的化学改性［J］.合成纤维,2004,33(4):17-19.

［32］秦益民.甲壳素与甲壳胺纤维:4.纤维在生物医学领域中的应用［J］.合成纤维,2004(5):34-35.

［33］秦益民.间接法生产甲壳素纤维［J］.合成纤维,2005,34(7):5-7.

［34］秦益民.纺织用甲壳素纤维的研究进展［J］.合成纤维,2006,35(2):6-9.

［35］秦益民,朱长俊,周晓庆,等.甲壳胺纤维的改性处理［J］.合成纤维,2007,36(8):29-31.

［36］秦益民,朱长俊,陈洁.含锌及含铜甲壳胺纤维的抗菌性能［J］.国际纺织

导报,2010(1):12-15.

[37]秦益民,陈燕珍,张策.抗菌甲壳胺纤维的制备和性能[J].纺织学报,2006,27(3):60-62.

[38]秦益民.甲壳胺和羟丙基纤维素共混纤维及制备方法和应用[P].中国发明专利,ZL200410018449.7,2006.

[39]秦益民.一种具有抗菌作用的含银甲壳胺纤维及制备方法[P].中国发明专利,ZL200410024868.1,2007.

[40]秦益民.羧甲基甲壳胺纤维及制备方法和应用[P].中国发明专利,ZL200410025721.4,2007.

[41]秦益民.甲壳胺和藻酸丙二醇酯共混材料及其制备方法和应用[P].中国发明专利,Zl201210553968.8,2015.

[42]秦益民,周晓庆.羧甲基甲壳胺纤维的吸湿性能[J].纺织学报,2008,29(8):15-17.

第11章 海丝纤维的制备方法及其性能和应用

11.1 引言

海丝纤维(Seacell fiber)是德国吉玛公司与其子公司 ALCERU-Schwarza 共同研制开发的一种新型海洋生物活性纤维,其主要成分是纤维素和海藻。这种纤维结合纤维素纤维和海藻植物的综合性能,具有保健、护肤、抗菌等性能以及优良的生物活性。以海丝纤维为原料制成的织物手感好、光滑柔软、吸湿透气、穿着舒适。由于纤维含有天然海藻成分,海丝纤维对皮肤有自然的护肤美容和保健功效。

海丝纤维的生产过程采用先进的溶剂法技术。以黏胶纤维为代表的再生纤维素纤维已经有100多年的发展历史,传统的生产方法一般采用碱纤维素与二硫化碳反应后得到的纤维素磺原酸钠溶液作为纺丝溶液,挤入酸性介质后得到丝条。这种方法的缺点是生产过程使用大量的酸、碱和二硫化碳气体,环境污染严重。20世纪90年代发展起来的溶剂法生产再生纤维素纤维的生产工艺,采用 N-甲基吗啉-N-氧化物(简称 NMMO)直接溶解纤维素,通过喷丝孔挤入 NMMO 的稀溶液后得到纤维。以 NMMO 为溶剂生产的纤维素纤维通常称为 Lyocell 纤维,具有很好的强度,尤其是湿强度高、稳定性好,潮湿后几乎不缩水,具有很高的尺寸稳定性。

11.2 海藻的基本性能

海丝纤维的生物活性来源于生产过程中加入纤维的海藻成分。海藻在自然界分布十分广泛,目前已知的藻类生物有22000多种。海丝纤维的生产过程中采用的海藻主要有两种,即褐藻类的 *Ascophyllum nodosum* 和红藻类的 *Lithothamnium calcareum*,如图11-1所示。

褐藻(*Ascophyllum nodsum*)　　　　红藻(*Lithothamnium calcareum*)

图 11-1　用于生产海丝纤维的两种海藻

海藻植物的细胞壁中含有许多种类的天然高分子,如褐藻细胞壁中含有海藻酸、红藻细胞壁中含有卡拉胶和琼胶。除了高分子多糖,海藻的植物结构也含有丰富的蛋白质、矿物质、维生素、微量元素等各种生物活性物质。表 11-1 显示干燥的巨藻中各种组分的含量。

表 11-1　一种典型褐藻中各种组分的含量

成分	含量	成分	含量
水分	10%~11%	镁	0.7%
灰分	33%~35%	铁	0.08%
蛋白质	5%~6%	铝	0.025%
粗纤维(纤维素)	6%~7%	锂	0.01%
脂肪	1%~1.2%	铜	0.003%
海藻酸和其他碳水化合物	39.8%~45%	氯	11%
钾	9.5%	硫	1.0%
钠	5.5%	氮	0.9%
钙	2.0%	磷	0.29%
锶	0.7%	碘	0.13%

海藻植物是一个完整的生物体,其生物质包含与生命活动相关的各种化合物,如碳水化合物、氨基酸、脂肪、维生素等。海藻中的矿物质可以有效促进皮肤再生,使皮肤保持新鲜、结实、光滑,化妆品行业用海藻提取物改善皮肤血液循环、活化皮肤细胞。海藻中的一些成分有一定的抗菌作用,可用于治疗皮肤病。海藻含有的胡萝卜素是合成维生素 A 的原料,对皮肤健康有重要作用。

11.3 生产海丝纤维的共混纺丝过程

在生产海丝纤维的过程中,木浆中的纤维素首先用 N-甲基吗啉-N-氧化物(NMMO)溶解成溶液,然后与海藻粉末混合后纺丝,其中纤维素是主要的原料,得到的纤维是一种以纤维素为载体、以海藻粉末为活性成分的复合材料。吉玛公司为这种纤维注册的商标为 Seacell,反映出该纤维是海藻(Seaweed)和纤维素(Cellulose)结合的产物。

图 11-2 显示生产海丝纤维的工艺流程。生产过程中根据原料来源的不同,木浆可以采用干、湿或湿+酶法进行预处理,然后用 NMMO 溶解。加工过程中海藻粉末以固体状态混入纺丝溶液。由于溶剂法生产的再生纤维素纤维的直径一般为 $10\sim15\mu m$,加入纤维的海藻粉末的直径应该在 $9\mu m$ 以下。生产过程中,海藻粉末可以在木浆溶解前或在溶解过程中与纤维素溶液混合。海藻粉末可以直接加入纺丝液,或者以悬浮液的方式加入。木浆中的纤维素在 NMMO 中溶解后形成均匀的溶液,加入海藻粉末后两者在高速搅拌下充分混合,然后经过真空脱泡形成纺丝溶液。当海藻粉末的直径小于 $9\mu m$ 时,生产过程中的过滤、喷丝等工序与一般的 Lyocell 纤维生产过程基本相同。由于纺

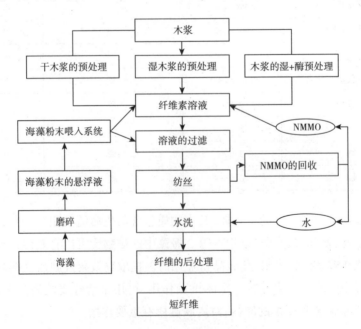

图 11-2 生产海丝纤维的工艺流程图

丝液的黏度很高,海藻粉末可以很均匀地分散在溶液中,不会下沉或聚集。纺丝溶液挤出喷丝孔后先进入一个空气层,然后进入一个含 NMMO 的水浴后使纤维素凝固成丝条,经过进一步的牵伸、水洗、干燥等工序形成纤维。

11.4　海丝纤维的活化过程

海丝纤维生产中采用的褐藻和红藻的植物结构分别含有丰富的海藻酸和卡拉胶。海藻酸分子中含有羧酸基团,可以与金属离子结合成盐。卡拉胶分子结构中含有硫酸基,也可以与钙、镁、钾、钠、铵等形成盐。把海丝纤维在硝酸银水溶液中浸渍后,由于纤维中的海藻颗粒含有的海藻酸和卡拉胶对金属离子有吸附作用,银离子被吸附进入纤维后得到含银的海丝活性纤维,其商品名为 Seacell Active。图 11-3 显示硝酸银浓度为 0.01mol/L 和 0.1mol/L 时,浸渍时间对纤维中银离子含量的影响。可以看出,海丝纤维对银离子的吸附是一个相当快的过程,接触后 10min 内基本达到吸附平衡。

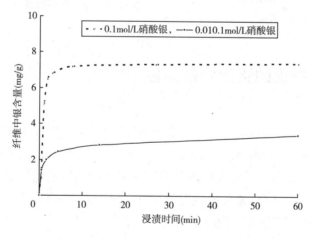

图 11-3　浸渍时间对海丝纤维中银离子含量的影响

11.5　海丝纤维的结构

海丝纤维的结构包括两个方面,即纤维的主要成分纤维素的结构以及纤维包含的海藻颗粒在纤维中的分布。海丝纤维的生产采用以 NMMO 为溶剂的 Lyocell

工艺,这种方法生产的纤维有很高的取向度,结晶度也高于其他再生纤维素纤维,纤维沿轴向有很高的规整性、内部结构紧密、易于原纤化,断裂时可以明显观测到断裂面上的原纤化现象。由于海丝纤维中分布着海藻颗粒,纤维内部紧密的结构一定程度上受到破坏,其断裂截面不像 Lyocell 纤维那样有许多沿着纤维方向的微纤维。海丝纤维的断裂面很干净,说明纤维的原纤化得到改善。

图 11-4 显示在显微镜下观察到的海丝纤维的截面结构。可以看出,磨碎后的海藻颗粒均匀分散在纤维结构中。由于纤维素含量大大高于海藻粉末的含量,纤维中的海藻颗粒被包含在纤维素形成的基质中,有很好的结构稳定性,可以在使用过程中持续释放出活性成分。

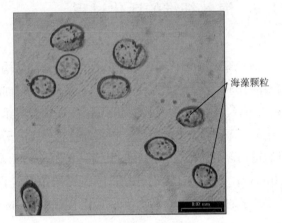

海藻颗粒

图 11-4　海丝纤维的截面结构

11.6　海丝纤维的强度和延伸性

表 11-2 显示海丝纤维(Seacell)、海丝活性纤维(Seacell Active)以及 Lyocell 纤维的强度和延伸性能。海丝纤维的强度与 Lyocell 纤维基本相同,其断裂伸长略低于 Lyocell 纤维。用银离子处理后得到的海丝活性纤维的结构受银离子的氧化作用影响,强度有一定下降,延伸性也有所下降。尽管如此,两种纤维的力学性能优于一般黏胶纤维,具有良好的加工性能。

表 11-2　海丝纤维的强度和延伸性能

样品	干燥状态		湿润状态	
	强度(cN/tex)	断裂伸长率(%)	强度(cN/tex)	断裂伸长率(%)
Seacell	35.9	11.9	31.1	13.4
Seacell Active	34.4	9.3	32.8	14.2
Lyocell	36.5	12.1	31.4	15.3

11.7　海丝纤维的生物活性

海丝纤维的生物活性来源于纤维中的海藻成分。海藻植物含有源于海洋的矿物质、维生素和蛋白质。当海丝纤维被加工成织物应用于人体后，肌肤通过汗液和皮肤的潮湿环境与纤维进行物质交换，包含在海藻中的活性成分通过皮肤进入人体，起到促进血液循环、激活表皮细胞的作用，使皮肤绷紧并保持其光滑细腻。海丝纤维特别适用于过敏性体质和患有皮肤病的消费者，其抗菌特性有益于因病菌感染或过敏反应引起的皮肤炎症的康复。

海丝纤维中的海藻颗粒含有矿物质、蛋白质、维生素等活性成分以及在纤维活化过程中引入的银离子，其中矿物质成分主要是钙、镁和钠离子。当与水性介质接触后，这些包含在纤维中的金属离子可以持续地释放出来。实验结果显示，在用去离子水冲洗 72h 后，纤维中大部分钙和镁离子依然保持在纤维结构中，说明金属离子从海丝纤维上的释放是一个相当持久的过程。

在对海藻、海丝纤维以及海丝纤维加工成的织物中的氨基酸进行分析后发现，海藻中的氨基酸也存在于纤维及织物中，并且各种氨基酸之间的比例基本相同，说明海藻中的蛋白质成分在加工过程中被保留在纤维结构中。

海藻含有维生素 C、维生素 E 及胡萝卜素。在对海藻、海丝纤维以及海丝纤维加工成的织物中的各种维生素进行分析后发现，水溶性的维生素 C 只存在于原始的海藻中，而不溶于水的维生素 E 及胡萝卜素则可以在纤维及织物中发现。

从这些结果中可以看出，海丝纤维可以在湿润的环境下缓慢释放出具有生物活性的矿物质、蛋白质、维生素 E、胡萝卜素等海藻活性物质，其中胡萝卜素是合成维生素 A 的原料。对于人体皮肤，维生素 A 可以调节表皮和角质层的新陈代谢，使表皮和黏膜不受细菌侵害。维生素 A 在抗老化、去皱纹、使皮肤斑点淡化和光滑细嫩、预防皮肤癌等方面有广泛应用，能改善皮肤细胞壁的稳定性、减轻空气污染物质对皮肤造成的伤害。

海丝纤维与皮肤接触的过程中可以通过释放活性物质，刺激皮肤产生含氨基葡萄糖的化合物。皮肤中的透明质酸是典型的氨基葡萄糖类物质，可以与水结合，避免皮肤干燥。当皮肤受到环境中的自由基和其他有害物质损伤时，透明质酸能帮助皮肤修复。海丝纤维通过促进透明质酸的生产起到活化皮肤的作用。

11.8　海丝纤维的抗菌性能

皮肤是人体与环境接触的界面,是人体新陈代谢的排泄物与环境中各种沉积物质的交汇点。由于汗腺具有排出汗水的功能,皮肤的表面,特别是一些空气流动不畅的隐私部位,往往比较潮湿。这些部位除具有一定的潮湿度,还存在表皮脱落的细胞等有机物质,为细菌在人体表面的繁殖提供了条件。

纺织品是人体皮肤与外部环境之间的一个缓冲层。除了对人体有一般的保护作用,纺织品也对皮肤的生理状态,如皮炎、多汗症等有一定的影响。由于全球温度升高以及全球化过程中造成的城市人口密度增加、人员之间交流增多等因素,细菌的扩散和感染是一个日益严重的问题。具有抗菌性能的纤维的开发和应用变得越来越重要。

用银离子处理海丝纤维后得到的含银海丝活性纤维是一种具有良好抗菌性能的保健纤维。表 11-3 显示普通 Lyocell 纤维、海丝纤维(Seacell)以及含银海丝活性纤维(Seacell Active)中银、钙、镁和钠离子的含量。可以看出,在用硝酸银处理海丝纤维后,纤维中的大部分钠离子及部分钙、镁离子被银离子置换,使海丝纤维转化成含有银离子的抗菌纤维。

表 11-3　Lyocell 纤维、海丝纤维以及海丝活性纤维中金属离子的含量

样品	纤维中金属离子的含量(mg/kg)			
	银	钙	镁	钠
Lyocell	0	38	95	306
Seacell	0	1800	275	330
Seacell Active	6900	1540	107	13

银离子有很好的抗菌作用且不会产生细菌耐药性。当与皮肤上的水分接触后,海丝活性纤维中的银离子被释放出来,在与细菌中的酶蛋白上的活性部分疏基—SH、氨基—NH_2 等发生反应后,使酶蛋白沉淀而失去活性,病原细菌的呼吸代谢被迫终止,细菌的生长和繁殖得到抑制。实验结果证明,含银的海丝活性纤维对念珠菌属真菌,如白色念珠菌、近平滑念珠菌、克鲁斯念珠菌、热带念珠菌等有明显的抑制作用。白色念珠菌是一种能引起皮肤发痒的细菌,在皮肤上,特别是起皱的部位分布很广。把 40g/L 的纤维与念珠菌属细菌接触24h 后发现纤维对这类细菌有明显的抑制作用。

日常生活中金黄色葡萄球菌能引起皮肤炎症,而大肠杆菌则会造成隐私处的感染。在一项测试中发现,含银海丝活性纤维对金黄色葡萄球菌和大肠杆菌均有很强的抑制作用。

11.9　海丝纤维对铜离子和锌离子的吸附性能

海丝纤维中的海藻颗粒含有对金属离子有很强吸附性能的海藻酸,在用含有银离子的水溶液处理后,海藻颗粒吸收银离子后得到具有很强抗菌性能的海丝活性纤维。铜、锌等金属离子具有与银离子相似的抗菌性能和生物活性,用含有铜离子和锌离子的水溶液处理海丝纤维后可以制备含铜和含锌的海丝纤维。

表 11-4 显示用氯化铜水溶液处理海丝纤维的过程中,处理时间对海丝纤维吸附铜离子的影响。处理 30min 后纤维吸附铜离子的量为 6.64mg/g,处理 24h 后的吸附量上升到 6.86mg/g。30min 时的吸附量是 24h 吸附量的 96.8%,说明海丝纤维对铜离子的吸附是一个比较快的过程。表 11-5 显示处理时间对海丝纤维吸附锌离子的影响。可以看出,尽管海丝纤维对锌离子的吸附量低于铜离子,其吸附速度与铜离子相似,30min 内基本达到平衡。

表 11-4　时间对海丝纤维吸附铜离子的影响

吸附时间(h)	溶液中铜离子浓度(mg/L)	吸附量(mg/g)
0	10.00	0.00
0.5	3.36	6.64
1	3.31	6.69
3	3.30	6.70
8	3.22	6.78
24	3.14	6.86

表 11-5　时间对海丝纤维吸附锌离子的影响

吸附时间(h)	溶液中锌离子浓度(mg/L)	吸附量(mg/g)
0	10.00	0.00
0.5	8.18	1.82
1	7.95	2.05
3	8.00	2.00
8	7.99	2.01
24	8.11	1.89

从表 11-4 和表 11-5 的结果可以看出,由于海丝纤维含有对金属离子有很强吸附性能的海藻酸,并且由于海藻细胞结构中的羧基、磷酸根、硫酸根、羟基、醛基等极性基团大多数带负电荷,与带正电的铜和锌离子接触后通过正负电相吸引把铜和锌离子吸附至纤维结构中。海丝纤维对铜离子的吸附量高于锌离子,主要原因是海藻酸对铜离子的结合力高于锌离子。文献资料显示,海藻酸对金属离子的结合力 $Pb^{2+}>Cu^{2+}>Cd^{2+}>Ba^{2+}>Sr^{2+}>Ca^{2+}>Co^{2+}=Ni^{2+}=Zn^{2+}>Mn^{2+}$。

图 11-5 显示处理温度对海丝纤维吸附铜和锌离子的影响。对于铜离子,40℃时的吸附量为 6.70mg/g,温度上升到 80℃时的吸附量为 7.58mg/g。温度的上升有利于纤维的膨胀及铜离子在纤维内部的扩散,因此海丝纤维对铜离子的吸附量随着温度的上升有所上升。与此相似,40℃时海丝纤维对锌离子的吸附量为 2.12mg/g,温度上升到 80℃时的吸附量为 2.24mg/g,处理温度的上升有利于海丝纤维对锌离子的吸附,但效果不明显。

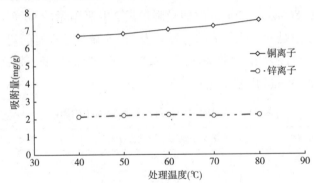

图 11-5　处理温度对海丝纤维吸附铜和锌离子的影响

图 11-6 显示处理溶液中铜离子的浓度对海丝纤维吸附铜离子的影响。当溶液中铜离子的浓度分别为 20mg/L、40mg/L、100mg/L、200mg/L、400mg/L 时,处理后得到的纤维中的铜离子含量分别为 1.16mg/g、1.23mg/g、6.53mg/g、8.03mg/g、9.22mg/g,海丝纤维吸附的铜离子量分别为溶液中铜离子总量的 58.0%、30.8%、65.3%、40.2% 和 23.0%。从这些结果可以看出,通过控制溶液中铜离子的浓度可以制备铜离子含量不同的海丝纤维。

图 11-7 显示海丝纤维在用 $CuCl_2$ 水溶液处理前后的表面结构。从未处理的纤维表面可以看出细小的海藻颗粒被包埋在海丝纤维结构中。在用 $CuCl_2$ 水溶液处理纤维的过程中,铜离子被吸收进海藻颗粒中。随着吸附过程的进行,海藻颗粒的质量增加,引起体积膨胀。从图 11-7(b) 可以看出,用 $CuCl_2$ 水溶液处理后的海丝纤维表面有局部破裂现象。

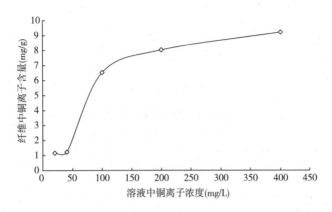

图 11-6　处理溶液中铜离子的浓度对海丝纤维吸附铜离子的影响

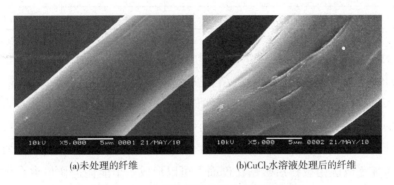

(a)未处理的纤维　　　　　　　　(b)CuCl₂水溶液处理后的纤维

图 11-7　处理前后海丝纤维的表面结构

11.10　海丝纤维的化学改性

　　海丝纤维中的纤维素在与氯乙酸反应后可以得到羧甲基纤维素纤维。经羧甲基改性后的纤维具有更强的吸湿性能,纤维在吸水后高度膨胀,使海丝活性纤维中的银离子更容易从纤维上释放,起到更好的抗菌作用。

　　以异丙醇为溶剂,于65℃下把10g海丝活性纤维分别与3g和5g氯乙酸反应后得到两种羧甲基化改性的海丝活性纤维(以下分别简称为30%和50%羧甲基化海丝活性纤维)。表11-6显示海丝活性纤维和两种羧甲基化海丝活性纤维在去离子水、生理盐水及2.9%蛋白质水溶液中的溶胀率。未经过处理的纤维在与溶液接触后,由于纤维结构中缺少亲水性基团,纤维吸收少量的水分,在三种溶液中的溶胀率均为1.76。羧甲基化处理使海丝纤维的化学结构发生变化,处理过程中引入

205

的羧甲基钠基团使纤维具有很强的吸水性,其中50%羧甲基化海丝活性纤维在去离子水中的溶胀率达21.00g/g,约是未处理纤维的11.9倍。对于处理后的纤维,接触液的离子强度对纤维的溶胀率有较大影响,50%羧甲基化海丝活性纤维在水、生理盐水及2.9%蛋白质水溶液中的溶胀率分别为21.00g/g、5.89g/g、10.15g/g。

表11-6 海丝活性纤维和羧甲基海丝活性纤维在去离子水、
生理盐水及2.9%蛋白质水溶液中的溶胀率

样品	在不同溶液中的溶胀率(g/g)		
	去离子水	生理盐水	2.9%蛋白质溶液
海丝活性纤维	1.76	1.76	1.76
30%羧甲基化海丝活性纤维	5.40	2.83	4.83
50%羧甲基化海丝活性纤维	21.00	5.89	10.15

图11-8~图11-10分别显示未处理的海丝活性纤维及两种羧甲基化改性处理后的纤维与去离子水接触前后的结构变化。未处理的样品遇水后润湿,少量的水被吸入纤维结构中使纤维有一定的溶胀。羧甲基化改性处理后的纤维含有亲水性很强的羧甲基钠基团,与水接触后把大量的水分吸入纤维结构中,使纤维高度溶胀,形成纤维状的水凝胶。由于纤维状的水凝胶能把大量水分固定在纤维结构中,这种纤维加工成医用敷料后敷贴在创面上可以形成一个能促进伤口愈合的湿润环境,适用于有大量渗出液的慢性溃疡性伤口。

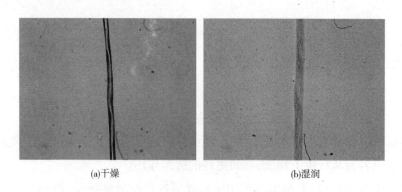

(a)干燥　　　　　　　　　　　　　　(b)湿润

图11-8 海丝活性纤维吸水前后的结构变化

图11-11显示未处理的海丝活性纤维及二种羧甲基化改性处理后的纤维与生理盐水接触后溶液中银离子浓度的变化。对于未处理的纤维,接触30min后溶液中银离子浓度达到3.13mg/L,24h后上升到3.45mg/L,说明纤维释放银离子的过程是一个相当快的过程,30min后基本达到平衡。经过羧甲基化处理的样品释放

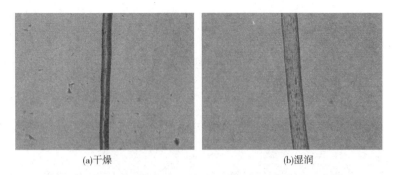

(a)干燥　　　　　　　　　　　　　(b)湿润

图 11-9　30%羧甲基化海丝活性纤维吸水前后的结构变化

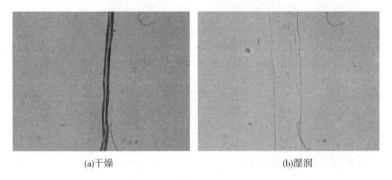

(a)干燥　　　　　　　　　　　　　(b)湿润

图 11-10　50%羧甲基化海丝活性纤维吸水前后的结构变化

银离子的量高于未处理的海丝活性纤维,24h 后溶液中银离子的浓度分别为 4.58mg/L 和 5.29mg/L,分别高出未处理样品 32.7%和 53.3%。从图 11-11 也可以看出,高度羧甲基化处理的样品释放银离子的速度高于其他两个样品。

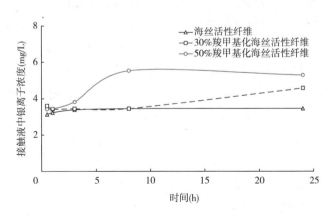

图 11-11　未处理的海丝活性纤维及两种羧甲基化改性处理后的海丝活性纤维
与生理盐水接触后溶液中银离子浓度随时间的变化

由于羧甲基化改性处理后的纤维遇水后高度膨胀,使纤维内部的银离子能更有效地从纤维中释放出来,纤维的抑菌性能得到加强。从图11-12(a)和图11-12(b)可以看出,羧甲基化改性后的海丝活性纤维有明显的抑菌圈,而未处理样品的抑菌圈不很明显。

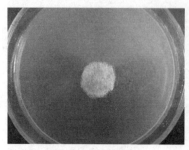 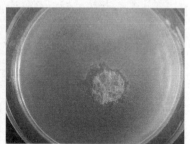

(a)海丝活性纤维　　　　　　　　(b)50%羧甲基化海丝活性纤维

图11-12　两种海丝活性纤维对金黄色葡萄球菌的抑菌性能

11.11　海丝纤维的应用

海丝纤维继承了溶剂法生产再生纤维素纤维吸湿性好、染色性好、手感柔软、悬垂性好等优点。除了海藻赋予纤维的生物活性,还具有强度高,特别是湿态强度高、模量高、湿态稳定性好等传统黏胶纤维不具备的优点,其干态相对强度接近聚酯纤维,湿态强度为干强度的85%~90%,远高于普通黏胶纤维。

海丝纤维和海丝活性纤维可纯纺或与任何纤维混纺,可以很容易加工成各种标准支数的纯纺或混纺纱线,应用范围广,可用于工作服、运动服、内衣、家用纺织品和产业用品,其制品有很好的保健、美容和抗菌功效。

应该指出的是,由于溶剂法生产再生纤维素纤维的成本比普通黏胶纤维高,而且由于生产过程中增加了海藻粉末的添加工艺,海丝纤维的价格是Lyocell纤维的几倍,属于一类特种功能纤维。

海丝纤维的生产过程充分利用了共混纺丝的优势,把具有良好生物活性的海藻植物与纤维素结合后制备具有特殊性能的保健纤维。由于海藻具有结合金属离子的能力,海丝纤维经过活化可以进一步加工成含银和含铜、含锌抗菌纤维,在贴身服装及医用卫生材料的生产中有很大的开发应用潜力。

海丝纤维的原料取于大自然中的木材等纤维素资源以及海洋中广泛存在的海

藻类植物,两者都可以不断再生,原料资源十分丰富。海丝纤维及面料使用后的废弃品可自然降解,不会对环境造成二次污染,具有无与伦比的环保优势。

参考文献

[1]BRANDNER A,ZENGEL H.Cellulosic molding and spinning compound with low contents of low-molecular decomposition products [P].US Patent 4,426,228,1984.

[2]GINGLAS H.Health and Beauty from the Sea [M].Niedernhausen:Falken Verlag,1998.

[3]GRAENACHER C,SALLMANN R.Cellulose solutions and process of making same [P].US Patent 2,179,181,1973.

[4]HILLS C B.Extraction of anti-mutagenic pigments from algae and vegetables [P].US Patent 4,851,339,1989.

[5]HIPLER U C,ELSNER P,FLUHR J W.Antifungal and antibacterial properties of a silver-loaded cellulosic fiber [J].J Biomed Mater Res,2006,77(1):156-163.

[6]HOPPE H A,LEVERING T,TANAKA Y.Marine Algae in Pharmaceutical Science [M].Berlin:Verlag Walter de Gruyter & Co.,1979.

[7]KELLER K L,FENSKE N A.Uses of vitamins A,C,and E and related compounds in dermatology:a review [J].J Am Acad Dermatol,1998,39(4):611-625.

[8]MCCORSLEY C C.Process for shaped cellulose article prepared from a solution containing cellulose dissolved in a tertiary amine N-oxide solvent [P].US Patent 4,246,221,1981.

[9]MODAK S M,FOX C L.Binding of silver sulfadiazine to the cellular components of pseudomonas aeruginosa [J].Biochemical Pharmacology,1973,22(19):2391-2404.

[10]OVINGTON L G.The truth about silver [J].Ostomy Wound Manage,2004,50(9):1-10.

[11]PAPENFUSS G F.Studies of South African phaeophyceae,I:*ecklonia maxima*,*laminaria pallida*,*macrocystis pyrifera* [J].Am.J.Botany,1942(29):15-24.

[12]QIN Y.Absorption of copper ions by Seacell lyocell fibers [J].Chemical Fibers International,2011(4):206-207.

[13]RUEGG R.Extraction process for beta-carotene [P].US Patent 4,439,629,1984.

[14]STRASBURGER E,NOLL F,SCHENCK H,et al.Botanic Manual for Universities [M].New York:Gustav Fischer Verlag,1991.

[15]VASAGE M,ROLFSEN W,BOHLIN I.Sulpholipid composition and methods for treating skin disorders [P].US Patent 6,124,266,2000.

[16]WELLS T N,SCULLY P,PARAVICINI G,et al.Mechanisms of irreversible inactivation of phosphomannose isomerases by silver ions and flamazine [J].Biochemistry,1995(34):7896-7903.

[17]ZIKELI S.Seacell active-a quality Lyocell fiber with wellness & antibacterial properties [C].Shanghai:Proceedings of the Textile Institute 83rd World Conference.

[18]戴信飞.生物活性纤维素纤维[J].国外纺织技术,2003(7):3-6.

[19]詹晓北,王卫平,朱莉.食用胶的生产、性能与应用[M].北京:中国轻工业出版社,2003.

[20]戴信飞.生物活性纤维素纤维[J].国外纺织技术,2003(7):3-6.

[21]陈晓玲.铜与衰老[J].微量元素与健康研究,2005,22(1):15.

[22]张羽萍.微量元素与人体健康[J].江西化工,2005(1):73-74.

[23]颜卿.必需微量元素与皮肤病[J].广东微量元素科学,2008,15(10):21.

[24]李辉芹.生物活性纤维-海丝系列纤维[J].毛纺科技,2005(4):49-51.

[25]丁敏敏.生物活性纤维-海丝系列纤维的开发及应用[J].现代纺织技术,2007(2):45-47.

[26]朱一民,沈岩柏,魏德洲.海藻酸钠吸附铜离子的研究[J].东北大学学报,2003,24(6):589-592.

[27]莫岚,陈洁,宋静,等.海藻酸纤维对铜离子的吸附性能[J].合成纤维,2009,38(2):34-36.

[28]秦益民.海丝纤维的生产方法[J].纺织学报,2007,28(10):122-123.

[29]秦益民.海丝纤维的结构和性能[J].纺织学报,2007,28(11):136-138.

[30]秦益民.制作医用敷料的羧甲基纤维素纤维[J].纺织学报,2006,27(7):97-99.

[31]秦益民,周晓庆.羧甲基甲壳胺纤维的吸湿性能 [J].纺织学报,2008,29(8):15-17.

[32]秦益民.功能性医用敷料[M].北京:中国纺织出版社,2007.

[33]秦益民.新型医用敷料 Ⅰ.伤口种类及其对敷料的要求[J].纺织学报,2003,24(5):113-115.

[34]秦益民.新型医用敷料 Ⅱ.几种典型的高科技医用敷料[J].纺织学报,

2003,24(6):85-86.

[35]秦益民,陈洁,宋静,等.改性海带对铜离子的吸附性能[J].环境科学与技术,2009,32(5):147-149.

[36]秦益民,刘洪武,李可昌,等.海藻酸[M].北京:中国轻工业出版社,2008.

[37]秦益民,陈洁,朱长俊,等.羧甲基化处理对海丝活性纤维性能的影响[J].纺织学报,2013,34(3):27-30.

[38]秦益民.生物活性纤维的研发现状和发展趋势[J].纺织学报,2017,38(03):174-180.

第12章　其他海洋源生物活性纤维

12.1　引言

　　海洋中生活着种类繁多的动物、植物和微生物。物种的不同和生长环境的变化使海洋生物含有大量具有多样化结构的生物活性的生物质成分,包括多糖、蛋白质等各种类型的天然高分子材料。目前海藻酸盐、甲壳素、壳聚糖等海洋生物高分子已经在纤维和纺织材料领域得到开发应用,其纤维制品在医用纺织材料、美容纺织材料、卫生护理产品等领域具有独特的应用价值,是功能性纺织材料的一个重要发展方向。海洋生物中还存在大量具有复杂结构和特殊生物活性的天然高分子和有机化合物,可以通过共混、涂层、表面处理等方式与纺织纤维材料结合,在与人体接触过程中发挥它们独特的生物活性。

　　本章介绍卡拉胶、琼胶、胶原蛋白、海藻酸与壳聚糖共混材料在海洋源纤维材料中的应用。

12.2　卡拉胶纤维

　　卡拉胶是从红藻中提取的一种天然高分子,具有良好的胶凝特性,在食品加工生产领域有广泛应用。作为一种水溶性线型高分子,卡拉胶具备成纤高分子材料的基本特性,可以通过湿法纺丝制备具有优良亲水性能的纤维材料。

　　尹利众等将卡拉胶溶解于水中制备纺丝溶液,以 $BaCl_2$ 水溶液为凝固浴制备了卡拉胶纤维。实验中首先把卡拉胶溶解在 90℃ 的热水中,得到固含量为 8% 的纺丝液,配制质量浓度为 7% 的 $BaCl_2$ 水溶液作为凝固液,采用孔径 90μm、孔数 60 的喷丝板,把纺丝液通过计量泵挤入温度为 45℃ 的凝固浴中形成初生纤维后牵伸 1.65 倍,再经过水洗和乙醇脱水、干燥后得到卡拉胶纤维。表 12-1 显示在不同浓度 $BaCl_2$ 凝固浴中得到的卡拉胶纤维的强度。

表 12-1　不同浓度 BaCl$_2$凝固浴中得到的卡拉胶纤维的强度

样品序号	凝固浴中 BaCl$_2$质量浓度(%)	纤维强度(cN/tex)
1	1	—
2	3	1.65
3	5	1.79
4	7	2.17
5	9	2.16
6	11	2.19
7	20	2.17
8	饱和	2.16

从表 12-1 可以看出,凝固浴中 BaCl$_2$质量浓度在 3% 以上时即可以通过湿法纺丝得到卡拉胶纤维,随着 BaCl$_2$浓度的上升,纤维强度趋于稳定,其中最高的强度值为 2.19cN/tex,对应的 BaCl$_2$质量浓度为 11%。

由于富含极性基团和金属离子,卡拉胶纤维的脆性大,影响其柔软性和可加工性。付永强等用甘油处理卡拉胶纤维后发现处理后的纤维比处理前的表面更加圆润光滑。尽管处理后纤维强度和断裂应力分别降低 38% 和 35%,但是柔韧性明显增加,纤维的断裂伸长率由处理前的 52% 增加到处理后的 174%,说明纤维弹性增加幅度远大于断裂强力和断裂应力的降低。未处理的卡拉胶纤维硬脆易断,勾结拉伸时纤维未拉平行就已经拉断,处理后的纤维勾结强度为 1.11cN/dtex,纤维的韧性提高、不容易折断,耐磨、耐疲劳性能得到提高。

为了进一步改善纤维的性能,付永强等用环氧氯丙烷交联卡拉胶纤维,经过研究发现,最佳的交联温度为 90℃、交联剂加入量为 6.25%、反应时间 1.5h、pH = 9.0。在最佳反应条件下得到的交联卡拉胶纤维的断裂强度为 3.99cN/tex,未处理的卡拉胶纤维的断裂强度为 2.17cN/tex,交联反应使纤维强度提高 84%。表 12-2 显示付永强等在不同反应温度下得到的交联卡拉胶纤维的断裂强度。

表 12-2　不同反应温度下得到的交联卡拉胶纤维的断裂强度

反应温度(℃)	纤维强度(cN/tex)	反应温度(℃)	纤维强度(cN/tex)
70	2.23	90	3.13
80	2.57	95	2.44

12.3 琼胶纤维

琼胶是从石花菜等红藻中提取出的一种天然高分子材料,不溶于冷水,但溶于热水,其1%~2%稀中性溶液冷却后形成凝胶,于35~50℃凝固,90~100℃熔化。以琼胶为原料制备的凝胶的稳定性、胶凝性好,在微生物培养实验中有特殊的应用价值,在食品、化妆品等领域也有广泛应用。

时冠军等研究了琼胶纤维的制备,在研究有机溶剂溶解琼胶的过程中发现DMSO可用于溶解琼胶后制备稳定的纺丝溶液。琼胶在室温下能溶解于DMSO,但溶液不均匀、分散性不好,85℃下溶解琼胶后得到的溶液均匀透明、分散性好,即使冷却至室温及其以下温度,溶液的流动性好且不会发生凝胶滞后现象,因此DMSO适用于琼胶纺丝的溶剂。在用注射器进行喷丝实验后发现,当琼胶在DMSO溶液中的浓度增大到10%后,其在不同凝固浴中均能成纤。实验中得到的最佳纺丝条件为:纺丝液为12%的琼胶85℃下溶解于DMSO或DMF,凝固液为质量浓度为7%的$BaCl_2$溶解于1:1乙醇水溶液,牵伸浴为95%无水乙醇溶液。纺丝过程中得到的纤维用去离子水冲洗后再用50%乙醇水溶液洗涤,最后用异丙醇浸泡后干燥。

12.4 胶原蛋白纤维

12.4.1 胶原蛋白的基本性能

胶原蛋白是一种天然的纤维蛋白,主要存在于动物的皮、骨、肌腱等组织中,是结缔组织中重要的结构蛋白,起着支撑器官、保护肌体的功能。胶原蛋白是哺乳动物体内含量最多的蛋白质,占人体和动物体蛋白质总含量的25%~33%。目前已经确认的胶原蛋白有27种,较常见的有Ⅰ、Ⅱ、Ⅲ型,其中Ⅰ型胶原蛋白含量最多、应用最为广泛,对其进行的研究也最多。

胶原蛋白由大分子链并列形成,其基本结构单元的原胶原分子直径约为1.5nm、长约280~300nm、相对分子质量为30kDa左右,由三条肽链相互缠绕成螺旋结构。胶原蛋白除具有蛋白质的一般性质外,还有许多由于其特殊的组成和结构决定的特有性质。一般的蛋白质由两条肽链形成双螺旋结构,而胶原蛋白由三条肽链结合形成三螺旋结构,其最大的特点是胶原分子中含有大量甘氨酰-脯氨酰-X和甘氨酰-X-Y,其中X、Y为甘氨酰、脯氨酰以外的其他任何氨基酸残基,且呈周期性排列,甘氨酸约占 30%、脯氨酸和羟脯氨酸共占约 25%。

胶原肽链间存在离子键、氢键、范德瓦尔斯力及非极性基团产生的疏水键等作用力。同时,胶原分子内和分子间还存在醇醛缩合交联、醛氨缩合交联和醛醇组氨酸 3 种交联,使胶原的 3 条肽链牢固连接,具有很高的抗拉强度。胶原分子内及分子间的共价交联赋予其较高的物理化学稳定性和很多实用特性,如高拉伸强度、生物降解性能、生物相容性、低抗原性、低刺激性、低细胞毒性以及促进细胞生长等性能。

我国有丰富的胶原蛋白资源。除了海水养殖和远洋捕捞业提供大量的海洋源胶原蛋白,我国的动物皮革量和加工能力居世界前列,约占全球产量的 20%,其中产生的废弃边角数量巨大,每年约有 140 多万吨皮革废弃物。在制革工业废弃物中,蛋白质含量占 30% 以上,其中胶原蛋白占蛋白质量的 90% 以上,主要为 I 型胶原蛋白。

12.4.2　胶原蛋白的共混纺丝

田文智报道了把胶原蛋白与纤维素共混后制备黏胶长丝的工艺。首先将胶原蛋白溶液以一定比例与纤维素黏胶溶液进行均匀混合,得到含有胶原蛋白的黏胶纺丝溶液。研究显示随着放置时间的延长,其黏度、熟成度变化较同等条件下的纤维素黏胶溶液明显,即黏度回升加快、熟成度的盐值下降快。胶原蛋白的加入量越大,变化越大,这是由于在碱溶性胶原蛋白的制备过程中,胶原蛋由于氢键断裂发生变性,其分子以无规则链状形式存在。大量的胶原蛋白分子与黏胶溶液中析出的纤维素分子结合,形成纤维素–蛋白凝胶网络结构的大分子单元体,使胶原蛋白–黏胶溶液的结构黏度迅速增大,对盐值的凝胶点降低,因此纺丝前纺丝溶液的放置时间应尽可能缩短。

在对胶原蛋白和纤维素质量比例为 4∶6 到 2∶8 的纺丝液进行半连续纺丝后发现湿法纺丝工艺技术可行。由于纤维素分子结构与胶原蛋白分子结构上的差异,以及纤维素与胶原蛋白大分子缔合体的生成,再生成型后的胶原蛋白黏胶长丝的强伸指标低于普通黏胶长丝,且胶原蛋白含量越高,强伸指标下降越大。高蛋白含量的胶原蛋白黏胶长丝的截面圆整度高、皮芯层结构不明显、边缘光滑。采用低酸、低温成型条件对高盐值、低蛋白含量的蛋白黏胶进行纺丝后得到的胶原蛋白黏胶长丝截面呈"C"形状,异形态显著。

吴炜誉等把胶原蛋白与聚乙烯醇(PVA)共混后制备纤维,在纺丝溶液中加入连接剂三氯化铝和戊二醛,通过湿法纺丝、热拉伸定型和后交联处理制得胶原蛋白质量分数为 45.17% 的胶原蛋白/PVA 复合纤维。研究结果表明,胶原蛋白/PVA

复合纤维横截面呈圆形,具有皮芯结构,断裂强度和断裂伸长率分别为 2.14cN/dtex 和 46.32%,结晶度为 41.1%,水中软化点和回潮率分别为 101℃ 和 11.50%。这些结果显示将胶原蛋白与聚乙烯醇共混纺丝后制备的胶原蛋白/PVA 复合纤维的力学性能较好,与人体皮肤亲和性好,染色性能优良,在服用、医用及毛发饰品等方面有广阔的应用前景。

为了进一步提高纤维的性能,胶原蛋白/PVA 复合纤维可以通过交联反应和缩醛化处理改善其稳定性,其中交联处理可以采用环氧氯丙烷乳液对复合纤维进行搅拌浸渍处理,处理条件为:温度 55℃、时间 12h、环氧氯丙烷占浴液质量 50%、硫酸钠占 1%,用 NaOH 调节 pH 为 10,反应后水洗 10min 后晾干。对复合纤维进行缩醛化处理的最佳条件为:温度 60℃、时间 20min、甲醛用量 50g/L、硫酸用量 175g/L,反应后水洗 3min,然后上油、晾干。

唐诗俊等研究了用环氧氯丙烷处理和缩醛化反应对胶原蛋白-聚乙烯醇初生复合纤维中蛋白质存留率、水中软化点的影响。结果表明当环氧氯丙烷浴处理温度为 50℃、处理时间 2h、pH=ll 时的处理条件比较适宜。经环氧氯丙烷处理后的胶原蛋白/PVA 复合纤维可以再进行缩醛化处理,最佳的缩醛化温度为 50℃、缩醛化时间 40min、缩醛化浴中硫酸质量浓度 180g/L、甲醛质量浓度 45g/L。此外,在胶原蛋白和聚乙烯醇共混溶液中加入一定量的改性剂作为交联剂,可以提高聚乙烯醇和胶原蛋白相容性,获得稳定的复合纺丝原液,通过湿法纺丝得到初生复合纤维后再经热拉伸、热定型和缩醛化,可以获得性能优良的胶原蛋白与聚乙烯醇复合纤维。

12.4.3 胶原蛋白用于纤维材料的表面处理

胶原蛋白与真丝纤维同是天然蛋白质,基于它们组成的相似性和差异性,用胶原蛋白处理真丝纤维可以赋予真丝更加优异的性能。臧传锋等对胶原蛋白溶液处理的桑蚕丝纤维的结构和性能进行了研究,结果表明,胶原蛋白处理后的真丝纤维表面出现了明显的纵向条纹,且随着胶原蛋白溶液浓度的增加而增强,处理后真丝纤维的强度有所提高。处理过程中桑蚕熟丝用不同浓度的胶原蛋白溶液在 40℃下浸泡 2h 后挤干,150℃ 下焙烘 5min 后用去离子水洗涤、脱水、烘干。

孔祥翌和麻文效用环氧型交联剂乙二醇二缩水甘油醚(EGDE)及壳聚糖、胶原蛋白等生物大分子对氨气低温等离子体处理后的聚丙烯(PP)非织造布进行表面接枝改性,探讨了接枝反应条件对改性 PP 非织造布染色性、亲水性及抗菌性能的影响。结果表明,氨气低温等离子体处理后的 PP 非织造布表面含有可参与接枝反应的活性基团,对 EGDE 有较好的交联效果,壳聚糖的接枝效果高于胶原蛋白,较佳的接枝反应条件为交联剂 0.15g、壳聚糖质量浓度 12g/L、反应时间 8h。壳聚糖接枝改性后 PP 非织造布的染色性、亲水性及抗菌性能均得到改善,其酸性染料上染率约 49%,芯吸高度 0.8cm,对金黄色葡萄球菌和大肠杆菌的抗菌率分别达 96.9% 和 93.4%。用胶原蛋白溶液处理时的反应条件为:胶原蛋白浓度 15g/L、交联剂用量 0.15g。表 12-3 显示反应时间对胶原蛋白接枝效果的影响。

表 12-3　反应时间对胶原蛋白接枝效果的影响

反应时间(h)	接枝量(%)	反应时间(h)	接枝量(%)
2	0.63	8	0.91
4	0.79	10	0.91
6	0.90		

　　孔祥翌和麻文效研究了羊绒纤维通过交联剂(戊二醛和异佛尔酮二异氰酸)的架桥作用实现胶原蛋白在其表面的接枝改性,并考察接枝过程中反应时间、温度、交联剂用量等工艺参数对接枝增重的影响,采用傅里叶变换红外光谱对改性前后羊绒表面化学成分变化进行分析,并对改性前后羊绒纤维的强力、上染百分率、白度、伤口愈合性及抗菌能力进行测试。结果表明,交联剂与羊绒本体及胶原蛋白发生开环反应,改性后羊毛强度和上染百分率均得到提高,其白度值基本不受影响,伤口愈合性和抗菌结果证明,羊绒表面接枝胶原蛋白后具有优异的生物活性。在这个研究中,胶原蛋白接枝处理羊绒的最佳工艺条件为:胶原蛋白 15g/L、IPDI 交联剂 0.2g/L、30℃下反应 8h。

　　胶原蛋白也可以负载到棉纤维表面。用高碘酸盐将棉纤维中的纤维素选择性氧化成 2,3-二醛基纤维素后,通过醛基与胶原蛋白中氨基和羟基的反应可实现胶原蛋白与棉纤维的共价键结合,开发出新型的绿色环保纤维素纤维。负载胶原蛋白的棉纤维可给予人体皮肤层所需的养分,改善皮肤细胞生存环境、促进皮肤组织的新陈代谢,具有滋润皮肤、美容养颜等多种保健功效。

12.4.4　胶原蛋白纤维的性能

　　胶原蛋白是组成细胞外间质的四大族蛋白之首,不仅对细胞有支持作用,还能积极参与细胞黏附、迁移、分化和增殖行为,因此胶原蛋白有良好的细胞适应性,对细胞增长起积极作用。胶原蛋白的氨基酸组成与人的皮肤组成非常接近,具有高度的亲和性,能吸引成纤细胞,促进其分泌伤口愈合物质。胶原蛋白还具有良好的凝聚力,能促进血小板凝聚和血浆结块,是一种性能优良的止血材料。

胶原蛋白与聚乙烯醇共混后制备的纤维材料结合胶原蛋白的生物活性和聚乙烯醇的理化性能,其干湿态强度、回潮率均大于聚乙烯醇纤维,初始模量与聚乙烯醇纤维接近、大于大豆蛋白纤维和羊毛纤维,具有较高的比电阻,适用于床上用品、衬衣及针织内衣等产品的开发。胶原蛋白纤维的回潮率为6.2%,低于棉等天然纤维,但比一般化学合成纤维,如聚酯纤维(0.4%)、聚丙烯腈纤维(4.5%)、聚乙烯醇纤维(5.0%)高,使抗静电性能增加,给纺织加工提供方便,作为服用面料有较好的穿着舒适性。表12-4比较了胶原蛋白纤维与其他几种纤维的力学性能。

表12-4　胶原蛋白纤维与其他几种纤维的力学性能

纤维种类	断裂强度(cN/dtex)		初始模量(cN/dtex)	断裂伸长率(%)	
	干态	湿态		干态	湿态
胶原蛋白纤维	4.24	4.05	54.39	12.64	15.27
大豆蛋白纤维	4.15	4.05	43.5	17.6	19.46
聚乙烯醇纤维	3.26	2.46	57.4	13.46	11.89
羊毛纤维	1.0~1.7	0.76~1.63	11~25	25~35	25~50
家蚕丝	3.4~4.0	2.1~2.8	50~100	12~25	27~33

12.5　海藻酸与壳聚糖共混纤维

海藻酸是一种高分子羧酸,当海藻酸钠溶解于水后,其分子结构中的—COONa基团在水中离子化后形成带负电的—COO⁻基团。壳聚糖分子结构中含有氨基,溶解于稀酸水溶液后,壳聚糖分子结构中的—NH₂在酸性条件下离子化,成为带正电的—NH₃⁺。当壳聚糖与海藻酸钠在同一个溶液中混合时,带正电的壳聚糖与带负电的海藻酸钠结合后形成聚电解质沉淀物。图12-1显示不同比例的海藻酸钠与壳聚糖共混后得到的复合物的结构示意图。

作为线型高分子,海藻酸钠和壳聚糖均可以通过湿法纺丝制备纤维。由于两者在溶液中互相沉淀,在制备海藻酸钠和壳聚糖共混纤维的过程中很难使两种高分子溶解在同一个纺丝溶液中。Tamura等在制备海藻酸钙纤维的凝固浴中加入壳聚糖,得到如图12-2所示的表皮含有壳聚糖的海藻酸钙纤维。Knill等将海藻酸钠水溶液通过喷丝孔挤入含二价金属离子的凝固浴中形成纤维后把初生纤维通

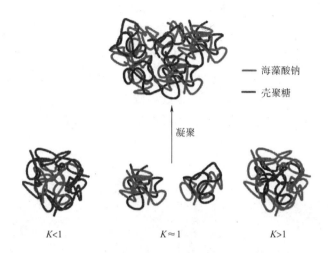

图 12-1　壳聚糖和海藻酸钠聚电解质混合后形成的壳—核结构

（其中 K=壳聚糖与海藻酸钠的摩尔比）

过一个含壳聚糖或降解壳聚糖的凝固浴,形成壳聚糖包覆的海藻酸钙纤维。试验结果表明,低分子量壳聚糖能更好地渗入海藻酸钙纤维内部,提高纤维的弹性和抗菌性。Miraftab 等采用类似的方法制备海藻酸与壳聚糖共混纤维。他们的结果显示,水解后得到的低分子量壳聚糖更能与海藻酸钙结合,形成具有抗菌性能的海藻酸与壳聚糖复合纤维。Majima 等的研究结果显示,与纯海藻酸钙纤维相比,海藻酸与壳聚糖复合纤维与成纤细胞有更好的结合力,适用于组织工程的载体材料。Shao & Hunter 把海藻酸钠水溶液挤入氯化钙水溶液中形成纤维后,把纤维放入壳聚糖水溶液中,在海藻酸钙纤维表面涂上一层壳聚糖后再用冷冻干燥得到多孔纤维,用于组织工程的支架。

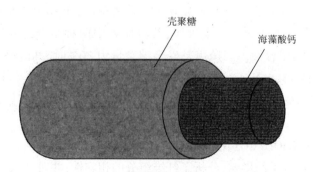

图 12-2　壳聚糖包埋的海藻酸钙纤维示意图

（Tamura,2002 年）

为了克服海藻酸钠和壳聚糖由于正负电荷相吸而难以溶解在同一个溶液中的问题,Watthanaphanit 等把壳聚糖通过超细粉碎得到纳米状晶须后分散在海藻酸钠纺丝溶液中,制备了含 0.05%~2.00%(质量分数)壳聚糖的海藻酸与壳聚糖复合纤维。在另一项研究中,Watthanaphanit 等将壳聚糖溶液分散在有机溶液中形成乳液后加入海藻酸钠水溶液,通过湿法纺丝得到含有壳聚糖微小颗粒的海藻酸钙纤维。图 12-3 显示海藻酸钙纤维和海藻酸与壳聚糖共混纤维的显微结构。

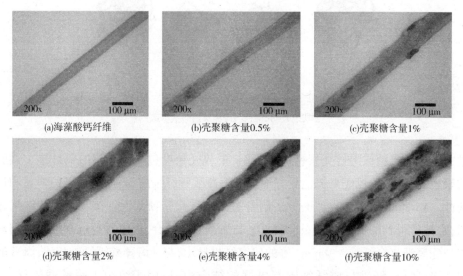

图 12-3　海藻酸钙纤维和海藻酸与壳聚糖共混纤维的显微结构

羧甲基化改性后得到的羧甲基壳聚糖是一种带负电的水溶性高分子,与海藻酸钠可以同时溶解在水中形成共混纺丝溶液。杜予民等将浓度分别为 3%~5%的海藻酸钠和羧甲基壳聚糖水溶液共混后制备含 10%~70%羧甲基壳聚糖的共混纤维。樊李红等的研究结果表明,共混体系中两种组分之间存在较强的相互作用,有良好的相容性。当羧甲基壳聚糖含量为 30%时,共混纤维的干态抗张强度达到最大值 13.8cN/tex。当羧甲基壳聚糖含量为 10%时,纤维的干态断裂伸长率可达 23.1%。在海藻酸钙纤维中加入羧甲基壳聚糖可以显著提高纤维的吸水率。

胡先文等以 $NaOH/CO(NH_2)_2$ 水相溶剂溶解甲壳素后研究了凝固液对甲壳素/海藻酸钠共混纤维的影响,分析了纤维组分的相容性,并对纤维性能进行测定。结果表明,甲壳素纺丝的适宜凝固液为 10% H_2SO_4,5% Na_2SO_4 和 5% C_2H_5OH 混合液,甲壳素/海藻酸钠共混纺丝的适宜凝固液为 5% $CaCl_2$,1% HCl 和 10% C_2H_5OH

混合液。结构分析显示,甲壳素与海藻酸钠共混有一定的相容性,当共混纤维中甲壳素含量为 10% 时,共混纤维的干、湿态抗张强度及断裂伸长率最大,分别为 11.99cN/tex 和 2.47cN/tex。当共混纤维中甲壳素含量为 40% 时,共混纤维的吸湿率、保湿率分别达到最大值 274.1% 和 37.8%。

　　由于海藻酸钠和壳聚糖结合后形成稳定的聚合电解质复合物,在海藻酸钠和壳聚糖溶液中分别加入发泡剂发泡后混合两个溶液,可以制备具有高吸湿性的海藻酸钠和甲壳胺共混海绵材料。Han 等以及 Li 等通过冷冻干燥制备海藻酸钠与壳聚糖多孔海绵后用于组织工程,由于海藻酸钠和壳聚糖均为具有优良生物活性的生物可降解材料,两者的混合物同样具有很好的生物相容性和生物可降解性。Murakami 等以 60∶20∶20(质量比)的比例制备了海藻酸盐、壳聚糖和岩藻多糖水凝胶,使用在伤口上可形成湿润的愈合环境,与海藻酸钙纤维敷料相比可以更快地在创面上形成肉芽组织,有效促进伤口愈合。Pandit 将适量壳聚糖和海藻酸钠共混后产生协同效应用于制备伤口敷料,得到的共混敷料具有止血、抑制真菌和细菌生长、高吸湿等性能,可以加快生长因子向创面集聚,促进伤口愈合。

　　海藻酸钠分子的糖醛酸单体具有顺二醇结构,其中的 C—C 键被强氧化剂氧化后生成两个醛基,得到的氧化海藻酸钠具有类似甲醛、戊二醛的交联性能,是一种对人体无毒、无害、生物相容性好的生物高分子交联剂。氧化海藻酸钠与壳聚糖纤维中的氨基发生反应后形成如图 12-4 所示的 Schiff 键。以氧化海藻酸钠水溶液处理壳聚糖纤维,可以在壳聚糖纤维表面负载一层氧化海藻酸钠,得到的复合纤维结合了壳聚糖的抗菌性和氧化海藻酸钠的亲水性,是一种性能优良的生物活性纤维材料。

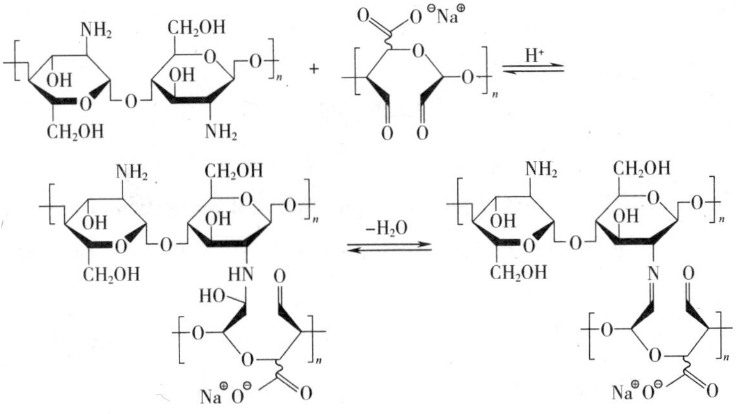

图 12-4　氧化海藻酸钠与壳聚糖反应后形成的 Schiff 键

表 12-5 显示出氧化海藻酸钠改性壳聚糖非织造布的吸湿性能。在壳聚糖纤维表面负载一层氧化海藻酸钠可以有效提高壳聚糖纤维的亲水性,在与 A 溶液接触后,液体可以更容易吸入非织造布的毛细空间中,得到的吸液率高于未处理的壳聚糖纤维非织造布。处理过程中氧化海藻酸钠的用量越大,改性纤维中的亲水性羧酸钠基团越多,其吸收 A 溶液的量越多。从表 12-5 可以看出,经过氧化海藻酸钠改性的壳聚糖纤维在水中的溶胀率比纯壳聚糖纤维有很大的提升。

表 12-5　氧化海藻酸钠改性壳聚糖纤维非织造布的吸液率和溶胀率

氧化海藻酸钠/壳聚糖纤维非织造布质量比例(g/g)	在 A 溶液中的吸液率(g/g)	在水中的溶胀率(g/g)
50/100	13.24	5.216
20/100	12.57	4.554
10/100	11.41	3.863
5/100	11.86	3.484
2.5/100	11.43	3.361
1.0/100	11.27	2.834
壳聚糖非织造布	4.73	2.597

海洋生物含有丰富的高分子量物质。经过提取和纯化,卡拉胶、琼胶、胶原蛋白等海洋源生物高分子与海藻酸、壳聚糖一样可以被加工成纤维材料,具有亲水性好、生物活性强等特性,在医疗、卫生、美容、健康等领域有很高的应用价值。海洋源生物高分子也可以通过共混、涂层等技术制备复合纤维材料,有效拓宽其应用领域。

参考文献

[1]FAN L,DU Y,ZHANG B,et al.Preparation and properties of alginate/carboxymethyl chitosan blend fibers [J].Carbohydrate Polymers,2006(65):447-452.

[2]GOMEZ C G,RINAUDO M,VILLAR M A.Oxidation of sodium alginate and characterization of the oxidized derivatives [J].Carbohydr Polym,2007(67):296-304.

[3]HAN J,ZHOU Z,YIN R,et al.Alginate-chitosan/hydroxyapatite polyelectrolyte complex porous scaffolds:Preparation and characterization [J].International Journal of Biological Macromolecules,2010(46):199-205.

［4］HULMES D J.Building collagen molecules,fibrils,and suprafibrillar structures ［J］.J Struct Biol,2002,137(1-2):2-10.

［5］KNILL C J,KENNEDY J F,MISTRY J,et al.Alginate fibres modified withunhydrolysed and hydrolysed chitosans for wound dressings ［J］.Carbohydrate Polymers, 2004,55(1):65-76.

［6］LI Z,HASSNA RAMAY R,HAUCH K D,et al.Chitosan-alginate hybrid scaffolds for bone tissue engineering ［J］.Biomaterials,2005(26):3919-3928.

［7］LI X,XIE H,LIN J,et al.Characterization and biodegradation of chitosan-alginate polyelectrolyte complexes ［J］.Polymer Degradation and Stability,2009(94):1-6.

［8］MAJIMA T,FUNAKOSI T,IWASAKI N,et al.Alginate and chitosan polyion complex hybrid fibers for scaffolds in ligament and tendon tissue engineering ［J］.J Orthop Sci,2005(10):302-307.

［9］MIRAFTAB M,KENNEDY J F,GROOCOCK R,et al.Wound management fibres ［P］.USP2008/0097001 A1,2008.

［10］MURAKAMI K,AOKI H,NAKAMURA S,et al.Hydrogel blends of chitin/chitosan,fucoidan and alginate as healing-impaired wound dressings ［J］.Biomaterials, 2010(31):83-90.

［11］PANDIT A S.Hemostatic wound dressing:US,5836970［P］.1998-5-20.

［12］SATHER H V,HOLME H K,MAURSTAD G,et al.Polyelectrolyte complex formation using alginate and chitosan ［J］.Carbohydrate Polymers,2008(74):813-821.

［13］SHAO X,HUNTER C J.Developing an alginate/chitosan hybrid fiber scaffold for annulus fibrosus cells ［J］.Journal of Biomedical Materials Research Part A,2007 (82):701-710.

［14］SZPAK P.Fish bone chemistry and ultrastructure:implications for taphonomy and stable isotope analysis ［J］.Journal of Archaeological Science,2011,38(12):3358-3372.

［15］TAMURA H,TSURUTA Y,TOKURA S.Preparation of chitosan-coated alginate filament ［J］.Materials Science and Engineering C,2002(20):143-147.

［16］WAN A C A,LIAO I C,YIM E K F,et al.Mechanism of fiber formation by interfacial polyelectrolyte complexation ［J］.Macromolecules,2004(37):7019-7025.

［17］WATTHANAPHANIT A,SUPAPHOL P,TAMURA H,et al.Fabrication, structure,and properties of chitin whisker-reinforced alginate nanocomposite fibers ［J］. J Appl Polym Sci,2008(110):890-899.

[18] WATTHANAPHANIT A, SUPAPHOL P, TAMURA H, et al. Wet-spun algi-nate/chitosan whiskers nanocomposite fibers: preparation, characterization and release characteristic of the whiskers [J]. Carbohydrate Polymers, 2010(79):738-746.

[19] WATTHANAPHANIT A, SUPAPHOL P, FURUIKE T, et al. Novel chitosan-spotted alginate fibers from wet-spinning of alginate solutions containing emulsified chitosan-citrate complex and their characterization [J]. Biomacromolecules, 2009, 10 (2): 320-327.

[20] 赵镜琨.卡拉胶及其应用[J].山东工业技术,2014(2):179-180.

[21] 侯丽丽,许加超,王学良,等.ι-卡拉胶流变学特性的研究[J].农产品加工(学刊),2014(7):1-8.

[22] 付永强,薛志欣,夏延致,等.甘油对卡拉胶纤维性能影响分析[J].科技信息,2011(3):8-9.

[23] 付永强,薛志欣,夏延致,等.高强度卡拉胶纤维的制备及性能测试[J].功能材料,2011,42(增刊Ⅲ):470-473.

[24] 付永强.交联卡拉胶纤维的制备[J].青岛大学硕士学位论文,2011.

[25] 黄家康,蔡鹰,李思东,等.沙菜卡拉胶漂白工艺研究[J].广东化工,2009,36(4):31-33.

[26] 尹利众,薛志欣,夏延致,等.新型海藻纤维-卡拉胶纤维的制备与表征[J].合成纤维 SFC,2010(3):27-30.

[27] 时冠军,薛志欣,颜廷波,等.Research on preparation and characterization of agar fiber [J].科学技术与工程,2013,13(8):2182-2185.

[28] 姚理荣,林红,陈宇岳.胶原蛋白纤维的性能与应用[J].纺织学报,2006,27(9):105-107.

[29] 付丽红,张铭让,齐永钦,等.胶原蛋白与植物纤维结合机理的研究[J].中国造纸学报,2002,17(1):68-71.

[30] 王志杰,花莉,李洪来.动物纤维作纸张增强剂的探讨[J].纸和造纸,2004(3):48-50.

[31] 任俊丽,邱化玉,付丽红.胶原蛋白及其在造纸工业中的应用[J].中国造纸学报,2003,18(2):106-110.

[32] 丁志文,李丽.利用皮革废弃物开发纺织"绿色纤维"[J].中国皮革,2002,31(17):17-19.

[33] 钱江,汤克勇,曹健,等.一种新型绿色纤维-胶原蛋白与壳聚糖共混纤维[J].中国皮革,2004,33(11):4-6.

[34]华坚,王坤余,吴丽莉,等.胶原蛋白-壳聚糖的溶液纺丝[J].皮革科学与工程,2004,14(6):7-10.

[35]田文智.胶原蛋白黏胶长丝的研制试验[J].人造纤维,2009(5):2-6.

[36]吴炜誉,王雪娟,王玲,等.高含量胶原蛋白/PVA 复合纤维的结构与性能[J].合成纤维工业,2009,32(3):1-4.

[37]唐诗俊,吴炜誉,姜晓,等.后处理对胶原蛋白/PVA 复合纤维结构与性能的影响[J].合成纤维工业,2010,33(3):15-18.

[38]王雪娟,杨其武,吴炜誉,等.改性剂对胶原蛋白复合纤维结构性能的影响[J].合成纤维工业,2008,31(2):1-4.

[39]臧传锋,林红,陈宇岳.胶原蛋白处理对桑蚕丝结构与性能的影响[J].丝绸,2006,(5):19-21.

[40]孔祥璺,麻文效.PP 非织造布的生物大分子接枝改性[J].合成纤维工业,2015,38(6):18-21.

[41]孔祥翌,麻文效.羊绒纤维的胶原蛋白接枝改性[J].毛纺科技,2016,44(4):43-47.

[42]陈宇岳,许云辉,王华锋.棉纤维绿色改性研究进展及其产品开发[J].纺织导报,2005(1):1-4.

[43]苏玉恒,孔繁荣.胶原蛋白纤维结构与性能研究[J].河南工程学院学报(自然科学版),2014,26(3):15-17.

[44]杜予民,樊李红,张宝忠,等.海藻酸钠/水溶性甲壳素共混纤维的制备及其用途[P].CN1687499A,2005.

[45]樊李红,杜予民,张宝忠,等.海藻酸盐/壳聚糖衍生物复合抗菌纤维[J].功能高分子学报,2005,18(3):34-38.

[46]姜丽萍,孔庆山,纪全,等.海藻酸钠/水溶性甲壳素共混纤维的制备和性能研究[J].合成纤维,2007,(12):12-15.

[47]胡先文,杜予民,李国祥,等.甲壳素/海藻酸钠共混纤维的制备及性能[J].武汉大学学报(理学版),2008,54(6):697-702.

[48]梁晔.海藻多糖生物交联剂的制备、性质及其生物学性能研究[D].青岛:中国海洋大学硕士学位论文,2008.

[49]王践云,金娟,叶文靖,等.新型天然交联剂氧化海藻酸钠制备及其性能研究[J].化学试剂,2009,31(2):97-100.

[50]何淑兰,张敏,耿占杰,等.部分氧化海藻酸钠的制备与性能[J].应用化学,2005(229):1007-1011.

［51］徐源廷,刘菲,顾志鹏,等.氧化海藻酸钠交联生物性组织制备生物材料的实验研究［J］.功能材料,2010,10(41)：1687-1690.

［52］秦益民.甲壳胺和海藻酸钠共混材料及制备方法和应用:中国,200410053320.X［P］.2007-5-9.

［53］秦益民.一种氧化海藻酸钠改性的甲壳胺纤维及其制备方法和应用:中国,Zl201310127978.X［P］.2014-8-20.